船舶与海洋工程翻译出版计划

可靠性工程中的建模与仿真分析

Modeling and Simulation Based Analysis in Reliability Engineering

［印度］曼吉·拉姆（Mangey Ram）　著

马战国　彭敏俊　译

哈尔滨工程大学出版社

Harbin Engineering University Press

黑版贸登字 08-2024-039 号

Modeling and Simulation Based Analysis in Reliability Engineering 1st Edition / edited by
Mangey Ram / ISBN:9780367781057

图书在版编目(CIP)数据

可靠性工程中的建模与仿真分析 /（印）曼吉·拉姆（Mangey Ram）著；马战国，彭敏俊译. -- 哈尔滨：哈尔滨工程大学出版社，2025. 1. -- ISBN 978-7-5661-4605-2

Ⅰ. TB114. 3

中国国家版本馆 CIP 数据核字第 20247WQ347 号

可靠性工程中的建模与仿真分析
KEKAOXING GONGCHENGZHONG DE JIANMO YU FANGZHEN FENXI

选题策划	石 岭
责任编辑	姜 珊
封面设计	李海波

出版发行	哈尔滨工程大学出版社
社　　址	哈尔滨市南岗区南通大街 145 号
邮政编码	150001
发行电话	0451-82519328
传　　真	0451-82519699
经　　销	新华书店
印　　刷	哈尔滨午阳印刷有限公司
开　　本	787 mm×1 092 mm　1/16
印　　张	15. 25
字　　数	395 千字
版　　次	2025 年 1 月第 1 版
印　　次	2025 年 1 月第 1 次印刷
书　　号	ISBN 978-7-5661-4605-2
定　　价	108. 00 元

http://www.hrbeupress.com
E-mail:heupress@ hrbeu. edu. cn

序　言

现如今,可靠性工程已经发展成为最具挑战性和最有研究需求的领域之一。由于在现代工业系统中采用了众多的高科技技术,现代工业系统的复杂程度越来越高。因此,现代工业系统的可靠性工程问题变得更加复杂,有时甚至没有适用的可靠性分析方法。随着可靠性理论的发展和完善,可靠性工程已经成为现代工程领域设计和发展的基础。本书全面阐述了可靠性工程领域的建模技术和仿真技术,重点阐述的理论和技术如下。

- 凝气式火力发电厂可靠性评估建模与可靠性监测;
- 非指数分布下多阶段任务系统可靠性建模;
- 软件离散最优周期性恢复策略;
- 多元分析法在可修系统可靠性建模中的应用;
- 分阶段任务系统建模与可靠性分析;
- 广义次序统计模型的贝叶斯推理;
- 大规模系统可靠性建模与冗余分配优化问题研究;
- 一种无分布约束的可靠性监测方案;
- 用户端电力可靠性指标变化下的可持续混合能源系统建模与仿真;
- 系统的 Signature 可靠性;
- 基于组件的软件系统可靠性建模;
- 多相牵引电动机的可靠性分析和容错建模。

本书是为研究可靠性工程学者和研究人员准备的,同时也适用于可靠性工程专业的本科生和研究生,也可为从事工程科学的工程师、学者等提供参考。

目　　录

1 凝气式火力发电厂可靠性评估建模与可靠性监测

1.1 引　　言

随着科技的发展,凝气式火力发电厂无论是从系统设计运行的角度还是从设备选型的角度来说都具有极大的复杂性。同时,对大型的发电厂的建设,必须证明所采用的新型技术方案或者改进型技术方案具有高度的安全性和可靠性,并且完全符合环境标准要求后,才能够批准建设。此类大型发电厂,在运行时的任何扰动或者电厂功率的下降都会对电力系统产生影响(例如增加电力系统的备用容量、对用户电力供应的不平衡等)。针对此类复杂系统,可靠性评估方法主要是基于系统部件试验所得到的故障次数和(或)故障时间等可靠性参数的试验结果来对系统进行评价。为了得到系统部件的可靠性参数,常常需要在特殊的运行工况下进行一些长期的试验来采样得到大量的试验数据,而有些试验不但是极其昂贵的,而且是危险性非常高的。除了可靠性数据因素之外,可靠性评价的数学模型的选择也是至关重要的。因为不同的可靠性模型定量化定义了不同的可靠性曲线,而且具有不同失效率函数,这些函数曲线与系统部件的工作模式和工作环境都密切相关。为了解决上述问题,人们在对可靠性进行分析时引入了近似计算。虽然近似计算能从总体上描述系统可靠性的一些基本特征,但是由于在近似计算模型存在着对系统的或大或小的近似,并且近似计算模型中没有考虑所有的影响因素(例如新技术的发展带来的新的失效特性等),近似计算得到的计算结果的精度无法满足需求。其实,复杂系统的可靠性计算只是系统定量化校验的第一个阶段,即在此阶段会对系统形成一个初步了解和评价。可靠性定量化计算的结果是最终可接受的还是不可接受的,取决于是否可以通过控制和调整系统的某些定量化的指标来使系统的性能达到规定的运行技术条件,从而实现对系统可靠性评估结果进行验证。由于这些原因,在已有文献中经常使用可靠性控制或者假设检验等方法来对可靠性评估结果进行校验。故障诊断技术可实现对设备状态的评估并跟踪设备的老化过程。故障诊断技术虽然可以提供一些系统的状态信息,但是诊断技术也是复杂的、昂贵的,而且诊断结果还存在可信性的问题。故障诊断技术只有具备相关专业知识的人才能使用,并且故障诊断技术的应用要基于一些现代化的测量设备。目前,市面上已有的诊断设备种类繁多,但还没有被普遍接受的诊断方法。基于诊断的控制并不能完全实现预期的效果,因此诊断技术通常仅应用于监测诊断设备状态的变化趋势。相关的设备和系统实验已经成为诊断技术应用中不可或缺的要素。当然,系统和设备的诊断相关的数据只能通过以诊断为目的的实验和诊断设备的使用积累来获取。但是也必须注意系统和设备实验的成本与测试设备的投入的衡量。基于故障诊断的方法无论是在实际应用还是在实验室研究中都发展得非常迅速。需要注意的是,故障诊断技术的研究应致力于研究更多的、更具有性价比的,而且可以工程应用的诊断方法。通过采用新技术和现代化的设备及工具来监测设备的状态并诊断设备的萌发故障,从而实现对设备之间故障的优先级进行排序并实现预防性维护,最终降低日常维护成本。

基于可靠性的维护方法还包括在维护决策过程中的故障分析,从而解决维护决策问题。在制定维护策略的初期,一个主要的问题就是分析复杂电力系统的可靠性。在航空工业中,就是通过对某些特定参数进行监测(状态监测),来实现对航空工业系统基于状态的维护(基于状态的系统维护)。

1.2　复杂系统的可靠性评估和预测模型

最常用的可靠性预测模型和方法大多是基于随机过程或者统计分析的。常用的可靠性预测模型和方法包括马尔可夫链(马尔可夫过程)、泊松过程、贝叶斯方法、基于状态的模型、蒙特卡罗仿真以及这些模型或者方法的组合[1,2]。这些模型或者方法在对复杂系统进行分析时,通常都具有很大的局限性(例如大多数模型只关注平均无故障工作时间(MTTF)或者系统的预期失效次数);有些可靠性模型对不完全预防性维护对系统可靠性的影响进行了建模分析(不完全预防性维修是指设备的维护操作未能将设备的可靠性恢复到100%),此类方法中将所建立的模型与可靠性框图进行了集成[3]。文献[4]提出了一种基于可靠性框图的复杂系统可靠性预测方法,即系统分解方法。该方法将系统分解为多个独立的部件,通过对系统各个独立部件以及各个部件之间相互作用分析来分析整个系统的可靠性。该方法虽然可以基于少量的可靠性数据进行系统可靠性的预测,但是此类研究成果是很有限的,应用也很少。大量已经发表的研究文献集中于系统维护技术和系统可靠性建模技术。预测性维护策略即基于状态的维护,属于第三代维护策略,它根据系统或者设备的状态来制定维护方案和维护策略。预测性维护策略的目标是提高系统的可靠性和可用性,增强系统的安全性,提高产品质量,延长设备寿命等。下一代维护策略是主动性维护策略;主动性维护的目的不仅是预防系统发生故障,而且还能避免或者尽量减少故障发生时的后果。此外,主动性维护策略的目的还包括实现最优化运行(例如经济效益最大化,系统可用性最大化等),而可靠性预测和风险评估是制定最优化维护策略的基础。系统维护的概念与理念与系统可靠性评估模型、可靠性评估方法以及业务管理相关的战略政策等都有关联。图1.1对复杂系统维护和可靠性分析研究进行了归纳,而迄今为止所发表的维护和可靠性研究相关的文献都可划归为图1.1所示的类别之一。本节后续内容将对几种重要的可靠性研究方法进行阐述。

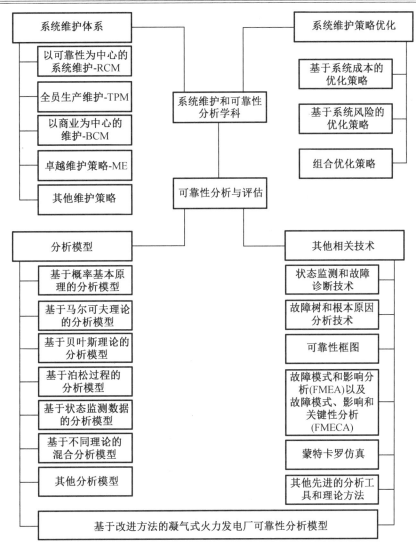

图1.1 系统维护和系统可靠性研究分类总结框图[4][11]

文献[5]研究了可靠性指标分解并采用图形化可靠性建模方式来计算系统可靠性指标。该研究工作是对系统可靠性评估研究中一个关键问题的重要尝试,该研究提出通过预防性维修在一定程度上来弥补故障数据缺失这一问题。但由于模型过于依赖主观经验而且缺乏足够的客观数据支持,因此该方法仅适用于已经积累了足够运行数据和运行经验的系统。但对于可以分解为若干系统组件的系统,该可靠性评估模型是不能采用的。此外,该可靠性模型不能预测系统组件之间的交互故障。该模型的优势是可以计算系统实时可靠性指标,可以得到系统可靠性指标随时间的变化趋势。

类似于文献[6]的研究,有大量的研究采用的是蒙特卡罗仿真方法。通过蒙特卡罗仿真不但可以避免复杂的数学计算,而且也规避一些无法建立数学模型的可靠性特性。蒙特卡罗仿真方法虽然为解决上述问题提供了一种解决方案,但蒙特卡罗仿真难以实现模型关于时间的动态特性分析和预防性维护策略有效性分析。因此蒙特卡罗仿真方法的实用性是受限的,尤其是针对大型结构复杂的系统。

文献[7]的研究将几种可靠性分析方法进行了结合,例如将故障树分析方法、贝叶斯网络分析方法和马尔可夫链分析方法相结合。该研究主要针对生产过程的可靠性进行建模分析。生产过程对可靠性建模分析提出了更高的要求,特别是当可靠性模型中需要对预防性维护策略和系统可靠性随时间的动态特性进行分析时,对可靠性建模分析的要求更高。在进行可靠性建模分析时,存在着许多需要特别注意的问题,例如系统不同故障之间的相互作用、系统可以分解为大量的部件或者组件使得可靠性模型中的组合数量呈指数性增长、某些情况下可靠性模型由于过于复杂无法在规定的时间内完成计算等。

文献[8]采用蒙特卡罗仿真方法对电厂母线的可靠性进行了评估分析。但是该研究中没有评估可靠性随时间的变化特性,也没有对系统维修对系统可靠性的影响进行分析。该研究只通过不同的模型对部分参数对可靠性指标的影响进行了仿真分析。

文献[4]的学位论文在已有模型的基础上提出了几种可靠性评估模型,例如系统分解分析方法(SSA)和交互失效分析模型(AMIF)。该学位论文中提出的新方法为扩展的系统分解分析方法。该方法包括系统中的小样本故障分析、预防性维护策略分析、不完全修复分析、交互失效分析和时间动态特性分析。该学位论文还对级联失效进行了建模分析,从而可以采用不同的失效分布函数。但是该模型侧重于预防性维护策略决策的及时性问题而不是纠正性维护决策问题,因此在模型中没有考虑各个维护策略的组合。论文中的系统可靠性模型从系统部件级的可靠性特性进行建模,并根据系统各个部件分别制定预防性维护策略。系统部件间的相互作用通过相关系数矩阵进行定义,其中某一部件的故障对另一个部件的影响不随时间发生变化。在系统部件发生故障并进行预防性维护后,系统部件的理论故障分布特性与不采取预防性维护策略时相比将发生改变。但是,论文模型中确定相关系数的方法采用的是启发式的方法,这成为该模型中的一个劣势,并使得模型难以进行应用。尽管扩展的系统分解分析方法可以对算法进行定义,但该论文中没有提出明确的算法。该模型虽然预先确定了预防性维护的次数,但是可靠性模型中没有包括基于可靠性的维护策略实施对可靠性的影响模型。这是基于可靠性维护策略的一个现实问题。

文献[9]的研究采用的方法是基于马尔可夫过程的,根据系统可用性的最大化来确定系统的最佳预防性维护次数。该模型是随机性的,而且考虑了维护策略及其对系统可靠性的影响,采用该方法对具有两个部件的运输系统进行了建模分析。该模型可计算运输系统的可靠性,并根据论文中提出的规则可得到最优维护策略实施的次数。但是当该模型应用于结构复杂且具有大量部件的系统时,必须进行适应性的调整,并且该模型还存在很多实际的问题。例如,该模型没有考虑不完善的维护策略,也没有考虑系统部件间故障的相互影响。

文献[10]提出了一种火力发电厂可靠性评估的整体模型。该整体模型基于如下假设:通过分解,系统可以分解为系统部件,而且每个系统部件都是独立的。这样每一组系统部件可以按照可靠性关联关系进行仿真,即对系统部件之间的故障相互传播进行仿真。该模型的建模过程始于相关数据的收集、整理、分类和系统的分解。在系统分解之后,对系统中不可修复部件的可靠性进行建模,然后引入纠正性维护措施,再引入预防性维护措施,从而在系统可靠性模型中引入不同维护策略组合对系统可靠性影响的可靠性评估模型。该研究在考虑完全性维护和不完全性维护的情况下,针对采取维护策略后系统部件的可靠性是否完全恢复,建立了两种系统部件的可靠性评估模型。在不完全性维护模型中,虽然对系统部件成功进行了维护,但系统部件仍然可能失效。那么此时需要对该部件的理论分布的可靠性参数进行估计。考虑到可靠性参数估计的复杂性,研究者采用蒙特卡罗仿真方法对可靠性参数模型进行求解,并根据求解后的可靠性参数进行了更加深入的系统可靠性分析。该方法的最大的难点是建立考虑系统部件故障交互的可靠性评估模型。考虑到系统采取的预防性维护措施往往要比纠正性维护措施更为频繁,因此该模型中包含了预防性维护措施。同时该研究认为必须建立系统故障传播的诊断方法和定量化评估方法。该研究开发了相应的算法来分析系统的故障数据。同时,与系统的实际操作一致,该研究也对系统停机期间的预防性维护措施进行了建模分析。通过回归分析建立了系统的部件故障与其他部件之间的故障传播和互相影响的关系。该研究使用已有的软件包来确定所有系统部件之间的故障传播和潜在的相互影响。在以上基础上,建立了系统部件之间的相关矩阵。通过相互关系矩阵,可以计算某一系统部件发生故障后对系统可靠性的影响程度。从而建立整个系统的可靠性评估模型。

在文献[10]的论文框架基础上,文献[11]强调了定义和计算复杂系统中预防性维护对系统可靠性指标影响的重要性。只有对系统的状态进行及时而且正确的评估,纠正性维护策略才会降低系统进一步发生故障的风险并且防止重大的损害。火力发电厂系统的最优化管理应基于系统可靠性指标的评估和系统可靠性指标的最优化控制,而系统的可靠性指标取决于系统的安全状态、系统的层次结构以及系统所处的生命阶段。因此,火力发电厂的优化不仅包括火力发电厂系统相关的基本结构优化、参数优化,而且包括火力发电厂采用颠覆性的设计方案来改进其最重要的特性,例如能源效率改进、机动性改进、系统可靠性水平改进和电厂整体效益改进等。基于电力系统已经具备的更高层次的管理规则,电厂的优化目标包括总体系统可靠性指标选择以及可行的解决方案。该论文提出的改进的凝气式火力发电厂系统最优化可靠性评估方法,通过引入先进的诊断技术和现代化的信息处理与管理系统,为凝气式火力发电厂系统可靠性评估方法的进一步发展和提高可靠性评估结果的准确性奠定了良好的基础。在某些特定的情况下,所产生的维护费用是最少的。火力发电厂发电成本与电厂系统可靠性水平之间的关系需要从两个方面来考虑,即发电厂角度和最终用户角度。这两个方面同时实现最小化的成本所决定的系统可靠性水平即发电厂和最终用户的最优可靠性水平。

蒙特卡罗仿真方法是基于随机数和概率论的方法,已成为解决不同学科和不同领域复杂问题的一种通用性方法[12]。蒙特卡罗仿真方法常用于模拟实际的物理现象,并且可以对一些复杂性问题进行计算。基于描述某一物理现象的方程组,首先通过对变量进行随机抽样来进行方程组的计算;其次,进行大量的重复和计算;最后,经过对计算结果的统计分析可以得到方程组的解。由于蒙特卡罗仿真方法中存在随机采样、统计分析和大量重复性的计算,因此蒙特卡罗仿真方法必须通过计算机进行分析。对于难以进行物理实验或者物理实验中存在风险或者费用过于昂贵的情况,可以建立物理实验的数学公式,然后通过蒙特卡罗仿真方法经随机计算和统计分析获得实验结果。蒙特卡罗仿真方法中采用概率论理念的本质是通过随机计算来获得实际物理问题的解决方案,而这些实际物理问题通常是与概率论和可靠性无关的问题。采用蒙特卡罗仿真方法进行系统分析可以分为几个步骤,这些步骤包括:所要解决问题的基本定义,通常此类问题或者缺乏进行试验的重要先决条件(例如,系统不允许进行试验、试验的费用过于昂贵、试验存在着巨大的危险、完成试验所需的时间太长等),或者不能得到精确的数学表达式(无法建立系统的数学模型)来对问题进行描述,这样就无法通过数学表达式的求解来得到误差允许范围内的问题的解;在不能对问题建立数学模型并求取解析解的情况下,将问题定义为一个随机过程;在计算机上进行模拟仿真,并对参数进行估计;定义预期的误差和随机采样所需重复的次数(也可以表述为根据不同部件的参数所服从的分布函数进行随机采样;选择各个参数的基本样本和补充样本;将这些采样样本计算结果进行统计分析得到系统的可靠性指标)。当采用蒙特卡罗方法进行可靠性分析时,每个部件的可靠度或者不可靠度用一系列的随机数进行表示。对这些随机数按照特定的顺序进行随机采样,每个序列随机数计算的结果表示成功或者失效。通过随机数生成程序来生成随机数数据库。对系统中每个部件进行随机采样、计算,通过部件之间的有效组合对结果进行统计分析,进而得到整个系统的可靠性分析结果。通过相应的程序建立系统的逻辑图、系统操作作业流程图和系统各个部件之间的功能连接图,在以上模型的基础上,由对应的程序来进行计算。此时,根据系统的状态(运行中系统的状态和故障系统的状态)来确定下一步的计算。如果随机数表示成功状态或者正确状态(即运行状态),那么在同一逻辑输入处设置的下一部件的一组随机数,该逻辑结果的值是由部件处于成功状态还是故障状态来确定的。这个计算过程一直持续进行,直到系统模型发生故障或者崩溃。此时,此条计算路径将在逻辑图中予以忽略,并自动返回另一个最近的并行路径继续计算。因此须对并行路径中的第一个部件设置适当的随机数。如果第一个部件处于成功状态,那么在并行路径中为第二个部件设置的随机数将用来确定该部件是处于成功状态还是故障状态。这个分析过程一直持续,直到找到一条成功的路径,此时表明整个系统处于成功状态;或者直到所有可能的路径都处于故障状态,此时表明系统处于故障状态。这一计算过程的速度取决于系统中部件的数量和系统的复杂程度,也取决于系统部件本身的可靠性水平。如果蒙特卡罗计算分析过程表现出某种简单性,那么此时可以建立系统的数学模型,并求解系统的解析表达式。当采用蒙特卡罗仿真方法分析系统的可靠性时,存在着若干因素影响了蒙特卡罗仿真方法的适用性,文献中总结了三个比较重要的影响因素,分别是计算能力、随机采样策略和减小误差的方式。许多系统中的冗余采用的是序贯冗余(即主用部件失效后,备用部件才开始替代主用部件的功能),只有在某些特定情况下采用的是"主动并行"冗余。对于序贯冗余,一个部件的失效将影响其序贯冗余部件替代的可靠性。在冗余系统中,表示冗余部件处于运行状态或失效状态的一组随机数并不是常数,而是基于随机函数的表示主用设备处于运行状态或者失效状态的特殊随机数。主用设备群组相关的每个数字不但表示了主用设备的状态,同时也决定该部件是处于运行状态还是备用状态。第二种方案是备用设备群组随机数与主用设备的随机数相同,但每个数字表示的设备的状态即设备处于运行状态还是失效状态随主用设备群组的随机数变化而变化。或者,第二种方案也可以采用为备用设备群组的随机数保持不变,但每个随机数值表示设备处于运行状态或者失效状态的意义随着主用设备群组的随机数的含义变化而变化。对冗余系统的可靠性分析是非常复杂的,因为每个任务的逻辑图都要分为若干不同的阶段;而且冗余部件可能处于不同的列中,并且有时系统的冗余配置也是不同的。本书为了便于对冗余系统的分析,做了如下假设,即如果在某一阶段的系统配置中不包括某一设备,那么在此后阶段的系统配置中也不包括该设备。系统分析程序必须能够分析在不同阶段中每个设备所处的状态,直到完全完成蒙特卡罗仿真分析。当系统的配置存在多个不同的阶段时,仅确定一条成功路径不能确定系统的可靠性水平,必须在每个阶段都对设备的状态进行分析。为了确定复杂系统的可靠性水平,可对系统不同阶段的配置单独设置不同的可靠性目标;而系统的安全性和系统的功能是由各个阶段来相互关联确定的。确定系统能否完成所规定的任务取决于系统关键功能可用冗余路径的数量。此外,系统中非关键功能的成功执行的概率有时也需要进行分析,因此就要求可靠性分析程序必须能同时分析和确定这些相互依赖的功能从而实现对系统可靠性水平的评估。

边界法采用可靠性水平的最小值和最大值形成的可靠性区域来进行系统可靠性估计,可为最简单的冗余配置系统进行初步的可靠性水平计算[2]。边界法与基于系统数学模型的方法相比,最大的优点是节约时间。边界法适用于绝大多数的无法建立系统精确的数学模型而只能采取蒙特卡罗仿真方法进行可靠性分析的系统。边界法通过计算系统可靠性的上限值和下限值来实现系统的可靠性水平评估,从而使得计算系统完成预定功能的概率和系统失效的概率以及不同的失效状态的组合概率变得非常简单。将系统划分为若干单元,针对每个单元,将该单元失效事件的概率值从可靠性上限值中减除,而将单元成功实现预定功能的概率加到可靠性下限值。当系统中可能存在的情况尽可能多时,系统可靠性上、下限值形成的区域将逐步减小。系统可靠性上限值的计算只考虑了单一的可能导致系统无法实现预定功能的故障事件,因此边界法适用于串行系统,而且也仅适用于对系统可靠性水平是否满足条件的评估分析。当系统中单个设备的可靠性水平不高,而对整个系统的可靠性水平要求较高时,往往采用并行功能系统。此时边界法就难以满足系统可靠性分析的要求了。

马尔可夫过程描述的是一个随机过程,由当前时刻系统所处的状态来确定系统未来时刻的状态的过程,即系统未来的状态不依赖于系统过去的状态[4]。离散系统的马尔可夫过程也称为马尔可夫链[3]。马尔可夫过程可用于评估复杂系统和具有复杂维护策略的系统的可靠性水平。马尔可夫过程可以对系统的功能和过程进行建模。基于马尔可夫过程的模型假设系统具有有限个状态集,而且系统的状态之间存在相互转移。系统的不同功能状态、系统可能发生的故障状态、系统的主备用状态以及不同的维护状态等这些系统可能发生的状态,都是组成马尔可夫过程模型的状态。如果状态之间的转移可以用随机过程来描述,那么可以采用马尔可夫链进行系统可靠性评估[13]。对于可修复系统,常采用马尔可夫理论来预测系统的可靠性水平[14]。当采用马尔可夫链进行系统分析时,系统状态之间的转移率(例如系统故障状态与系统修复状态之间的转移率)通常是受系统的负荷水平、系统承受的应力大小和系统结构等因素影响而变化的。系统的结构(例如系统采用主备用设备冗余)和系统的维护策略尤其会使系统具有新的关联特性,而其他可靠性评估通常难以建立这些特性的模型。同样,马尔可夫模型也具有一些局限性,例如马尔可夫模型通常适用于可修复系统,而且通常难以确定系统的全部状态,状态之间的转移率也不容易获得,而且马尔可夫模型的假设限制条件也是很严格的。此外,马尔可夫模型在连续时间系统领域的应用也存在一些问题,例如难以求得马尔可夫过程方程组的数学解析解。因此马尔可夫模型的应用在许多情况下都受到严重的限制。

泊松过程是以法国数学家西蒙·丹尼斯·泊松的名字命名的。泊松过程是随机过程的一种,在整个过程中事件是连续发生的而且是相互独立的。泊松过程是马尔可夫模型的一个特例。泊松过程可用来描述多种随机现象,例如系统故障。泊松过程模型假设系统的故障是相互独立的,而且每个时间间隔内的故障数服从泊松分布[15]。泊松过程有多种形式,如齐次泊松过程(HPP)、非齐次泊松过程(NHPP)、复合泊松过程(CPP)、双随机泊松过程(DPP)、滤波泊松过程(FPP)等。齐次泊松过程模型要求增量具有平稳性,而非齐次泊松过程模型不要求增量具有平稳性。在泊松过程模型应用中,需要假设系统的平均失效率是常数,而该假设大多数是与实际系统不符的。系统的失效率与时间有关,因此系统失效率是时间的函数。此时非齐次泊松过程模型更适合于对不完全修复的可维修系统进行建模,有很多的系统模型都是基于非齐次泊松过程建立的。在非齐次泊松过程模型中,系统的故障不必是相互独立的,故障时间间隔也不必是独立同分布的,因此非齐次泊松过程模型可以描述系统失效率随时间的变化[16]。一些研究表明,由于被监测系统可靠性的复杂性,多部件可修复系统的可靠性模型不能通过连续分布的模型来描述[17]。可修复系统故障的发生可以看作连续系统中随机出现的一系列离散事件。可修复系统故障的发生表现出随机过程的特性,可以通过事件的统计特性来分析。对数线性非齐次泊松模型和幂律非齐次泊松模型是可修系统中两种广泛应用的泊松过程模型。幂律非齐次泊松模型是基于威布尔分布函数的模型,可应用于对复杂可修复系统的可靠性建模分析。基于泊松过程模型可对系统可靠性进行建模,同时软件可靠性也可以采用泊松过程模型进行建模分析。泊松过程适用于随机故障发生的可修复系统。但是目前已有的模型仅适用于具有随机特性的系统失效行为,而无法对系统失效率随时间增加的故障特性进行分析。基于泊松过程的可靠性模型假设系统的失效概率服从泊松分布,而且系统失效频率不影响系统的可靠性。齐次泊松过程模型中假定系统修复后的可靠性与系统故障前的可靠性是完全相同的,这使得齐次泊松过程模型仅适用于所谓的最小修复,而不适用于系统改进型的彻底检修[14]。随着诊断技术的发展和应用,系统维护策略追求的一个目标是使系统具有长期的高可靠性水平。文献[15]提出的比例风险模型(PIM)是当前最流行的基于状态监测和运行数据的失效建模分析方法。与比例风险模型类似的方法还有比例强度模型,但比例风险模型更加灵活而且避免了比例强度模型的复杂性问题。在比例风险模型提出之前,已经有了可靠性函数和风险函数的数学定义。可靠性函数定义为 $R(t)$,表示同一类设备的可靠性水平随着随机变量——"失效时间" T 的变化[16]。

贝叶斯方法是由英国数学家托马斯·贝叶斯(1702—1761 年)提出的。基于贝叶斯理论有很多贝叶斯模型和应用,例如贝叶斯因子、贝叶斯博弈、贝叶斯多元线性回归、贝叶斯网络、经验贝叶斯方法等[10]。贝叶斯方法也可用于系统可靠性建模分析,基于贝叶斯方法的可靠性分析模型可以对维护人员的经验信息进行建模分析。文献[17]将贝叶斯方法应用到一种传统的基于时间的设备更换策略和一种在修复成本不变且尺度参数 α 和形状参数 β 相互独立的前提下的最少设备更换策略。考虑到系统的故障是偶发的而且是无法预知的,文献[18]采用贝叶斯方法建立了一种自适应设备更换模型,该模型假设系统发生故障的风险是随时间单调上升的。文献[19]利用贝叶斯方法,研究了预防性维护策略的改进方法。文献[20]研究了当客观数据不足时,采用完全主观方法或者贝叶斯方法来做出维护决策。采用贝叶斯方法,可以对共因故障建模分析。贝叶斯方法的优点之一是可以利用历史经验信息,但是贝叶斯方法本身并不适合用于可靠性建模。但采用贝叶斯方法进行可靠性建模分析的最大优势是采用了概率分布理论,后验概率分布可以修正先验概率分布,从而更精确地对系统的故障进行建模分析。

随着科技的进步,可靠性建模分析可以利用计算机技术进行,从而提高分析能力和计算能力,并最终提高科学研究的能力和水平[4]。研究中常采用的先进方法包括模糊逻辑推理、神经网络模型、遗传算法、数据融合、蒙特卡罗方法、马尔可夫链,或者这些方法的组合等。这些先进方法为系统可靠性评估提供了新的解决方案,提高了系统可靠性预测的精度;而且系统维护策略研究也可能用到此类先进方法。在许多研究中,将不同的模型进行了组合形成混合模型,例如贝叶斯方法和泊松过程模型的组合;有些甚至是三种不同方法的组合,例如贝叶斯方法、马尔可夫链和蒙特卡罗仿真方法的组合,从而产生了新的、针对不同问题的可靠性分析模型[11, 21-25]。混合模型在理论方法研究中非常活跃,但是由于混合方法无法得到通用的解决方案,因此在实际应用中还存在着许多待解决的问题。近年来,研究提出了许多改进系统维护策略和评估系统可靠性的理论模型,但是大多数模型都存在许多严苛的假设条件和适用条件,导致可靠性分析模型不能真实地反映实际系统的可靠性,最终限制了所提出的可靠性分析模型的应用[10]。

1.3　可靠性增长模型

系统开发过程就是一个不断测试,发现缺陷、定位缺陷并修改缺陷的迭代过程,通过不断的迭代从而减少或者完全消除系统中可能存在的缺陷[26-34]。缺陷修改对系统可靠性的影响需要通过适当的数学模型进行分析,该分析模型对系统开发过程的影响是至关重要的。同时这个过程也是一个设计与开发不断相互迭代的过程,包括故障模式检测、根本原因识别、问题反馈、基于故障模式根本原因的再设计、再设计的实施以及通过重新测试来确认再设计的有效性,如此往复,如图 1.2 所示[35]。大多数的可靠性增长模型都给出了系统当前的可靠性结果以及对系统后续开发阶段可靠性结果的预测。可靠性增长模型大多给出的是一个基于测试数据的数学公式,该公式表征了系统在开发阶段的可靠性趋势。此类可靠性增长模型通常认为系统的可靠性是不衰减的。当可靠性增长曲线的确切形状在系统开发前就是已知时,该曲线拟合得到的函数即为确定性的系统可靠性增长模型。但是在大多数时候,在系统开发之前可靠性增长曲线的确切形状是未知的。此时可以假设该曲线属于参数未知的某一类可靠性增长曲线,那么由此可以将问题转化为从实验数据中估计未知参数的统计问题。而且统计分析结果可以通过收集的最新数据来进行修正。通过以上方法可以对系统进行动态的可靠性评估分析。针对基于统计参数的可靠性增长模型,本节重点介绍了基于 Duane 曲线和 Wieren 曲线的可靠性增长模型;同时也对非参数模型,特别是 Barlow-Scheuer 可靠性增长模型进行了介绍。

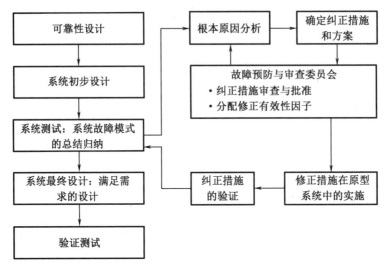

图 1.2　可靠性增长测试过程

1.3.1　基于 Duane 曲线的可靠性增长模型

基于 Duane 曲线的可靠性增长模型(简称 Duane 模型)描述的是系统发生失效的密度,其模型表示为

$$L(T) = \beta T^{-\alpha},\ 0 \leqslant \alpha \leqslant 1, \beta > 0 \tag{1.1}$$

其中,$L(T)$ 为系统在时间 T 这一时间段内的累计失效密度,α 和 β 为待定参数。

在可靠性增长模型中,基于 Duane 模型的可靠性分析是至关重要的。Duane 模型具有如下的特点和优势:首先,Duane 模型数学表达简单而且易于实际应用;其次,由于参数 α 是无量纲的,因此相当容易依据系统设计情况和系统测试的累计数据来进行估计;再次,Duane 模型与 Weibull 模型存在着相似性,因此可以采用已有的可靠性区间分析方法和基于统计假设检验的统计方法;最后,Duane 模型具有对数线性的特性,因此便于绘制可靠性增长曲线。不过,Duane 模型也存在着许多限制条件:首先,Duane 模型假设失效服从指数分布,但是只有采用泊松近似的二项分布,才可以进行属性测试检验;其次,Duane 模型假设纠正性措施与连续测试是同时进行的,这一假设条件具有局限性。尽管在测试和纠正措施可以互换的情况下,或者是在有足够的时间对被测试的系统进行更改的情况下,Duane 模型也是适用的,但是以上限制条件是十分苛刻的。但当基本 Duane 模型无法精确描述整个系统可靠性增长时,整个系统的开发周期可以划分为若干的不同的阶段,此时对每个阶段仍可以采用阶段性的 Duane 模型进行分析。

1.3.2 基于 Wieren 曲线的可靠性增长模型

基于 Wieren 曲线的可靠性增长模型(简称 Wieren 模型)可以用以下方程式来表示:

$$R = ab^c \tag{1.2}$$

其中,参数 a 表示系统的可靠性 R 的上限值。当系统开发时间 $t \to \infty$ 时,系统的可靠性 R 渐进达到最大值。参数 $0 < b < 1, 0 < c < 1$,其值是根据测试结果统计得到的。在 $t = 0$ 时,系统的可靠性指标为 ab。参数 c 确定了系统可靠性增长的曲线的形状。Wieren 模型需要建立一定的规则来对模型中的参数 a、b、c 进行估计。

1.3.3 Barlow-Scheuer 可靠性增长模型

Barlow-Scheuer 可靠性增长模型(简称 Barlow-Scheuer 模型)假设系统开发过程中的修改和变化不会降低系统的可靠性,但该模型没有定义可靠性增长的数学函数表示形式。在 Barlow-Scheuer 模型中,必须对每一个失效进行分类,可分为固有失效或者因果失效。对于固有失效,引发失效的原因无法确定,而因果失效发生的原因是可以确定的。Barlow-Scheuer 模型将系统开发过程划分为 K 个阶段,每个阶段中的系统都是由上一阶段的系统测试修改后得到的,因此每个阶段的系统都具有高度相似性。对于 K 个开发阶段中的每一阶段(除最后一个开发阶段外),当测试过程中发现发生因果失效时则认为该阶段的开发过程已经完成。在每个阶段,都会记录测试成功通过的次数。在 Barlow-Scheuer 模型中,假设系统固有失效概率在整个系统开发过程中都保持不变,大小为 q_0;在每个阶段中的因果失效概率与前一阶段相比是不增长的,第 i 个阶段的因果失效概率为 q_i,而且满足 $q_1 \geq q_2 \geq, \cdots, \geq q_K$。为了消除导致系统发生故障的原因,在测试发生失效后都会对系统进行修改,那么系统在不同的开发阶段是有所区别的,但是在每一个阶段内,系统是保持不变的或者是非常相似的。系统可靠性分析模型都会有一些假设条件,对不同的可靠性分析模型的评价的依据是不同的可靠性分析模型,其在多大程度上可以描述系统可靠性增长的实际过程。除此之外,重要的是必须考虑到评估相关特征所需的统计程序也是可建立的。在可靠性增长模型中,都存在基于历史数据的可靠性数学模型,并可以对下一开发阶段的系统可靠性进行评估的特性。当对于可靠性增长特性还未了解的时候,可以采用非参数化的可靠性增长模型,但此时可靠性增长模型的置信水平的下限是很低的。可靠性增长模型用于描述系统在开发过程中的可靠性指标的变化。

关于系统在运行阶段所实现功能的可靠性,通常采用如下四类可靠性增长模型:基于经验的可靠性增长模型、基于计划分配的可靠性增长模型、可靠性增长估计模型和可靠性预测评估模型。

● 基于经验的可靠性增长模型的目的是解决系统的设计期功能的可靠性评估问题。基于经验的可靠性增长模型建立了通用的数学表达形式,并基于相似系统的数据进行分析。此类模型可以分析一些可靠性指标(例如平均无故障间隔时间、系统成功概率等)。基于经验的可靠性增长模型通常是连续的曲线形式,其方程可采用可靠性增长数学模型之一(通常采用的是 Duane 模型)。连续曲线通常表示某一阶段或者某一阶段中的某一个时间内的可靠性增长变化。当系统的设计发生变化时,系统的可靠性增长通常表现出可靠性指标一系列增长性的跳跃式变化。当系统处于初始阶段时,系统尚在建设过程中,那么此阶段的系统可靠性的跳跃式变化可能表现为系统可靠性降低。

• 基于计划分配的可靠性增长模型用于解决在系统开发过程中的某些特定阶段系统所期望的可靠性水平问题。基于计划分配的可靠性增长模型的曲线与基于经验的可靠性增长模型曲线具有相同的通用数学表达形式。但基于计划分配的可靠性增长曲线须经过一组特定给定值的点,而这组点根据系统的可靠性特征指标确定。这些特定给定值点的值由系统的复杂性、测试时间、故障分析和系统修改所需的代价来决定。系统的初始可靠性特征值主要由元器件和子系统的试验测试结果来综合确定,或者是由原型系统的试验测试结果来确定。如果系统开发过程中的可靠性测试结果与计划分配的可靠性值不匹配,那么必须对开发过程进行仔细的复核和检查,并评估可靠性预期分配的合理性。

• 可靠性增长估计模型用于计算某一时间点系统的可靠性指标。可靠性增长估计模型可以通过三种不同概率分析来建立估计模型,分别是:基于已有其他相似系统的测试结果来估计本系统的可靠性指标;基于本系统前期的所有测试结果的统计特性进行组合,并结合可靠性增长模型来估计系统的可靠性指标;基于前一个阶段的测试结果进行可靠性指标初步预测,并结合本系统前期的所有测试结果来进行修正,从而实现对系统可靠性指标的估计。可靠性增长估计模型可以针对已经开发完成的系统,对采取某些规定的程序化操作后系统的可靠性指标的变化情况进行预测。

可靠性预测评估模型可以从当前时刻的系统可靠性指标的计算值进行外推,采用经验公式模型来确定可靠性指标的变化趋势,并根据拟定的程序操作来确定系统可靠性的具体变化情况。

1.4 可靠性评估方法

系统安全分析(也称系统可靠性分析)的一个重要步骤就是确定系统的安全性或者可靠性指标并制定对应的指标要求。目前,常用的做法是先确定一个系统的可靠性指标或者安全性指标的最小集合,并通过对这一最小集合指标的观测来充分表征系统的安全性和可靠性[36]。系统的安全性和可靠性由组成系统的设备的基本特性决定,设备的特性是多种基本特性相互叠加的结果,例如设备的机械强度、稳定性、耐火性、弹性等特性。系统中存在着潜在的风险,通过假设系统潜在风险导致的系统故障率来对系统的安全性或者可靠性进行通用的定量化分析。因此,通过确定系统的可靠性指标或者安全性指标,来对功能不同、工作原理不同的系统进行比较,即根据系统潜在风险导致的系统的后果来对可靠性指标或者安全性指标进行衡量。系统风险可以定义为单位时间内意外事件发生的频率。欧洲质量组织(European Organization for Quality,EQO)对通用质量管理领域术语中的"风险"进行了定义,表述为"意外事件发生概率和由其导致意外后果发生概率的积"[37]。系统可靠性分析一直作为系统安全的组成部分来对系统进行分析。此种系统可靠性分析都是基于"绝对安全"这一保守性的概念来进行的。"绝对安全"的概念不适用于失效本身存在的一些概率特性和系统使用条件发生改变而导致的系统失效特性。同时,为了避免系统可靠性需求指标设定与系统运行条件和系统设计限制之间的矛盾,在系统可靠性分析中应特别注意系统可靠性解析表达式的定义和可靠性参数的具体数值的计算[38]。为了进行系统可靠性分析,必须建立系统的可靠性数据库。该数据库不但包括整个系统的可靠性数据,而且还包括组成系统的各个基本设备和零部件的可靠性数据。系统故障率由多种因素决定,例如机械负荷和热过载、环境因素、使用条件、修理或更换策略、人为因素等。根据火力发电厂所处的寿命周期的阶段和可靠性评估的目的,可靠性分析通常有三种方式:第一种方式是系统可靠性估计,根据设备相似性原则进行可靠性估计,并基于同类型设备或可追溯的类似历史数据信息对系统可靠性指标进行修正;第二种方式采用基于系统部件的方法进行可靠性计算,即所谓的初步系统可靠性计算,采用统计的方法和逻辑推理模型,在信息不完全的情况下进行初步的可靠性计算;第三种方式是基于设备负荷分析的可靠性分析,也称为精确的可靠性计算分析(基于设备运行参数和运行负荷与设备可靠性指标之间的关系),并评估系统的预计使用寿命和系统可能存在的偏差,由专家通过理论知识结合设备的磨损程度对相关的模型进行修正[39,40]。

概率安全分析方法的发展形成了一系列基于概率论方法的系统安全性和可靠性计算分析方法[8]。针对火力发电厂这一复杂系统的可靠性评估技术的改进和发展,除了采用经典可靠性评估方法进行评估外,还在于通过自动的在线规程或者通过规程选择标准(通常以经济性目标为标准),并结合最优化的测试计划来缩短某一个或者多个影响因素的可靠性测试的时间[41]。由于火力发电厂系统的复杂性和某些设备可靠性指标的复杂性,需要对火力发电厂各个设备进行重要性度量和排序,这样在提高设备资源配置合理性的同时也提高了各个设备的可靠性。在确定设备重要度问题的同时也确定了关键设备失效所导致的后果分析列表。进行设备失效模式及影响分析需要具备以下条件:具备火力发电厂运行状态判断的相关知识,掌握电厂系统结构配置并具备电厂设备可靠性数据库。确定设备可靠性和重要度评估的方法和准则,根据该方法和准则可确定电厂中各个设备更换和修复的优先级顺序,使得整个电厂系统具有良好的安全性并且降低电厂的运行成本,提高电力系统的安全性和经济性[42]。诸如火力发电厂这类复杂系统的"薄弱环节"使得电厂在运行过程中存在着一定的风险,严重影响着系统的可靠性和安全性。系统中各个设备的安全性和可靠性水平的提高都会直接提高整个电厂系统的安全性和可靠性。因此,这就要求不仅对单个设备而且对整个电厂系统,都要高度关注设备和系统的可靠性和可用性问题。假设电厂系统在寿期内不同的阶段确保系统可靠性的方式由其所采用的储备形式和评估方法来决定,此时取消电厂系统中所有参数的冗余,那么在基本设计寿期内和延寿寿期内,最常见的储备形式和评估方法包括:功能储备形式、负荷储备、时间储备所采用的大修方案和大修范围对电厂可靠性影响的评估方法,以及技术储备和信息储备的形式的可靠性评估方法、安全性评估方法和持续性评估方法。

1.5 可靠性指标

火力发电在全球总发电量中占比约为 70%,因此凝气式火力发电厂系统可靠性和运行可靠性问题是备受关注的。由于电能无法像货物一样进行存储,因此在火力发电厂运行期间必须有足够的装机电力备用容量,同时,电网用户的用电需求决定了电力系统的发电能力[43]。电力设施相关的任何工作都必须严格遵守相关法律、法规和条例的规定,并根据相关的规定确定系统的运行作业条件和安全性要求。电力系统的质量、可靠性、安全性、经济性和生态性对电力系统设施的运行尤为重要。电力系统的可靠性是指在规定的范围和规定的条件下,电力系统实现其功能(系统功能包括:发电、供热和供汽等)的概率,如图 1.3 所示。

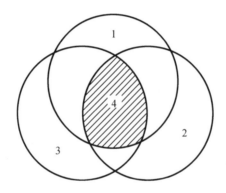

1——组给定的系统目标;2——组给定的运行条件;3——组时间间隔;4——组可靠性特性的数据。

图 1.3　电力、热力和/或工艺系统等能源系统可靠性概念

电力系统中的发电厂根据规定的功率负荷图具有的发电能力为装机功率 N(图 1.3 中的区域 1 所示),发电厂在规定的条件下(图 1.3 中区域 2)、在规定的时间段 τ_{rad}(图 1.3 区域 3 所示)内完成发电任务的概率是 P_N(图 1.3 区域 4)[44]。发电厂在此条件下完成发电能力的可靠性指标可表示为

$$E = N P_N \tau_{rad} \tag{1.3}$$

式(1.3)表明,发电厂的可靠性取决于发电厂发电运行的作业条件,具体表现为在规定的条件下、规定的范围内,电力设施完成全部功能或者部分功能的能力(以低于额定功率的功率水平进行发电或者生产某一种可用能源)。系统发生故障后会丧失发电能力。系统在运行过程中,会发生全部系统功能丧失或者部分系统功能丧失的情况。系统全部功能或者部分功能丧失导致能源系统运行中断的事件称为故障。系统发生故障可能是系统功能完全丧失即系统全部发生故障(例如,紧急事故停机或停机检修),也可能是系统部分发生故障(例如,系统降功率运行),如图 1.4 所示。系统故障可能是突变发生的也可能是渐变发生的。突变故障常见特征包括电力系统中某一个设备或者某个子系统的损毁和破坏,此时

该设备或者该子系统将会完全停机;而渐变故障是电力系统中一个或者多个设备的功能逐渐随时间发生劣化,最后丧失功能。这些故障的发生通常是设备运行的不利条件导致的材料弱化,或者是腐蚀、侵蚀和磨损导致材料防护层消除和壁厚减少。

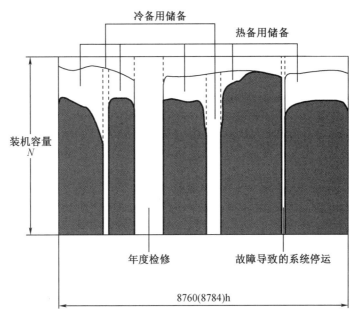

图 1.4　电力系统设施运行概况[2][37]

系统可靠性评估不但要制定可靠性指标评估的标准,还必须明确基本可靠性指标和补充性可靠性指标。基本可靠性指标和补充可靠性指标的选择与系统所处的阶段和状态直接相关,在不同的阶段具有不同可靠性指标[44]。在电力设施的开发设计阶段、电力系统及其部件优化任务的解决阶段、串联能源设备和详细设计阶段、安装调试阶段以及使用阶段,都有不同的可靠性指标。如图 1.5 所示,系统发生故障和故障修复作为对偶事件构成了整个系统运行过程序列。

图 1.5　以恢复系统运行能力为目的的故障发生及其排除过程

注:$\tau_1, \tau_2, \cdots, \tau_n$ 表示系统发生故障之前的运行时间,即从开始运行时刻到故障发生时刻这一时间段的时间;$\tau_{rep1}, \tau_{rep2}, \cdots, \tau_{repn}$ 表示系统的维修时间)[44]

能源系统中的安全系统功能及所采用的设备的安全级别是由系统和设备的特性决定的,须考虑多个影响因素,例如结构、所用材料的质量、生产技术、安装质量、设备服务和使用条件、蒸汽质量等。故障或者缺陷发生的事件序列可以由随机大小的分布序列来描述,其表征了这些事件发生的概率 $P(k)$,其中 k 表示失效事件(随机事件)发生的次数。那么事件 X 发生的概率可表示为

$$P(X) = m^*/n \tag{1.4}$$

其中，m^* 表示随机事件 X 发生的次数；n 表示所有事件发生的总的次数。

修复后(修复如新)的设备运行到计划运行时间 T_0，而无故障运行的概率表示如下：

$$P(\tau) = e^{-(\lambda/\tau)} \tag{1.5}$$

其中，τ 表示观测时间间隔；λ 为失效率，$\lambda = 1/T_0$，，如图 1.6 所示。

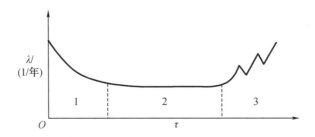

1—故障频发阶段(早期故障)；2—正常利用阶段(随机故障)；3—老化疲劳失效阶段(损耗失效)。

图 1.6 设备寿命期内的失效率曲线[1]

表征一段时间内故障频率的参数是故障失效率，该参数表征了可修复设备的故障发生概率或者是单位时间内可修复设备的平均故障次数。能源系统设施的可靠性可以根据其功能(例如通过与发电机进行连接来提供机械能,发电的同时进行供热等功能)，采用一些复杂的指标来表征，其中最重要的一个指标是生产系数(例如,功率生产系数和能量生产系数)[1, 11, 44]。

表 1.1 总结了不同发电厂及其重要设备(锅炉和汽轮机设备)的计划运行时间 T_0 和修复时间 T_{rep}。发电厂运行的性能指标 π 可以由两个重要指标,即系统的利用系数 K_{ti} 和系统的可用性 K_g 来表征。其中,系统的可用性 K_g 是指在任意时间内系统处于运行状态的概率,系统在投入运行后,经过一段时间进入故障状态,经过维修后系统恢复运行状态,此时系统的状态可以表示为:运行—修复—运行—……。此时系统的可用性可以表示为式(1.6)

$$K_g = T_0/(T_0 + T_{rep}) = \mu/(\lambda + \mu) \tag{1.6}$$

其中 $\lambda = 1/T_0$，表示系统的失效率，$\mu = 1/T_{rep}$，表示系统的修复率。

表 1.1 不同电厂及其重要设备的计划运行时间 T_0 和维修时间 T_{rep}[44]

电厂	计划运行时间 T_0/h	修复时间 T_{rep}/h
K-200-130	800~1 000	45
锅炉	900~1 100	55
汽轮机	5 000~6 000	30
K-300-240	800~1 000	43
锅炉	300~500	60
汽轮机	4 000~5 000	90
K-800-240	600~800	80

表 1.1(续)

电厂	计划运行时间 T_0/h	修复时间 T_{rep}/h
锅炉	900～1 100	90
汽轮机	3 000～4 000	60

系统中设备的故障频率是指单位时间内设备因损坏而无法投入运行的数量,并通过时间段 $\Delta\tau$ 内故障设备的数量与同一类型的设备总数的比值,可用式(1.7)来表示:

$$\omega = n_0/(n\Delta\tau) = 8\ 760(8\ 784)/T_0 = 8\ 760(8\ 784)\lambda \tag{1.7}$$

设备的修复时间是设备的检修时间,该时间包括缺陷检测和定位所需的诊断时间。

发电厂的利用系数是指发电设施在一段时间内处于运行状态的时间与设备总的处于运行状态的时间、设备维护时间和设备大修时间总和的比值。需要注意的是,可用率系数是指单个设备作为一个整体在任意一个时刻具备运行条件的概率,可用率系数在计算上是不包括计划的大修时间和修复时间的。

在系统中,设备之间的连接可能是串联的或者是并联的,也可能是串、并联相结合。如图 1.7 所示,火力发电厂主要发电设备的连接就是串联系统的一个实例,系统中三个重要设备中的任何一个设备的故障都会导致整个发电系统的故障。对于串联系统,可用式(1.8)和式(1.9)进行计算[44]:

$$\omega = \sum \omega_i \tag{1.8}$$

$$t_{rep} = \sum (\omega_i T_{repi}) / \sum \omega_i \tag{1.9}$$

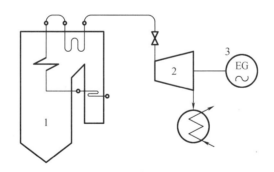

1—锅炉;2—汽轮机;3—发电机(EG)。

图 1.7 火电厂主要设备之间的串联关系[36]

锅炉与蒸汽母管的连接是并联系统的一个实例。锅炉通过多个蒸汽管道与蒸汽母管进行连接,然后通过蒸汽母管将蒸汽供应到汽轮机或者其他的能量转换设备。对于火力发电系统,采用了许多复杂的指标来定量化评估可靠性水平,这些指标包括负荷率、设备利用率、利用系数、停运因子等。

火力发电厂平均负荷率 K_R 由平均实际功率和额定功率来计算:

$$K_R = R_0/R_N$$

其中，R_0 表示火力发电厂实际运行过程中的平均发电功率，单位为 MW；R_N 表示火力发电厂名义额定发电功率，单位为 MW。

新建的发电厂其平均负荷率是 1，旧发电厂其功率因子为 0.95 ~ 0.98，允许有 5% 的偏差。

火力发电厂利用率由火力发电厂的实际发电量确定，定义为火力发电厂实际发电量与火力发电厂理论最大发电量之间的比值，用 K_{ik} 表示，计算公式为

$$K_{ik} = E_0 / E_m$$

其中，E_0 表示火力发电厂实际发电量，$E_0 = R_0 T_e$；E_m 表示火力发电厂理论最大发电量，$E_m = R_m T_k$。

根据文献[44]，可得

$$K_{ik} = R_0 T_e / R_n T_k \tag{1.10}$$

式中，T_e 表示火力发电厂实际运行发电小时数，单位是 h；T_k 表示火力发电厂报告期日历小时数，单位是 h。

由于火力发电厂平均负荷率 $K_R = R_0 / R_N$，运行率 $K_e = T_e / T_k$，此时火力发电厂设备利用率可表示为

$$K_{ik} = K_R K_e \tag{1.11}$$

火力发电厂利用率是由火力发电厂的寿命、电厂性能和电厂的运行状态决定的，通常取值范围为 0.4 ~ 0.8。

火力发电厂设备运行率是火力发电厂中设备运行时间的重要指标，有两种定义方式。

第一种是最常用的设备运行率，定义为设备运行时间 T_e 与报告期（月、年等）日历时间 T_k 的比值，即

$$K_e = T_e / T_k$$

对于新建电厂，K_e 取值为 0.8，对旧电厂 K_e 通常取值为 0.6 ~ 0.75。在该定义中，电厂的大修时间也包含在日历时间内，因此此种定义方式通常用于不同火力发电厂的对比。

火力发电厂设备运行率的第二种定义方式是通过由设备运行时间与日历时间和年度大修时间的差值来计算，即

$$K_e^1 = T_e / (T_k - T_r)$$

设备运行率的此种定义多在火力发电厂内部采用，并用于电厂编制年度计划。通常，在不同的火力发电厂中，电厂大修的工期不是统一规定的。因此，在对不同火力发电厂运行进行评价和比较时，通常不采用第二种定义方式。

火力发电厂的停运通常是指由于火力发电厂及其重要设备的故障导致的对电厂工艺系统的干扰而使得火力发电厂无法平稳运行。当火力发电厂或者其设备发生故障时，无法按照运行指导和运行规程来调节火力发电厂的运行以维持火力发电厂处于安全的运行状态，此时必须将火力发电厂正常停运；当某些故障可能造成人员伤亡时，必须对火力发电厂进行紧急停运。因此火力发电厂中存在着设备保护系统和紧急停运系统来避免事故的发生。火力发电机组装置和设备故障导致的发电厂停运和停机可以分为两组：一组是紧急停运组，此时由于保护装置的自动动作进行了紧急停运；另一组是非紧急停运，此时虽然有故

障发生但是可以将电厂或者设备的运行适当延长一段时间,不会威胁人员的安全也不会破坏环境。因此,发电机组的停运也可以分为计划性停运和计划外停运。火力发电厂计划外停运通常是由材料磨损、老化和性能退化、热过载、使用和维护不当、不符合技术说明书的规定、维修不足、设备疲劳、燃料质量劣化等原因导致设备失效,进而导致计划外停运。火电机组是一个复杂的系统,通常包含大量的相互耦合的设备和复杂的系统,因此火电机组的计划外停运的概率是很高的。特别是当火电机组经过长时间的运行,设备已经老化,此时计划外停运的概率会更高。计划性停运通常是根据年度大修和检修计划,或者设备检修和维修计划而确定的。通常采用火力发电厂的故障因子来评估和分析火力发电厂设备和系统运行和维护的质量。停运因子包括故障因子、计划性停运(养护)因子、大修因子和系统抑制因子;故障因子定义为故障发生后排除故障所需要的时间与系统所有的停机日历时间的比值。当故障发生后,通常将发生故障的设备或者子系统进行停运检修。故障因子通常以年度为单位进行计算,但也可以按照火力发电厂需求的运行时段进行计算。计算公式为

$$K_{KV} = T_{KV}/T_K$$

其中,T_{KV} 表示观测时间间隔内的由故障导致的停机持续时间,单位通常为小时。T_K 表示总的停机时间,通常停机时间指的是从故障停机到修复后重新运行这段时间。如果在一个观测时间间隔内存在多个停机中断,那么此时停机持续时间为多次停机持续时间的和,即

$$T_{KV} = T_{KV1} + T_{KV2} + \cdots + T_{KVn} \tag{1.12}$$

故障因子在以年度为单位进行计算时,其值通常是 0.1~0.15。当故障因子的数值比较小的时候,此时通常是指系统中那些新设备发生故障;而当故障因子的数值比较大的时候,通常是指系统中那些长时间运行之后的设备发生故障。计划性停运作为预防性维护的一种措施,可以实现更高的设备可用率并降低系统发生故障的风险,同时也可以预防火力发电厂机组在运行过程中出现的紧急情况。规划计划性停运设备的范围时,需要考虑老旧设备维护的投入和不危及安全生产的设备的使用问题,并且要在规定的时间内重新投入使用。

对于处于使用寿命末期的老旧设备的计划性停运,最常用的指标是计划性停运因子,该值通常是通过火力发电厂的运行监测以及同类型相似火力发电厂的运行数据确定的。计划性停运因子定义为计划停运的持续时间与观测时间间隔日历时间的比值。计算公式为

$$K_{PZ} = T_{PZ}/T_K$$

其中,T_{PZ} 表示观测时间间隔内计划性停机的时间,单位通常为小时;T_K 表示日历时间,通常以年度为单位。

通常计划性停机时间指的是设备从按计划停机到重新运行的这段时间。实际上,计划性停机时间通常是停止运行后设备故障的排查时间,如果以年度作为单位,那么是在此年度内所有的计划性停机时间的总和。计划性停运因子的计算通常是以年度为单位的,但大多数情况下,此类停运并不是计划好的。计划性停运因子通常用于老旧设备和需要大量投资的设备,以及处于运行寿期末的火力发电厂。

大修因子确定了当前年度或财政年度的大修计划。大修因子定义为大修持续时间与年度日历时间的比值。其计算公式为

$$K_R = T_R / T_K$$

其中，T_R 为大修的持续时间，其单位通常为小时，即设备停运进行计划性的检修所用的时间，也可以表述为从停止运行到重新投入运行所用时间；T_K 表示日历时间，通常以年度为单位。大修因子通常以年度为单位进行计算，并根据火力发电厂的设备是否老旧，是否具有较高的功率以及计划大修的工作范围（无论是当前年度还是财政年度）而具有不同的值。老旧设备的大修因子取值范围为 0.08~0.16，大修因子取较大的值时对应的是财政年度大修，较小的值对应的是当前年度大修。

在火力发电厂设备运行时间中，存在着电力系统因用电量减少或者其他原因造成电网的发电量大于用电量的情况。而在这种情况下，电力调度部门必须维持电力的供需平衡，因此必须将某些发电厂在电网中进行剥离，即电网抑制火力发电厂的发电量。当水电站的供水量处于无法控制的大供水量时，这种电力抑制情况最常发生；或者在用电量不可预知地、非计划地减少的情况下，即使不存在电力用户，也常发生电力抑制情况。这些情况虽然很少发生，但是在实际中却发生过。这种情况通常由抑制因子进行衡量，并且其取值大小是非计划性的。抑制因子定义为抑制时间和日历时间的比值，通常以年度为单位进行计算。其计算公式为

$$K_P = T_P / T_K$$

其中，T_P 为火力发电厂处于抑制发电的时间，通常以小时为单位，即从抑制发电到恢复正常发电的时间间隔；T_K 表示日历时间，通常以年度为单位。

1.6　火力发电厂运行期间的故障和损坏

火力发电厂部分子系统或者整个火力发电厂发生故障概率的定义为火力发电厂某些系统设备或者整个系统无法执行其设计功能的概率[11]。在运行过程中，系统性能的降低或者系统功能的丧失是由多种因素（例如，系统本身的设计问题、随机事件的影响或者系统长时间运行导致的老化等）相互作用的结果。这些影响因素可能会引起系统设计参数的改变，或者造成系统不同程度的损坏而导致系统功能的丧失。为了减少非计划性停运，避免发生故障，同时提高火力发电厂各个设备的可靠性或者提高整个火力发电厂的可靠性，必须在火力发电厂整个生命周期内严格遵守和执行质量保证相关的规定，包括从项目论证阶段到设计阶段，直到电厂运营阶段和机组退役阶段。在电厂运行期间，设备和整个火电机组不可避免地都会发生性能退化现象。通过检测或者监视等手段，在特定时间段内或者是连续性地对设备的运行状态进行监测和诊断，可以确保设备的正常运行或者检测到设备运行的异常情况并对设备即将发生的故障进行预判。设备的状态监测和诊断技术通常适用于不能通过定期检验来确定设备的磨损程度的情况。针对状态监测和诊断技术所建立的系统模型通常由所采用的运筹学方法、数理统计的方法（例如，所采用的不同的数学分布、

参数估计、假设检验、所定义的状态监测和诊断的范围以及特征),以及概率论的方法(基于不同的数学模型)来综合建立[38]。如图1.8所示,状态监测和诊断技术所实现的主要功能包括对系统或者设备的某一状态进行监测、设备和系统工作能力的监测、功能的监测和具体设备的具体故障位置的判断,以及剩余使用寿命的估计和故障发展趋势的预测等。状态监测和诊断技术的应用为火电机组的管理提供了新的手段,状态监测和诊断技术不但为纠正性维护和预防性维护提供了基本条件,而且可以显著减少设备维护的费用。最终,状态监测和诊断技术可以提高电厂的可靠性水平。通过采用视情维护策略,以及采用故障诊断技术和正确预测设备的剩余运行寿命(可靠性管理技术),可以有效地减少汽轮机和发电机系统的故障次数[1]。这些技术的实现都是基于计算机技术以及电站和电力系统的数据管理技术。此外,诊断技术还可以对设备的老化进程和剩余寿命进行评估,并为设备的修复、更换和设备校正优化管理提供依据,因此诊断技术与视情维护策略密切相关。通过状态监测和诊断技术可以削减电力生产、输送和电力分配的成本[37]。状态监测通常采用自动化技术连续地对设备的状态进行监视,同时也对电厂的关键参数进行监视。根据监测的被控参数的数量和类型,可以分为不完全的状态监测(通常只监测一个或者几个参数值)和完全的系统状态监测(通常监测整个电厂的大多数的参数值)。此处须特别指出的是,完全的状态监测系统通常还包含专家知识子系统,该子系统基于历史运行数据以及基于专家知识和诊断算法进行诊断判断,对操作员发出警告,提醒操作员即将发生的问题,并建议采取必要的措施。由此不难看出监测和诊断的目的是相同的,即都是为了提高电厂的效益和设备可用性。在某种意义上,系统自动诊断技术与系统状态监测技术是相同的[38,46]。

火力发电厂最常见的故障类型包括:结构缺陷,例如技术文件缺陷、计算错误和数学模型错误以及计算方法错误等;产品质量缺陷;运行过程中操作不当导致的缺陷,例如不符合电力系统的操作模式,不符合生产指南和说明,工人的意外错误;装配质量缺陷和大修缺陷等。设计缺陷和装配缺陷有可能直到长时间运行后才能发现,例如在系统运行长达30 000小时后才能检测到设计缺陷和装配缺陷。图1.9所示为火力发电厂不同类型的缺陷的统计。火力发电厂蒸汽锅炉中发生的物理过程和化学过程是最复杂的(涉及蒸汽管道、排烟管道和锅炉中各个部件所采用的材料)。这些物理特性和化学过程会导致锅炉中材料的性质和特性发生变化。锅炉内的燃烧、换热、腐蚀和换热器表面上沉积物的形成在很大程度上决定了锅炉的可靠性特性。

锅炉设计缺陷引起的锅炉传热特性失效,会使锅炉的传热面发生较大的热形变,最终导致粉煤灰的消耗速度剧增。热处理后的钢制耐热件和焊接件的弹性特性改变和铸件特性改变是普遍存在的。锅炉真实燃烧特性与理论燃烧特性的偏差会导致锅炉燃烧产物的偏差和锅炉烟气温度的偏差,其后果是锅炉对流部分的工作受到影响,从而增加了锅炉的灰渣量。蒸汽品质和水的品质低会导致沉积物的剧增,从而造成传热管的温度升高和过热。

表1.2根据不同的锅炉容量,统计了不同的故障导致的蒸汽锅炉失效情况。表1.3统计了不同的锅炉部件故障导致的锅炉失效情况。

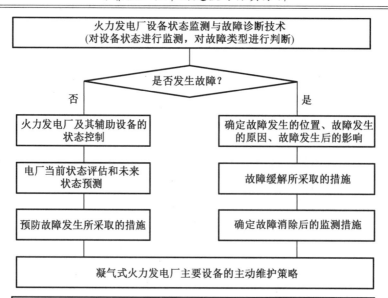

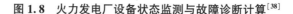

图 1.8 火力发电厂设备状态监测与故障诊断计算[38]

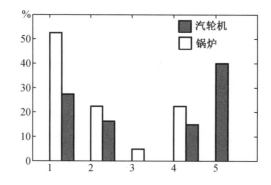

1—运行缺陷;2—大修缺陷;3—装配缺陷;4—施工缺陷与制造质量低;5—其他未分类缺陷。

图 1.9 火力发电厂不同类型的缺陷的统计[44]

表 1.2 蒸汽锅炉的失效统计[44]

锅炉容量/(t/h)	故障占比/(%)				
	EC	ES	SH	SIS	OBE
2 500~2 650	40~45	18~21	24~28	6~10	1~5
1 600~1 800	3.7~4.3	8~11	35~40	45~50	0.5~1.0
950~1 000	10~13	20~25	46~51	10~15	4~8
640~670	23~26	14~18	40~46	10~15	5~8
480~500	29~32	21~26	35~40	—	5~10
320~420	27~31	13~16	44~48	—	8~12
120~220	30~34	18~22	38~42	—	5~10

EC—省煤器;ES—蒸发器表面;SH—蒸汽加热器;SIS—蒸汽过热器;OBE—其他锅炉元件。

表 1.3 不同的锅炉部件故障导致的锅炉失效统计[44]

锅炉部件	故障占比/(%)
受热面	77~81
锅炉辅助设备	2~5
燃料供给装置	1~3
强化装置	3~6
自动化设备	5~10
锅炉其他部件	2~4

锅炉在运行过程中,管壁会受到能量辐射以及燃料燃烧产物腐蚀性活性环境的影响。在循环速度低和锅炉中的水存在扰动的情况下,管壁会发生损毁从而导致锅炉的失效。需要注意的是,水和蒸汽的品质对锅炉传热面的损坏具有决定性的影响。

烟气管道中通常包含蒸汽过热器,沿高度方向具有不均匀的温度场,烟气管上下部分的热负荷差异可达到20%,烟气管径向热负荷差异可达到30%。不均匀的温度场对热变形变化具有显著的影响。蒸汽加热器也会由于在高于 500 ℃ 的温度下长时间运行,其金属结构发生重大变化,从而发生损毁。由于腐蚀疲劳过程的影响以及无法对不间断热膨胀进行补偿,大多数管道上的弯管部分都会发生损坏。另外,在截止阀和控制阀中主要发生的损坏是阀座和阀芯的缺陷,例如材料密度退化等。与锅炉相比,汽轮机在运行期间发生的故障明显较少。然而,导致汽轮机零部件可靠性水平降低的物理和化学过程与锅炉零部件上发生的过程有着很大的共同点,例如,金属部件在长期使用后的性能变化、侵蚀过程等。汽轮机的紧急情况大多发生在叶片断裂、自动控制系统故障和轴承损坏(振动导致)期间。这些情况都是调试技术不完善、与传动装置断开连接和卸载技术不完备等原因造成的。汽轮机低压缸末级叶片损坏通常是由湿蒸汽造成的。转动部件损坏原因是制造缺陷、调试运行过程中存在扰动以及与驱动机构剥离等,这些原因都会引起转动部件的振动。图 1.10 对汽轮机发生的故障进行了统计。

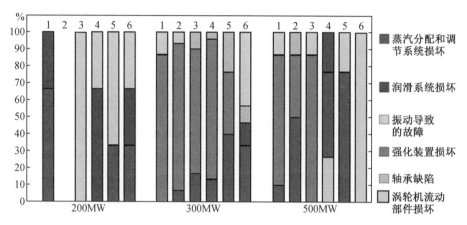

图 1.10　200 至 500 兆瓦/年汽轮机厂故障统计(1,2,…,6 表示第 1 年至第 6 年)[44]

通过采用组织管理手段和技术措施可以防止一些故障的发生,例如确保机组运行在设计安全裕度内,在机组运行过程中选择最佳的运行管理制度、采用最优的检测和维护策略等。而有些故障只能通过采用一些预防性措施来防止故障的发生,例如及时更换设备或者及时更换设备的部件。在合理的运行管理方案的指导下,同时采用一些状态监测和诊断技术手段,并进行及时性的设备和系统的检修,可以确保设备能够长期高可靠性地运行。表 1.4 为 20 万小时后不同功率的机组逐年可靠性指标的变化情况。

表 1.4　20 万小时后不同功率的机组逐年可靠性指标的变化情况[44]

机组容量(MW)	年	ω(1/年)	T_v/h	可用率/(%)
200	1	6~8	40~42	97~98
	2	4.5~5.0	30~32	98~99
	3	9~10	37~39	95~97
	4	6~7	36~38	97~98
	5	4.5~5.0	93~97	94~96
	6	12~15	80~84	88~89
300	1	4~4.4	15~17	99~99.5
	2	7~7.4	16~20	98~98.5
	3	6.5~7.0	26~30	97.5~98
	4	6.7~7.2	24~26	97~99
	5	8.5~9.2	50~55	94.5~95
	6	9.0~100	55~60	94~94.5

表 1.4(续)

机组容量(MW)	年	ω(1/年)	T_r/h	可用率/(%)
	1	16~17	41~43	92~93
	2	20~21	39~41	91~92
500	3	26~27	45~47	87~89
	4	20~21	116~120	78~79
	5	18~19	78~80	85~86
	6	14~15	120~125	83~84

1.7　一种改进的可靠性评估方法

火力发电厂可靠性水平是由电厂的设计方案、系统结构设计和火力发电厂运行方案、发电储备方案、系统的检修方案、维护策略以及电厂状态监测诊断技术和保护功能等综合决定的。那么火力发电厂系统全生命周期范围内可靠性计算的数学模型和方法选择和建立,需考虑如下内容:确定各个设备和系统之间的连接形式、电厂主系统和辅助系统的运行方式以及保证机组正常运行的其他技术条件;明确设备和系统工作状态和非工作状态之间的转化关系、关联关系以及相互转化的时间序列;确定设备和系统的可靠性计算准则、主要可靠性指标和次要可靠性指标;明确机组处于最佳可靠性运行状态的条件,并确定对应的设备和系统的运行状态;确定机组运行参数的范围和特性,并明确参数的完整性、参数的人机交互形式和参数的精确性;明确采用已有计算程序进行可靠性评估的可能性,具体包括计算程序的大小、计算速度和程序运行维护周期和现有程序中使用方法的局限性。对火力发电厂之类的复杂系统进行可靠性分析的目的不但是要发现火力发电厂设计中的缺陷,而且是要对火力发电厂中设计缺陷的改进的措施和设计改进方案的合理性和可行性进行评估判断。及时合理的电厂设计方案改进会提高电厂设备和系统的性能。在这种情况下,不但可以提高整个电厂的经济效益,还可以通过提高设备和系统的可靠性指标来减少设备的故障时间,从而增加电厂的发电运行时间。基于状态监测和诊断技术的维护策略改进的最优可靠性评估方法(图 1.11)针对机组标称功率不同于参考机组功率的电厂的可靠性评估流程进行了大量的改进和优化。该可靠性评估方法所依赖的数据库是标称参考功率为 300 MW 的固体燃料-燃煤火力发电厂在基准配置条件下多年运行所积累的可靠性数据库。考虑到不同的火力发电厂采用不同的设计方案,因此在所提出的电厂可靠性评估方法中定义了基础参考机组的可靠性特性区间估计的最小下限值。特定机组的可靠性水平都须考虑机组的特定设计方案,例如机组的详细设计信息、设备和工艺系统的最大程度的详细设计信息等。此外,在计算可靠性指标时,还需要针对结构可靠性进行基本的计算,并进行修正(即两步修正法)。通过采用一个简单的经验公式,该方法可以快速有效地适用于具有不同额定装机功率的机组,同时也适用于机组的特定系统和特定的维护策略。该经验公式可表示为[11,43]：

$$C_A = (A/300)^m B_{300} \qquad (1.13)$$

式中　A——机组的额定功率，MW；

　　　B_{300}——300 MW 火电机组系统的可靠性指标；

　　　C_A——功率大于 300 MW 的火电机组的可靠性指标；

　　　m——指数值，在火电机组生命周期范围内，根据机组历史运行统计数据处理得到的数值。

上述可靠性评估方法计算得到的结果表征了系统的可靠性指标的估计值，并且该计算结果可通过进一步的迭代来提高其计算精度。为了简单起见，在第一次迭代过程中，建议采用数据库中相似设备的可靠性数据进行可靠性指标的计算分析；然后根据设备和系统的功能以及设备投入的时间等信息进行必要的修正。同时，也要参考机组大修方案以及机组所进行的大修次数进行可靠性指标的修正。在电厂设计开发阶段，可以通过可靠性评估对非冗余系统设计和冗余系统设计进行技术比较，同时也可以根据可靠性指标确定机组运行储备、电厂燃料储备和热载体等参数的选择。在某些情况下，如果可靠性指标的计算结果不满足设计要求，则需要进行调整和优化研究来使得可靠性指标满足设计要求，例如需要对材料的完好和破损进行试验，对相似已运行系统的有关数据进行积累和分析等。由于所提出的可靠性评估方法具有迭代性，在计算结果与实际运行数据一致时，计算过程结束得到可靠性评估结果，并确定是否接受初始假设。为了使机组具有更高的可靠性水平，还需对设计建造等阶段的工作制订对应的工作计划。该计划可以采用标准方法进行制订，例如 PERT 网络分析法，即"计划评估和审查技术"，也可以采用甘特图或者线性图等方法。可靠性评估过程的第三阶段如图 1.11 所示。所提出的改进方法的优化过程是基于间接方法，对预先确定的内部某些可靠性特性参数在特定的变化范围内进行调节来实现的。这种方式允许对大部分未确定的影响因素和运行状态进行某种程度上的简化。也就是说这种方法的准确程度受到给定的初始数据的影响，并限制了结果的准确程度，但可以在后续的使用阶段进行连续的修正。设备和系统的可靠性分析评估方法和流程中需要确定分析评估方案、确定分析的具体内容、制订大修计划，并基于统计分析以及相似设备和数据进行分析评估。普遍采用的解决优化问题的模型和方法的功能和目的可以分为如下几类。

（1）通过对额定功率机组的分析，增加非冗余设计和冗余设计对电厂工艺系统设计方案影响的了解，但未对冗余系统和非冗余系统的详细设计进行说明，而且未对设备故障的影响进行分析。

（2）通过采用故障模式和影响分析（FMEA）/故障模式、影响和关键性分析（FMECA），以及重要影响事件（通过分级排序来确定）的故障树分析，并且结合半马尔可夫过程或者马尔可夫过程的分析，根据是否发生故障，是否可用等对电厂设计方案进行评估。

（3）基于对电力系统的分析，根据分析目的对系统进行简化或者详尽分析，实现对电厂重要系统和设备的设计方案的可靠性指标评估。

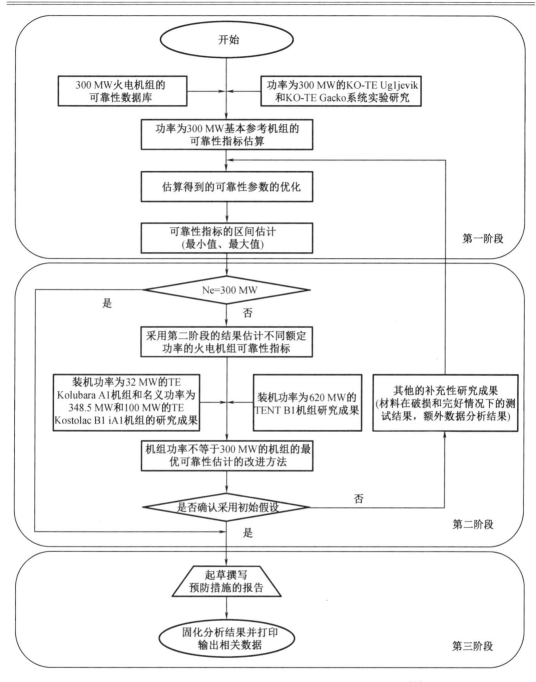

图1.11 冷凝式火力发电厂可靠性评估的改进方法流程图[11]

1.8 发电厂的维护系统

由于电厂系统和设备的昂贵性,要求电厂必须考虑发电量的合理性和经济性,同时也必须对设备故障所引起的发电量减产和热能减产,以及电厂废气的处理和生态环境因素的要求等因素进行通盘考虑和设计。因此火力发电厂系统设计和工艺过程越来越复杂,随之而来的是系统与工艺之间的相互影响日益复杂。这使得维护系统功能的程序越来越复杂,而且维护系统需要输入的参数和条件越来越多。电厂系统或者设备在运行一段时间后,设备及其零部件的性能和状态会发生变化,通常表现为磨蚀、疲劳、腐蚀、磨损、高压损伤、热损失热疲劳、老化等现象。如图 1.12 所示为电厂维护系统与环境之间的关系。维护系统若需检测判断出上述的状态,则必须依赖特定的输入参数和运行条件。

(1)整个火力发电厂系统和设备及其辅助设备都具有自身的特点,例如火力发电厂的类型、火力发电厂在电力系统中的位置和作用、火力发电厂与输电网的连接方式、火力发电厂在地域中所处的地位和作用、火力发电厂的运行状态和运行方式以及所采用的诊断系统的功能等。

(2)可用的维修资源,例如可进行操作的工作人员、使用外部专业公司提供的服务进行维修或者合作进行维修、维修操作工具、备件和是否能够自行生产备件、所需的材料、所依赖的工具等。

(3)经济和社会因素,例如维修方案在火力发电厂运行管理方案中的受重视程度、电厂运营方的电厂文化、火力发电厂的管理体系和火力发电厂的文化传统等。

同时,火力发电厂维护系统的组织结构、所采用的维护策略和维护系统所采用的技术手段等都应该满足所制定的维修目标。维修目标可以分为以下几类。

(1)技术目标和系统工艺目标,例如通过维修来提高发电厂的发电能力和效率,并且满足电力系统发电需求;满足电力系统用户的需求;使发电厂的系统和设备满足基本发电计划和增加的发电运行要求;对电厂的发电生产过程进行具有定性和定量化的改进;同时满足通用的和特定的质量标准要求;可安全地、持续地为用户提供电力需求;提高整个发电厂的生产能力;对电厂的系统和设备进行持续性的创新、改进和现代化更新;最终提高整个电厂的技术水平和经济性,同时满足生态环境的可持续性要求。

(2)经济效益增长目标,例如电厂和设备的备品备件、材料、工具和辅助用品的合理支出;通过电厂外的专业公司在维护方面获得专业的服务;在原材料购买、人力资源规划和设备维护投资等方面进行合理规划以提高电厂的生产力和生产效率;通过合理的维护策略来降低电厂的维护费用和生产成本。

(3)回馈社会目标,例如通过火力发电厂建设和运营对当地的发展做出贡献;通过电厂的优化管理来合理使用一次能源,合理利用人力资源;保持和促进电厂员工的心理稳定性;通过增加系统的可靠性来增加员工的工作热情;降低生态危害及影响来保护环境;减少工作环境中的危害和风险来保护电厂员工;保护电厂附近生活和工作的人员等。

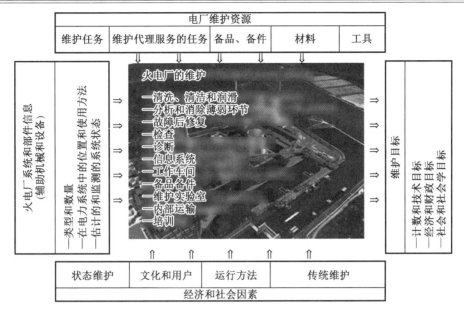

图 1.12 电厂维护系统与环境之间的关系

火力发电厂的维护管理机构应该全面组织和管理全厂的维护工作,并且能有效实现既定的目标,即持续稳定地进行电力发电,而且能保证人员和环境的安全和可持续发展。由于不同的设备和系统具有不同的动态特性,因此维护系统的设计和实施通常针对某一类设备或者某一系统所具有特性和功能来进行组织和实施。火力发电厂中先进的维护策略通常由几个子系统来集成,包括最优的集成数据库子系统(具有足够的可靠性数据)、设备管理子系统(例如 KKS 系统,即电厂设备识别系统)、可靠性和安全性分析子系统,实现对单个设备或部件,以及整个火力发电厂可靠性和安全性的评价(该子系统通常采用的方法包括故障原因和后果分析、故障树分析、可靠性重要度分析,通过可靠性分析和重要度分析来确定系统中存在的"瓶颈"和关键影响因素);失效机理分析子系统,实现对单个部件潜在缺陷导致故障的机理分析,例如欧洲标准化委员会(CEN)的标准文件《欧洲工业基于风险的检查和维护程序》(CWA 15740:2008)等文件中规定的程序和方法;火力发电厂可能发生的运行问题分析子系统,可以根据美国石油协会(API)、美国机械工程师协会(ASME)、海上和陆上可靠性统计数据(OREDA)、北美电力可靠性公司(NERC)、欧洲标准化委员会(CEN)等组织的统计数据进行分析。

在确定维护策略(维护方法)之后,还须确定所采用的技术方案[45]。技术方案通常包括维护技术的详细设计;采用已有的故障记录数据和维护原则;确定系统的状态参数并通过这些参数对系统的状态进行诊断;用于维修受损零件的适当维修技术,例如润滑、防腐保护等。实际上,火力发电厂所采用的维护策略和维护技术通常是由其维护和运行的开支预算决定的。通过这种方式,可以确定经济上最可接受的维护方案,然后确定该维护方案所采用的维护技术。同时也应重视维护技术中所涉及的控制和诊断相关的技术,维护方案中的维修技术以及与维护方案相关的润滑技术和防腐保护技术等[46]。火力发电厂中修复破损或者磨损零件最常用的方案包括焊接、组合焊接、金属化、电解应用、机电加工、连接破损零件的金属锁程序、黏合技术、补焊技术,以及通过等离子喷涂和火焰喷涂等技术在表面上喷涂防护材料等。

1.9 火力发电厂的维护活动综述

确定火力发电厂的维修策略以及对某些设备或者系统进行检查的范围和方法时,重要的环节是对目标设备或者系统在运行过程中可能出现的问题(干扰或者功能完全丧失)的系统性的认知和分类,以及系统性的损伤发生(材料的损伤或者性能降低)的机理。有鉴于此,根据 OREDA 或 NERC 系统中改进的分类方法,与火力发电厂结构材料相关的干扰或偏差和问题包括几个子项:无流体流动扰动的污垢和污垢沉积物;流体流动干扰,如高速或低速流体流动(HFF/LFF)、无流体流动(NFF),以及其他流体流动问题(OFFP)、噪声(NOIS)和振动(VIB);尺寸不当和间隙不当;人为干扰,如故意干扰、培训不足等;电厂中发生的事故,如火灾、爆炸和类似事故,启动或停止不当、启动或停止失败(FTS)、运行失败(FWR)、外部泄漏(EXL)和过热、热过热(OHE)和其他问题(OTH)。表 1.5 对材料问题进行了系统性分类。这种系统性的分类能够对故障或者可能发生的损坏情况进行分组和标记,从而便于对发电厂(发电系统内部设备)的单个设备或者部件的数据进行统计处理,同时也对电厂可能发送的故障信息有一个提前的认知。除了基于电厂的历史运行数据(通过对电厂历史运行数据的统计处理)来确定电厂中系统的实际状态,还有必要采用已有的、易用的诊断方法来对电厂中的系统和设备进行计划性的检测。为了确定故障的程度并预测其后续的发展,以及对电厂运行中的风险和安全性进行后续评估,需要提出对可能损坏的部件的定位方法、损坏检测方法并进行优化,同时也需要提出进一步评估损失规模和程度的方法。

表 1.5　CEN CWA 15740:2008 中提出的针对问题和损坏的系统性分类方法

问题和事件	类型识别(例如损坏或干扰/偏差/功能问题)	子类型/细节/更多细节/示例
材料损伤相关问题 I	腐蚀、侵蚀和环境相关损伤	
	A. 材料表面的大面积确实损伤	一般腐蚀、氧化、侵蚀、磨损、长期减薄 局部点蚀、缝隙或电偶腐蚀
	B. 表面开裂(主要损伤)	应力腐蚀——氯化物、腐蚀性物质等,开裂 在起泡和高温氢侵蚀中,氢引起的损伤 腐蚀疲劳
	C. 材料弱化和/或脆化	热降解 渗碳/脱碳/脱合金 脆化,包括硬化、应变失效、回火脆化、液态金属脆化等

表 1.5(续)

问题和事件	类型识别(例如损坏或干扰/偏差/功能问题)	子类型/细节/更多细节/示例
材料损伤相关问题Ⅱ	机械或热机械负荷相关	
	A. 磨损	滑动磨损
		气穴磨损
	B. 应变、不稳定、尺寸变化、坍塌	过载、蠕变
		操作处理损伤
	C. 微孔形成	蠕变
		蠕变疲劳
	D. 微裂纹,破裂	疲劳 HCF 和 LCF、热疲劳、腐蚀疲劳
		热冲击、蠕变、蠕变疲劳
	E. 断裂	过载断裂
		脆性断裂
	其他结构损伤机理	

1.10 电力系统可靠性预测模型有待解决的问题及发展方向

可靠性理论中所建立的可靠性模型大多数是基于概率论的模型,这些可靠性模型是基于试验或者实际运行经验所建立的。其他非基于概率论的可靠性模型,也是基于试验和实际经验的模型,虽然有时结果会更趋于实际情况,但是在应用时会存在苛刻的限制条件。例如可靠性模型通常难以计算在进行预防性维护后系统的可靠性;对于复杂可修复系统的可靠评估模型通常将系统作为一个整体进行考虑,无法对系统中的设备和部件的影响进行分析;即使从设备级进行可靠性建模,也存在对系统进行的简化,此时的模型是不精确的。另外,在可靠性模型中没有对设备发生故障后设备之间的相互影响进行建模分析,并且现有的可靠性模型中仅对从属故障的单向传播影响进行了分析,并没有对设备之间连续的相互影响进行建模。同时,还需对很少发生故障或者不发生故障的高可靠性系统建立系统的可靠性评估模型。与所有的建模技术一样,可靠性模型中存在的假设条件限制了可靠性模型的应用范围。因此具有灵活性的可靠性模型可以应用于更多的系统,此时可靠性模型的假设条件可以根据具体的应用系统进行修正。针对可靠性模型的研究还存在着许多尚未解决的问题。例如可靠性模型的理论研究与模型在实际系统中应用还存在着很大的偏差。大多数模型都是科学家以数学、统计学、信息学或者其他学科的科学理论为基础所建立的理论模型,这些模型无法在实际工业系统中进行应用并解决实际问题。因此可靠性领域下一阶段的任务是研究可应用于解决实际工业问题的可靠性模型,研究建立基于少量历史数据的可靠性模型,尤其是少量故障历史数据的系统可靠性模型。同时,可靠性模型的精确性还有很大的改进空间。可靠性模型的精确性在可靠性预测方面尤为重要。可靠性预测是制定决策和规划最优维护策略的基础。火力发电厂的可靠性模型尚未具有足够的精度、没有广泛的实用性而且模型中也没有考虑许多重要的实际影响因素，因此在这些方面可靠性模型还须进行深入的研究。

在工程应用中，需要了解系统尤其是软件系统所采用的计算方法、测试方法和安装方法，从而建立复杂系统的可靠性模型，同时还需要建立提高系统在运行阶段可靠性的方法和策略。复杂系统的可靠性水平取决于系统中的每个设备和部件的可靠性水平，这一点是可以从数学上进行证明的，并建立系统和设备之间的数学关系表达式。系统的可靠性水平是由系统的设计和制造过程决定的，称之为系统的固有可靠性。如果系统具有良好的设计，经过详细的测试，系统维护良好并且使用得当，那么系统的预期可靠性水平就会很高。然而，系统的可靠性水平会受到使用环境的显著影响。系统的可靠性水平是可以进行衡量并且可以进行解释的。虽然系统可靠性水平的真实值是无法得知的，但可以得到接近真实值的一个估计值。系统可靠性水平的估计值可以通过在特定集合上采用随机实验或者随机计算的方法来估计。此时的可靠性水平是基于一定量随机数据的可靠性估计值，表示一种数学概率，并可以通过该估计值来描述系统的真实可靠性水平值。此时的可靠性水平是介于某一上下限之间的概率值。

在火力发电厂系统和人工智能系统设计和开发过程中，都需要考虑系统存在的不确定性。由于系统中不确定性的存在，难以基于绝对可靠性水平来预测什么故障会发生，以及故障什么时候发生，会导致什么后果，因此也难以预测针对即将发生的故障所采取的解决措施。定量性可靠性评估模型大多使用概率的理念来描述系统存在的不同特性的不确定性影响因素。基于贝叶斯理论的可靠性和安全性评估方法被认为是解决系统不确定性的有效手段。在贝叶斯方法中，系统中存在的不确定性可以视为一种概率，也可以视为相对频率、置信水平或者其他的概念。采用贝叶斯方法对系统中的不确定性进行建模时，必须确定系统中模型描述系统不确定性的基本事件集合的先验概率。先验概率可以通过事件发生的频度或者统计分析的方式来确定。此类统计分析的方法是基于已有的事件的统计数据。如果没有此类统计数据，通常是由专家根据经验给定一个主观评价值。贝叶斯方法得到的结果是一组后验概率。此外，模糊集理论是处理系统中不确定性问题的另外一种常用数学工具。模糊集是一组值和隶属度函数，表示值落在该区间范围内的概率。模糊一词没有一个统一翻译，在许多研究中，模糊被翻译为模糊、不清晰、纸状、蓬松、纤维状、不精确的集合。然而，这个术语通常不会被翻译，而是以其原始形式使用，即作为模糊集使用。在可靠性分析中针对没有可靠性数据的情况，通过采用设置隶属度函数的区间，可以对系统的可靠程度进行估计。该方法可应用于可靠性分析和故障分析的专家系统的设计中。

1.11 小 结

在可靠性评估与预测过程中,输入数据除了包含电厂的基本数据外,还必须包含以前系统运行和维护过程的相关数据。这些数据最重要的特征是要具有真实性。因为根据这些数据计算得到可靠性指标,可以确定电工厂的后续运行策略。为了监测参考电厂的功能并定义其可靠性指标,需对特定时间段(通常是前一个运行周期)内电力系统中发生的事件进行监测和记录。基于电厂运行数据,计算整个机组的总持续时间;并在整个观测时间段的水平上计算以下基本数据:故障和停机次数、平均停机时间、故障和停机原因、设备和整个系统的不可用率、未提供的总电能。通过对所记录数据的统计分析来计算所观测火力发电厂及其单个设备的可靠性指标。通过记录运行事件所形成的数据集及其统计分析结果称为"运行事件统计"。运行事件统计还可用于与其他类似系统进行比较,评估管理火力发电厂运营公司的绩效,以及用于整个系统的操作规划和概率仿真的研究。火力发电厂机组和设备的停运可以看作以一定概率发生的随机事件。从使用寿命内的必要投资量来看,机械、设备或复杂系统的维护无论是在其规划层面还是在其运行过程中都实现了预期效率(可靠性、准备就绪性和维护适用性)的有效手动。在运行过程中,精心设计的维护策略,正确的组织、规划和实现维护活动,以及训练有素的人员和提供的维护控制,也会影响特定部门或运营公司的经济效益。随着技术系统复杂性的增加,系统功能也会出现故障,此时系统故障往往会造成巨大的经济损失或危及广泛的宏观区域和工作人员的安全。每个复杂系统都存在一个巨大的潜在风险,即可能发生故障和事故,故障发生后会对环境造成威胁。复杂系统的可靠性为成功执行其设计功能,决定了系统在没有故障的情况下运行的时间间隔的长度。旨在提高对象寿命期内的可靠性水平和可靠性管理的研究,在同时提高运行效率和实现与微观和宏观区域环境保护和安全相关的复杂法规的角度,采取一些保护措施体系并进行优化设计。系统维护技术的特殊任务是提供维护优化过程和准则提升,以实现复杂系统及其自身生产的高质量、高可靠性和高效率。关于维护系统类型和维护活动的决策可以根据公司在系统维护和系统运行方面的支出以及所选择的维护方法来做出。系统维护所需要执行维护活动的顺序影响维护系统的效率和有效性。火力发电厂系统的可靠性最优化相关的任务通常可以定义为标准串联发电厂的建设费用和运行故障损失最小化。该损失包括与发电厂装置本身相关的损失和由于其与电力系统的连接而引起的损失,其取决于可靠性指标及其在生命周期的每个阶段为给定任务提供的运行方式,以及所采用的系统参数和已知的最小必要的系统功能结构。由于这些原因,火力发电厂运行的所有限制条件也是需要校核的。电厂运行限制条件校核时,要考虑到所有给定的限制条件以及对某些系统的互联和重叠的总体分析。在限制条件校核时,所得到的分析模型和方程是非常复杂的,因此,人们对可靠性的评估指标进行了大量的简化。有时,在优化过程中需要考虑成本问题,这些成本包括与火力发电厂和环境的分级连接相关、实施辅助保护的措施以及可能出现的限制。下一步是对每个部分的成本、生命周期阶段和资源用途进行分组分析。该系统应对火力发电厂系统的生命周期的每个阶段提供可靠性相关的成本进行补充。

参 考 文 献[①]

1. Papić, Lj. , Milovanović, Z. , Systems Maintainability and Reliability, The DQM monography library "Quality and Reliability in Practice", Book 3, The Researching Center for Quality and Reliability Management, Prijevor, 2007.

2. Milovanović, Z. , Optimization of thermo power plants liability. Faculty of Mechanics, University in Banja Luka, Banja Luka, 2003.

3. Hoyland, A. , Rausand, M. , *System Reliability Theory: Models and Statistical Methods.* New York: John Wiley & Sons, Inc. , 1994.

4. Sun, Y. , Reliability prediction of complex repairable systems: An engineering approach. Thesis submitted in total fullment of requirements of the degree of Doctor of Philosophy, Faculty of Built Environment and Engineering, University of Technology, Queensland, 2006.

5. Dev N. , Samsheb, Kachhwaha S. S. , Attri R. , Development of reliability index for combined cycle power plant using graph theoretic approach, *Ain Shams Engineering Journal*, *Ain Shams University*, 2014, 5, pp. 193-203.

6. Naess, A. , Leira, B. J. , Batsevych, O. , System reliability analysis by enhanced Monte Carlo simulation, *Structural* Safety, 2009, 31, pp. 349-355.

7. Weber, P. , Jouffe, L. , Complex system reliability modelling with Dynamic Object Oriented Bayesian Networks (DOOBN), *Reliability Engineering and System Safety*, 2006, 91, pp. 149-162.

8. Moazzami, M. , Hemmati, R. , Haghighatdar Fesharaki, F. , Rafiee Rad, S. , Reliability evaluation for different power plant busbar layouts by using sequential Monte Carlo simulation, *Electrical Power and Energy Systems*, 2013, 53, pp. 987-993.

9. Petrović, G. , Marinković Z. , Marinković, D. , Optimal preventive maintenance model of complex degraded systems: A real life case study, *Journal of Scientific & Industrial Research*, 2011, 70, pp. 412-420.

10. Milošević, A. , Reliability ensuring models of complex facilities in thermal power plants. Thesis submitted in total fullment of requirements of the degree of Doctor of Technical Science (Industrial Engineering), University in Novi Sad, Technical Faculty "Mihajlo Pupin", Zrenjanin, Serbia, 2012.

11. Milovanović, Z. , Modied method for reliability evaluation of condensation thermal electric

---

① 为了忠实原著,便于阅读与参考,在翻译的过程中本书参考文献均与原著保持一致。

——译者注

34

power plant. Doctoral thesis, Faculty of Mechanical Engineering Banja Luka, Banja Luka, 2000, pp. 180-229.

12. Kalos, M. H., Whitlock, P. A., *Monte Carlo Methods*. New York: John Wiley & Sons, 1986.

13. Finkelstein, M. S., A point-process stochastic model for software reliability, *Reliability Engineering & System Safety*, 1999, 63(1), pp. 67-71.

14. Fiems, D., Steyaert, B., Bruneel, H., Analysis of a discrete-time G-G-1 queuing model subjected to burst interruptions, *Computers & Operations Research*, 2003, 30(1), pp. 139-153.

15. Cox, D. R., Oakes, D., *Analysis of Survival Data*. London: Chapman & Hall, 1984, pp. 91-113.

16. Ebeling, C. E., *An Introduction to Reliability and Maintainability Engineering*. New York: The McGraw-Hill Company, 1997, pp. 124-128.

17. Mazzuchi, T. A., Soyer, R. A., Bayesian perspective on some replacement strategies, *Reliability Engineering & System Safety*, 1996, 51(3), pp. 295-303.

18. Sheu, S. H., Yeh, R. H., Lin, Y. B., Yuang, M. G., A Bayesian approach to an adaptive preventive maintenance model. *Reliability Engineering & System Safety*, 2001, 71(1), pp. 33-44.

19. Percy, D. F., Kobbacy, K. A. H., Fawzi, B. B., Setting preventive maintenance schedules when data are sparse. *International Journal of Production Economics*, 1997, 51(3), pp. 223-234.

20. Apeland, S., Scarf, P. A., A fully subjective approach to modeling inspection maintenance. *European Journal of Operational Research*, 2003, 148(2), pp. 410-425.

21. Liu, Z., Liu, Y., Cai, B., Zhang, D., Zheng, C., Dynamic Bayesian network modeling of reliability of subsea blowout preventer stack in presence of common cause failures, *Journal of Loss Prevention in the Process Industries*, 2015, 38, pp. 58-66.

22. Tian, Z., Liao, H., Condition based maintenance optimization for multi-component systems using proportional hazards model, *Reliability Engineering & System Safety*, 2011, 96 (5), pp. 581-589.

23. Belitser, E., Serra, P., Zanten, H., Rate-optimal Bayesian intensity smoothing for inhomogeneous Poisson processes, *Journal of Statistical Planning and Inference*, 2015, 166, pp. 24-35.

24. Lee, M., Sohn K., Inferring the route-use patterns of metro passengers based only on travel-time data within a Bayesian framework using a reversible-jump Markov chain Monte Carlo (MCMC) simulation, *Transportation Research Part B: Methodological*, 2015, 81(1), pp. 1-17.

25. Liu, Y., Li, C., Complex-valued Bayesian parameter estimation via Markov chain Monte Carlo, *Information Sciences*, 2016, 326(1), pp. 334-349.

26. He, Z., Gong, W., Xie, W., Zhang, J., Zhang, G., Hong, Z., NVH and

reliability analyses of the engine with different interaction models between the crankshaft and bearing, *Applied Acoustics*, 2016, 101(1), pp. 185-200.

27. Yi, C., Bao, Y., Jiang, Y., Xue, Y., Modeling cascading failures with the crisis of trust in social networks, *Physica A: Statistical Mechanics and its Applications*, 2015, 436(15), pp. 256-271.

28. Henneaux, P., Probability of failure of overloaded lines in cascading failures, *International Journal of Electrical Power & Energy Systems*, 2015, 73, pp. 141-148.

29. Duan, D., Ling, X., Wu, X., OuYang, D., Zhong, B., Critical thresholds for scale free networks against cascading failures, *Physica A: Statistical Mechanics and its Applications*, 2014, 416, pp. 252-258.

30. Cupac, V., Lizier, J. T., Prokopenko, M., Comparing dynamics of cascading failures between network centric and power flow models, *International Journal of Electrical Power & Energy Systems*, 2013, 49, pp. 369-379.

31. Wu, X., Wu, X., Extended object-oriented Petri net model for mission reliability simulation of repairable PMS with common cause failures, *Reliability Engineering & System Safety*, 2015, 136, pp. 109-119.

32. Greig, G. L., Second moment reliability analysis of redundant systems with dependent failures, *Reliability Engineering & System Safety*, 1993, 41(1), pp. 57-70.

33. Mosleh, A., Common cause failures: An analysis methodology and examples, *Reliability Engineering & System Safety*, 1991, 34(3), pp. 249-292.

34. Sun, Y., Ma, L., Mathew, J., Zhang, S., An analytical model for interactive failures, *Reliability Engineering & System Safety*, 2006, 91(5), pp. 495-504.

35. "AMSAA Design for Reliability Handbook", Technical Report No. TR-2011-24 August 2011. US Army Materiel Systems Analysis Activity Aberdeen Proving Ground, Maryland 21005-5071 Approved, Page 10.

36. Milicić, D., Milovanović, Z., Library monographs: Energy—Generating machines steam turbines. Faculty of Mechanics, University in Banja Luka, Banja Luka, 2010.

37. Milovanović Z., Library monographs: Power and process plants, Volume 1: Thermal power plants—Theoretical basis. Faculty of Mechanics, University in Banja Luka, Banja Luka, 2011.

38. Milovanović Z., Library monographs: Power and process plants, Volume 2: Thermal power plants—Technological systems, design and construction, operation and maintenance. Faculty of Mechanics, University in Banja Luka, Banja Luka, 2011.

39. Milovanović Z., Library monographs: Energy—Generating machines thermodynamic and flow dynamics basics of thermal turbo machiners. Faculty of Mechanics, University in Banja Luka, Banja Luka, 2010.

40. Каплун С. М., Оптимизация надежности энерго установок, Отв. ред. Г. Б. Левенталь, Акад. наук СССР, Сиб. отделение. Сиб. энерг. инцтитут, Наука,

Новосибирск，1982，pp. 200-272.

41. Pavlović N. , Time energy indicators of reliability of thermal units in the electric power industry system of Yugoslavia and the comparison with the region's UNIPEDE. Faculty of Mechanical Engineering，Beograd，1986.

42. Розанов М. Н. , "Надежность электро-энергетических систем"，Справочник，Том 2，Энергоатомиздат，Москва，2000.

43. Milovanović Z. , Knežević D. , Milašinović A. , Dumonjić-Milovanović S. , Ostojić D. , Modied method for reliability evaluation of condensing thermal power plant，*Journal of Safety Engineering*，2012，1(4)，pp. 57-67.

44. Milovanović Z. , Dumonjić-Milovanović S. , Reliability assessment of condensing thermal power plants，technique—Mechanics，*Union of Engineers and Technicians of Serbia*，2015，1(64)，pp. 86-94

45. Milovanović Z. , Dumonjić-Milovanović S. , Branković D. , Models for achieving cost-effectiveness and sustainability during exploitation and maintaining of thermal energetic facility，*2nd Maintenance Forum on Maintenance and Asset Management*，*Job of Maintenance Community*，*Conference Proceedings*，Montenegro，2017，pp. 204-219.

46. Milovanović Z. , Milašinović A. , Knežević D. , Škundrić J. , Dumonjić-Milovanović S. , Evaluation and monitoring of condition of turbo generator on the example of thermal power plant Ugljevik 1×300 MW，*American Journal of Mechanical and Industrial Engineering*，2016,1(3)，pp. 50-57.

2 非指数分布下多阶段任务系统可靠性建模

2.1 多阶段任务系统和非指数分布概述

多阶段任务系统(The phased mission systems, PMS)通常在连续全寿命周期内,可以分为多个非重叠的运行阶段,而且在不同的阶段需要完成不同规定的任务。此类复杂系统多存在于航空航天系统、核能系统和许多其他有着明显阶段性特征的系统[1]。多阶段任务系统的经典例子是载人航天器系统,它的控制系统的任务可以分为起飞、轨道变换、在轨运行和返回地球等不同的阶段。在不同的阶段,系统需要完成的任务也不相同。不同的阶段系统结构也不相同,系统的失效阈值以及系统中部件的失效分布参数等也都不同[2-4]。此外,系统在不同阶段也处于不同的环境中,那么系统所受到的负荷也会不一样。例如,航天器在起飞阶段处于大气层内,而在轨道运行阶段处于外层空间,航天器所受负荷和环境影响是不同的。因此,每个任务阶段都需要建立不同的模型来实现对系统的精确建模和评估。由于模型不同,多阶段任务系统各阶段的依赖性对系统可靠性建模和评估提出了很大的挑战。例如在不可修复的多阶段任务系统中,在前一阶段发生故障的部件,其在后一阶段也将保持故障状态,所以对系统可靠性的建模和评估更加困难。此外,许多系统在实际设计中会表现出动态行为特性,例如冗余备份系统中的冷备用和功能备用设计[5]。因此,多阶段任务系统的跨阶段相关性和动态行为特性对现有的系统建模和评估方法的应用提出了巨大挑战。

为了解决跨阶段相关性问题,在过去的几十年中,人们对多阶段任务系统的可靠性分析做了大量的研究工作,例如针对多阶段的卫星控制和航天器控制等系统的可靠性分析研究。多阶段任务系统表现出的特性可以是静态的也可以是动态的[6]。如果多阶段任务系统在任何阶段的失效仅取决于部件失效事件的组合,那么此系统的特性是静态的。在静态多阶段任务系统中,每个阶段的系统结构可以用静态故障树(FT)模型来表示,即故障树模型中的所有的逻辑门都是静态门(都是或门、与门或者 n 取 k 逻辑门)。如果系统中部件的故障发生顺序会影响系统的状态,则称该多阶段任务系统具有动态特性,例如冷备用设计。具有动态特性的系统动态阶段的故障树模型至少包括一个动态逻辑门(常用的动态逻辑门包括优先级逻辑门、备用逻辑门和功能相关逻辑门)[7,8]。

根据系统行为特性,现有系统可靠性建模分析方法可分为组合模型方法和状态空间模型方法两大类。

1. 组合模型方法,包括二元决策图方法(BDD)、多值决策图方法(MDD)、多态多值决策图(MMDD)方法等[1-6,8-10]。其中 BDD 模型最早由文献[2]提出,用来评估多阶段任务系统的可靠性。文献[3]利用 BDD 模型对多阶段任务系统进行可靠性分析,并提出了广义多阶段任务系统的概念。同时该文献还综合考虑不完全覆盖[1]、共因失效(CCF)等复杂因素的影响,采用 BDD 模型对复杂条件下的多阶段任务系统考虑内部和外部共因失效[4]进行系统可靠性建模。文献[9]利用 BDD 模型对存在多失效模式的多阶段任务系统进行了可靠性建模分析研究。除了 BDD 模型外,MDD 模型也用于多阶段任务系统的可靠性分析,特别是考虑多种失效模式的多阶段任务系统的可靠性分析。文献[10]的研究表明,在多故障模型的多阶段任务系统中,MDD 模型比 BDD 模型更加有效。组合模型方法计算效率较高,特别是针对大型多阶段任务系统的分析效率非常高。但是,只有当系统具有组合特性时(即底事件彼此独立)才能使用组合模型方法。

2. 状态空间模型方法,主要是基于马尔可夫链或 Petri net 的建模方法[5,11,12]:此类方法可以对功能相关或者冷备用(CSP)等某一阶段内的系统的动态行为特性进行建模分析,但此类方法存在状态空间爆炸问题。

为了解决以上两类方法所存在的局限性,文献[13]提出了一种模块化的建模方法。此外,文献[14]提出了一种随机计算方法,可以更加高效地对多阶段任务系统的可靠性进行评估。

大多数现有研究工作都假设系统部件的寿命是服从指数分布的。在可靠性建模中通常假设系统具有无记忆特性,特别是在连续时间马尔可夫链模型中,系统的状态是由系统前一时刻所处的状态决定的[15]。但是在实际系统中,大多数系统部件或者子系统遵循的是非指数分布规律,例如威布尔分布[16]或者对数正态分布[17],而这些非指数分布在连续时间马尔可夫链模型中是不可用的。在航天器之类的多阶段任务系统中,许多部件或者子系统都是机械式的或者是机电式的,它们的寿命遵循的更可能是非指数分布。为了分析具有动态行为特性的系统中的非指数分布规律,就需要采用半马尔可夫过程模型(SMP)或者马尔可夫再生过程(MRGP)模型等来对系统进行建模分析[17-21]。

本章将对最新的非指数分布动态系统的评估方法和多阶段任务系统的模块化方法研究进展进行调研。在传统的多阶段任务系统中,通常假设所有部件的寿命都服从指数分布,而这一假设通常是与事实不相符的。本章阐述针对多阶段任务系统的非指数分布建模和评估方法以及近似方法和仿真方法。同时,还讨论了在多阶段任务系统的可靠性分析中考虑部分可修复和随机冲击影响因素的建模方法。

2.2　动态非指数分布系统的近似方法与仿真方法

传统的组合模型方法(例如 BDD 模型和 MMDD 模型)都无法对多阶段任务系统的动态特性进行分析。为了分析多阶段任务系统的动态特性通常采用状态空间模型来建立系统每个阶段的分析模型,例如可以采用连续时间马尔可夫链模型或者采用 Petri net 模型。在连续时间马尔可夫链模型中,每个状态的滞留时间服从指数分布。但实际上,大多数部件的寿命并不服从指数分布。因此,常采用半马尔可夫模型和马尔可夫再生过程模型来对系统进行建模分析。但由于这两种模型的建模分析过程的复杂性,这两种模型并没有得到广泛的应用。本节详细介绍了这两种建模方法的分析过程,包括近似方法和仿真方法。

2.2.1　近似方法

对于一个连续时间随机过程,如果满足状态更新过程是马尔可夫链,而且两个状态之间的变换过渡时间服从任意的随机分布,则此随机过程称为半马尔可夫过程[22]。半马尔可夫过程中每个状态的滞留时间服从的是任意的随机分布,因此半马尔可夫过程是经典马尔可夫过程的推广。通常,半马尔可夫模型只在马尔可夫更新时间点上产生状态变化,并且半马尔可夫过程只有在这些更新时间点上具有马尔可夫特性。因此该随机过程称为半马尔可夫过程[22-24]。图 2.1 所示为不可修复系统的半马尔可夫模型。

其中,$F_{i,j}(t)$ 表示从状态 i 变化为状态 j 的累计概率分布函数(CDF),$F_{i,j}(t)$ 在半马尔可夫模型中表示任意的概率函数,其参数为:$\lambda_{i,j} = [\lambda_{i,j}^1,\ \cdots,\ \lambda_{i,j}^n]$。

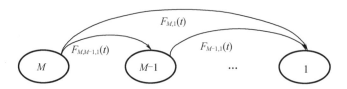

图 2.1　半马尔可夫过程的状态转换示意图

为了表示半马尔可夫模型的动态特性,令系统初始状态概率向量为 $P(t)$,表示系统在 $t=0$ 时刻处于初始状态,核矩阵 $Q(t)$ 中的每个元素 $Q_{i,j}(t)$ 表示半马尔可夫模型在 $[0,t]$ 时间间隔内从状态 i 变化到状态 j 的概率。其中,核矩阵 $Q(t)$ 可以通过系统状态滞留时间概率函数,同时考虑由半马尔可夫模型更新过程状态之间的竞争行为确定。

在可靠性领域应用状态空间马尔可夫模型的主要目的是求解系统任意时刻 t 的系统状态概率,通过系统的状态概率进一步求解系统的其他可靠性指标。定义状态转移概率矩阵 $\theta(t)$,其每个元素 $\theta_{i,j}(t)$,$i,j=\{1,2,\cdots,K\}$ 表示该过程在 $[0,t]$ 时间间隔内由状态 i 转移到状态 j 的概率。根据文献[23],条件概率 $\theta_{i,j}(t)$,$i,j=\{1,2,\cdots,K\}$ 可通过下式的积分方程求取:

$$\theta_{i,j}(t) = \sigma_{i,j}(1 - F_i(t)) + \sum_{k=1}^{K} \int_0^t q_{i,k}(\tau)\theta_{k,j}(t-\tau)\mathrm{d}\tau \tag{2.1}$$

其中,

$$q_{i,k}(t) = \frac{\mathrm{d}Q_{i,k}(t)}{\mathrm{d}t}$$

$$F_i(t) = \sum_{j=1}^{K} Q_{i,j}(t)$$

$$\sigma_{i,j} = \begin{cases} 1, & i = j \\ 0, & i \neq j \end{cases}$$

式(2.1)右侧第一部分表示系统在$[0,t]$时间间隔内处于状态i的概率,右侧第二部分表示系统在$[0,t]$时间间隔内从状态i过渡到状态j的概率。根据计算出的条件概率$\theta_{i,j}(t)$和给定的系统初始状态,可以计算出系统在t时刻所处状态的概率。根据系统在任意时刻t的状态概率,可以计算得到系统的可靠性指标。

虽然半马尔可夫过程可以对非指数分布进行建模,但是在可靠性工程领域,半马尔可夫模型并未得到广泛应用。其中一个重要原因是式(2.1)的积分无法在非指数分布情况(例如威布尔分布)下解析求解。为了求解式(2.1)的积分,可以采用基于梯形积分定律[25-27]的近似计算方法。

$$\int_0^t q_{i,k}(\tau)\theta_{k,j}(t-\tau)\mathrm{d}\tau \approx \frac{1}{2}\sum_{i=1}^{n-2}\left[q_{i,k}(\tau_i)\theta_{k,j}(t-\tau_t)\right] \times \left[q_{i,k}(\tau_{i+1})\theta_{k,j}(t-\tau_{i+1})\right]$$

$$(2.2)$$

将积分区间$[0,t]$划分为n个相等的离散小区间,每个离散区间的长度为$\delta = t/n$。划分的区间越多,则计算结果的精度越高。此时式(2.1)可以近似表示为

$$\theta_{i,j}(t) \approx \sigma_{i,j}(1 - F_i(t)) + \frac{1}{2}\sum_{i=1}^{n-2}\left[q_{i,k}(\tau_i)\theta_{k,j}(t-\tau_t)\right] \times \left[q_{i,k}(\tau_{i+1})\theta_{k,j}(t-\tau_{i+1})\right]$$

$$(2.3)$$

由式(2.3)可以得到t时刻系统所处任意状态的概率。

2.2.2 仿真方法

2.2.2.1 蒙特卡罗仿真的基本概念

可靠性评估的蒙特卡罗(MC)仿真方法根据系统的状态模型进行多次重复采样,计算系统的状态,最终实现对系统中故障事件发生频率的计算[28,29]。可以通过仿真方法(例如蒙特卡罗仿真)来检验近似方法计算结果的正确性。

蒙特卡罗仿真的关键理论基础是模型中各个状态之间的转移服从某种概率密度函数[30]。$f_{i,j}(\tau|t,\lambda)\mathrm{d}\tau$表示$t$时刻系统处于状态$i$,在$[t+\tau, t+\tau+\mathrm{d}\tau]$时间间隔内,系统从状态$i$转移到状态$j$的概率。$\lambda$表示系统在$t$时刻进入状态$i$的时间参数向量。根据定义$f_{i,j}(\tau|t,\lambda)\mathrm{d}\tau$可以表示为

$$f_{i,j}(\tau|t,\lambda)\mathrm{d}\tau = Pr_i(\tau|t,\lambda) \cdot \theta_{i,j}(\tau,\lambda)\mathrm{d}\tau \qquad (2.4)$$

其中,$Pr_i(\tau|t,\lambda)$表示系统在t时刻以参数λ进入状态i,并且在$[t, t+\tau]$时间间隔范围内状态没有发生改变的概率。$Pr_i(\tau|t,\lambda)$满足:

$$\mathrm{d}Pr_i(\tau|t,\lambda)/Pr_i(\tau|t,\lambda) = -\theta_i(\tau,\lambda)\mathrm{d}\tau \qquad (2.5)$$

其中,$\theta_i(\tau,\lambda)$表示系统在$[t-\tau,t]$时间间隔内进入状态i,并且在$[t,t+\tau]$时间间隔内由状态i转化为其他状态的条件概率。$\theta_i(\tau,\lambda)$的表达式可以表示为

$$\theta_i(\tau,\lambda)\mathrm{d}\tau = \sum_{j=1}^{M}\theta_{i,j}(\tau,\lambda)\mathrm{d}\tau \tag{2.6}$$

初始条件为$Pr_i(0|t,\lambda)=1$。对式(2.5)进行积分可以得到$Pr_i(\tau|t,\lambda)$的表达式,表示为

$$Pr_i(\tau|t,\lambda) = \exp\left[-\int_0^\tau \theta_i(\tau,\lambda)\mathrm{d}\tau\right] \tag{2.7}$$

将式(2.7)代入式(2.4)中可以得到:

$$
\begin{aligned}
f_{i,j}(\tau|t,\lambda)\mathrm{d}\tau &= \exp\left[-\int_0^\tau \theta_i(\tau,\lambda)\mathrm{d}\tau\right]\cdot\theta_{i,j}(\tau,\lambda)\\
&= \left(\theta_i(\tau,\lambda)\exp\left[-\int_0^\tau \theta_i(\tau,\lambda)\mathrm{d}\tau\right]\right)\cdot\left(\frac{\theta_{i,j}(\tau,\lambda)}{\theta_i(\tau,\lambda)}\right)\\
&= \psi_i(\tau|\lambda)\pi_{i,j}(\tau|\lambda)
\end{aligned}
\tag{2.8}
$$

其中,$\psi_i(\tau|\lambda)=\theta_i(\tau,\lambda)\exp\left[-\int_0^\tau \theta_i(\tau,\lambda)\mathrm{d}\tau\right]$表示系统在$t$时刻处于状态$i$,且在$[t,t+\tau]$时间间隔内离开状态$i$的概率。

$\pi_{i,j}(\tau|\lambda)=\theta_{i,j}(\tau,\lambda)/\theta_i(\tau,\lambda)$表示系统离开状态$i$后,进入状态$j$的概率。在蒙特卡罗仿真过程中,$\psi_i(\tau|\lambda)$用于计算系统在状态$i$所滞留的时间,$\pi_{i,j}(\tau|\lambda)$用于计算系统所处的下一个状态。重复此步骤,直到系统计算到系统故障状态。

2.2.2.2　仿真流程

为了记录系统每个状态的滞留时间τ,采用如图2.2所示的蒙特卡罗仿真流程。系统每个状态随时间变化的概率$P_i(t)$可以通过对系统中每个状态滞留的时间进行统计分析计算得出。

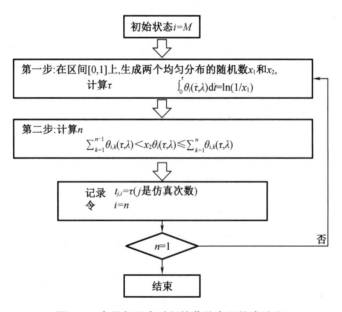

图2.2　半马尔可夫过程的蒙特卡罗仿真流程

2.2.3 算例分析

本节针对如图 2.3 所示的模型进行算例分析来说明近似方法和仿真方法。该模型中具有一个工作部件(A)和一个冷备用部件(B)。在本示例系统中,由于存在重量限制,系统的维修资源是有限的,那么只有部件 A 是可修复的。这种情况在航空航天设备中是很常见的。该示例系统中,假设部件 A 发生故障后,部件 B 会立即投入工作,而且部件间状态切换时间是可忽略不计的。在图 2.3 中,w、s、f 分别表示部件处于正常工作状态、冷备用状态和故障状态,图中状态 4 表示示例系统已经处于故障状态。示例系统相关的参数如表 2.1 所示。$F_A(t)$ 和 $F_B(t)$ 分别表示部件 A 和部件 B 的失效时间,$G_A(t)$ 表示部件 A 的维修时间。部件 A 的失效和修复都服从威布尔分布,部件 B 的失效也是服从威布尔分布。α 是形状参数,β 是尺度参数。系统的初始状态概率为

$$P(0) = (p_0(t) = 1, p_1(t) = p_2(t) = p_3(t) = 0)$$

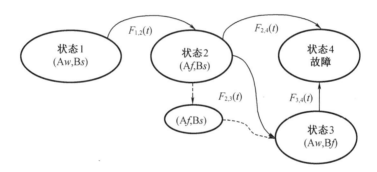

图 2.3 部分可修复的冷备用系统的状态转换图

表 2.1 示例系统的参数

	$F_A(t)$	$F_B(t)$	$G_A(t)$
α	2	1.5	1.5
β	10	10	20

2.2.3.1 算例近似方法

由图 2.3 模型可以知,本示例系统的半马尔可夫过程的 $\boldsymbol{Q}$ 矩阵和 $\boldsymbol{\theta}$ 矩阵可以表示为

$$\boldsymbol{Q}(t) = \begin{bmatrix} 0 & Q_{1,2}(t) & 0 & 0 \\ 0 & 0 & Q_{2,3}(t) & Q_{2,4}(t) \\ 0 & 0 & 0 & Q_{3,4}(t) \\ 0 & 0 & 0 & 0 \end{bmatrix} \tag{2.9}$$

$$\boldsymbol{\theta}(t) = \begin{bmatrix} \theta_{1,1}(t) & \theta_{1,2}(t) & \theta_{1,3}(t) & \theta_{1,4}(t) \\ 0 & \theta_{2,2}(t) & \theta_{2,3}(t) & \theta_{2,4}(t) \\ 0 & 0 & \theta_{3,3}(t) & \theta_{3,4}(t) \\ 0 & 0 & 0 & \theta_{4,4}(t) \end{bmatrix} \tag{2.10}$$

根据系统中故障竞争性模型,将每个状态的累计概率分布函数代入,则 $\boldsymbol{Q}$ 矩阵可以进一步表示为

$$\boldsymbol{Q}(t) = \begin{bmatrix} 0 & F_A(t) & 0 & 0 \\ 0 & 0 & \int_0^t G_A(u)\mathrm{d}F_B(u) & \int_0^t (1 - G_A(u))\mathrm{d}F_B(u) \\ 0 & 0 & 0 & F_A(t) \\ 0 & 0 & 0 & 0 \end{bmatrix} \tag{2.11}$$

根据马尔可夫更新方程式(2.1)和第2.2.1节中的近似方法,可以递归求取 $\boldsymbol{\theta}(t)$ 中每个元素的值。然后,由 $\boldsymbol{\theta}(t)$ 的值和初始状态概率值,可以计算系统状态概率向量:

$$\boldsymbol{P}(t) = \boldsymbol{P}(0) \cdot \boldsymbol{\theta}(t) \tag{2.12}$$

2.2.3.2　算例仿真方法

如前文所述,通过近似方法计算得到的结果可以由仿真方法的计算结果进行验证。本算例中采用蒙特卡罗仿真方法对系统状态概率进行了仿真计算,并将结果与近似方法的计算结果进行了比较。首先,通过第2.2.2节提出的蒙特卡罗方法流程,生成 $N_1(N_1 = 500)$ 个随机采样。众所周知,随着随机采样数量的增加,蒙特卡罗仿真结果越来越接近真实值。因此逐渐增加随机采样的数量,即随机采样数分别为 $N_2 = 5 \times 10^3$,$N_3 = 5 \times 10^4$,$N_4 = 5 \times 10^5$ 和 $N_5 = 5 \times 10^6$。在不同随机采样数量下,近似方法和蒙特卡罗仿真方法计算的系统可靠性结果比较如图2.4所示。在不同的随机采样数量下,近似方法和蒙特卡罗仿真方法计算得到的系统可靠性结果的最大误差和平均误差见表2.2。

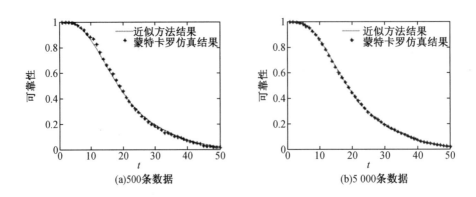

图2.4　不同采样数量情况下蒙特卡罗仿真结果与近似方法结果的比较

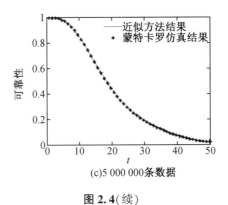

(c)5 000 000条数据

图 2.4(续)

表 2.2　仿真结果和近似结果的误差统计

仿真采样数据量	5×10^2	5×10^3	5×10^4	5×10^5	5×10^6
最大误差	4.96×10^{-2}	1.98×10^{-2}	4.37×10^{-3}	2.75×10^{-3}	4.49×10^{-4}
平均误差	1.10×10^{-2}	4.27×10^{-3}	1.04×10^{-3}	8.16×10^{-4}	2.66×10^{-4}
仿真方法计算时间(s)	0.69	5.37	60.59	773.44	6 062.06

从表 2.2 可以看出,随着随机采样数量的增加,近似方法和蒙特卡罗仿真方法之间的最大误差和平均误差都在减小。结果表明,近似方法可以得到相对精确的近似解。同时从表 2.2 所示的误差和计算时间之间的关系来看,可以得出,用蒙特卡罗仿真方法得出近似解比采用近似方法要更加耗时。但与近似方法相比,蒙特卡罗仿真方法可以处理更多的不同概率分布的情况。

2.2.3.3　不同非指数分布算例分析

在可靠性工程研究中,有多种非指数分布可以用来描述部件和系统的失效行为特性,例如之前用到的威布尔分布,此外还有对数正态分布和均匀分布等。前一节中,采用威布尔分布对算例进行了计算。本节中采用对数正态分布和均匀分布来描述部件寿命的分布特性,来说明近似方法的通用性。均匀分布和对数正态分布的累计概率分布函数和概率密度函数分别为

$$f_{unif}(t) = 1/(b-a), \quad a \leqslant t \leqslant b \tag{2.13}$$

$$F_{unif}(t) = \begin{cases} 0, & t \leqslant a \\ (t-a)/(b-a), & a \leqslant t \leqslant b \\ 1, & t \geqslant b \end{cases} \tag{2.14}$$

$$f_{\log n}(t) = \frac{1}{t}\frac{1}{\sigma\sqrt{2\pi}}\exp\left(-\frac{(\ln t-u)^2}{2\sigma^2}\right) \tag{2.15}$$

$$F_{\log n}(t) = \Phi\left(\frac{\ln t-u}{\sigma}\right) \tag{2.16}$$

式(2.13)和式(2.14)中的 a、b 为均匀分布的参数,式(2.15)和式(2.16)中的 μ、σ 是

对数正态分布的参数。图 2.5 所示为参数 $a=5$，$b=40$ 时均匀分布的概率密度曲线和累计概率分布曲线，图 2.6 所示为参数 $\mu=1.5$，$\sigma=0.4$ 的对数正态分布概率密度曲线和累计概率分布曲线。

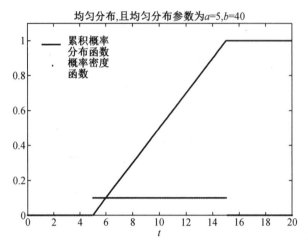

图 2.5　$a=5$，$b=40$ 时均匀分布的概率密度曲线和累计概率分布曲线

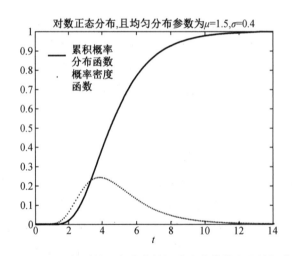

图 2.6　$\mu=1.5$，$\sigma=0.4$ 的对数正态分布的概率密度曲线和累计概率分布曲线

　　针对同一算例，本节采用表 2.3 中的均匀分布参数和表 2.4 中的对数正态分布参数，对系统的可靠性计算结果进行了对比分析。图 2.7 和图 2.8 分别显示了均匀分布和对数正态分布情况下的计算结果。同时，图 2.7 和图 2.8 还针对第 2.2 节中的算例系统分别采用近似方法（$\delta=0.1$）和仿真方法（最大采样数 $N_{\max}=2\times10^5$）的计算结果进行了对比。

表 2.3　均匀分布下算例系统的参数

	$F_A(t)$	$F_B(t)$	$G_A(t)$
a	2	1.5	1.5
b	10	10	20

表 2.4   对数正态分布下算例系统的参数

	$F_A(t)$	$F_B(t)$	$G_A(t)$
μ	1.5	1	2.0
σ	0.7	0.8	0.9

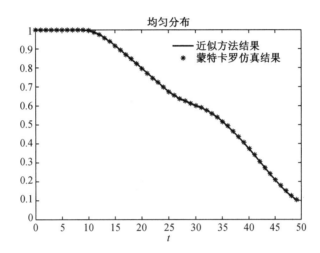

图 2.7   均匀分布情况下算例系统蒙特卡罗仿真结果和近似方法结果的对比

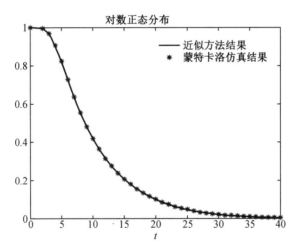

图 2.8   对数正态分布情况下算例系统蒙特卡罗仿真结果和近似方法结果的对比

近似方法和仿真方法计算的最大误差、平均误差以及计算时间见表 2.5。由表 2.5 所示结果可知,近似方法不但可以对威布尔分布进行计算,而且也能对其他非指数分布进行计算。与仿真方法相比,近似方法的计算效率要高得多。但是仿真方法在对部件或者系统进行分析时更加具有通用性,例如部件或者系统的状态转换概率可以表示为任意的分布函数,不管是指数分布函数还是非指数分布函数。

表 2.5　仿真结果和近似结果的误差统计

分布函级	威布尔分布	均匀分布	对数正态分布
最大误差	2.2×10^{-3}	3.1×10^{-3}	1.19×10^{-3}
平均误差	6.31×10^{-4}	6.77×10^{-4}	4.70×10^{-4}
近似方法计算时间(s)	2.21	2.31	1.568
仿真方法计算时间(s)	141.28	180.60	112.46

2.3　非指数分布多阶段任务系统分析

多阶段任务系统在工程上具有广泛的应用,特别是在人造卫星和载人航天器等航空航天工业中。在此类复杂的航空航天系统中,大多数部件都是机械部件或者机电一体化部件,因此大多服从威布尔分布等非指数分布[31-33]。本节将针对具有非指数分布的多阶段任务系统的动态行为特性进行分析,基于半马尔可夫过程和马尔可夫再生过程,采用近似方法和仿真方法进行计算分析,针对部分可维修部件和受到随机冲击影响的多阶段任务系统进行详细阐述。

2.3.1　部分可维修非指数部件的多阶段任务系统

2.3.1.1　具有部分可维修部件的高度和轨道控制系统

众所周知,许多实际的系统特别是人造卫星这样的航空航天设备,都采用了冷备用冗余设计,来实现系统的容错性和高可靠性设计[34,35]。此外,由于重量的限制以及设备运行在外太空,维修资源是非常有限的,通常卫星上只有一部分部件是可维修的。为了评估此类多阶段任务系统的可靠性,通常必须采用状态空间模型方法。在传统马尔可夫链模型中,每个状态的滞留时间是服从指数分布的[36]。但许多实际的系统,例如卫星控制系统,通常是由机械部件或者机电部件组成的,此类部件的寿命和维修时间大多遵循非指数分布,例如威布尔分布。在非指数分布情况下,系统不能采用传统的马尔可夫过程进行建模分析。半马尔可夫过程[23]可以对非指数分布情况进行建模分析。因此,本节采用半马尔可夫过程进行建模,并结合模块化方法和多阶段任务系统的二元决策图模型进行分析,来评估具有可维修部件和不可维修部件的复杂多阶段任务系统的可靠性特性。

在人造卫星控制系统中,高度和轨道控制系统(AOCS)是一个非常关键的控制子系统。该系统在卫星整个生命周期内控制和调整卫星的轨道和高度。本节通过高度和轨道控制系统来阐述多阶段任务系统可靠性建模过程。高度和轨道控制系统由三组主要设备构成,分别是高度和轨道控制子系统控制计算机;传感子系统主要的传感器设备(包括太阳敏感器、地球敏感器、星敏感器和陀螺仪组件);推进子系统设备(包括推进器和动量轮)。高度和轨道控制系统(AOCS)工作过程如图2.9所示。首先传感器设备采集卫星的位置和高度数据,然后将采集的数据传送到控制计算机进行分析和计算,最后控制计算机将控制指令发送给推进设备来调整卫星的姿态和高度。此后循环进行测量和调整过程,确保载人卫星在整个生命周期内保持在正确的高度和轨道上。

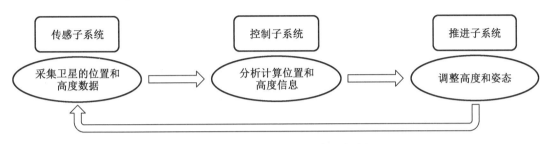

图2.9　高度和轨道控制系统工作过程

由于在不同的阶段需要完成不同的任务,高度和轨道控制系统可以分为三个阶段:发射阶段、轨道变换阶段和轨道运行阶段。在每个阶段中,高度和轨道控制系统与卫星中的其他子系统相互配合,一起执行不同的任务。控制器通常由两个设备组成,主控制器 A 和冷备用控制器 B。当主控制器 A 在发生故障时,控制功能由冷备用控制器 B 实现。信号测量通过四种传感器来实现——太阳敏感器(C)、地球敏感器(D)、星敏感器(E)和陀螺仪敏感器(F)。在每个任务阶段,由特定的传感器进行测量。在阶段 1 中,由太阳敏感器和地球敏感器进行测量;在阶段 2 中,由地球敏感器、星敏感器和陀螺仪敏感器进行测量。推进器包括两部分设备:推进器和动量轮,在不同阶段需要不同的推进器进行工作。推进器包括两种推力,即两个 15 N 的小推力推进器(H 和 I),这两个小推进器为冷备用冗余配置,用于卫星轨道变换期间卫星姿态的轻微调整,还有一个 620 N 的大推力推进器(G),该推进器为卫星轨道变换和姿态调整的主要动力。动量轮(J、K 和 L)设计为三取二逻辑,在第 3 个阶段进行工作。高度和轨道控制系统的 3 个阶段的故障树模型如图 2.10 所示。相关参数见表 2.6。这 3 个阶段的切换时间分别是 $T_1 = 48, T_2 = 252$ 和 $T_3 = 50\ 000$。

表 2.6　3 阶段模型中设备的参数

设备组件	阶段 1		阶段 2		阶段 3	
	α_1	β_1	α_2	β_2	α_3	β_3
A\B	2	500	2	500	1.5	8×10^4
AG	2	900	2	900	2	900
C\D\E\F	1.5	400	1.5	600	3	5×10^4
EG	1.8	600	1.8	600	1.8	600
G	1.5	1 000	1.5	1 500	2	5×10^4
H\I	2	600	1.8	300	1.5	1.5×10^4
J\K\L	1.5	1500	2.5	1 500	2.5	1.1×10^4

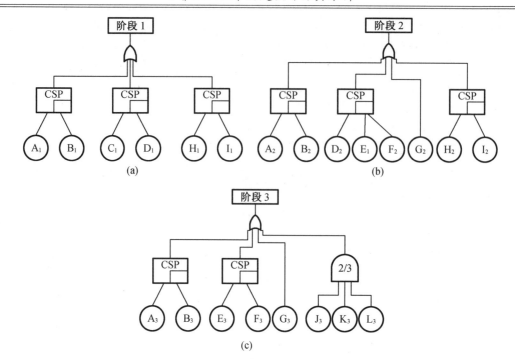

图 2.10　卫星高度和轨道控制系统三阶段的故障树模型

2.3.1.2　模块化建模分析方法

如果直接采用状态空间模型进行建模,状态爆炸问题将会导致故障树模型过于复杂,从而无法对故障树模型进行求解。为了解决状态爆炸问题,可参考文献[37]所提出的模块化建模方法,该方法已经在文献[13]中用于多阶段任务系统的建模问题,并成功解决了状态爆炸问题。多阶段任务系统的模块化建模分析必须满足两个条件:(1)模块化模型中所用到的模块是一组基本事件集,因此这些模块必须是所有基本事件的子集;(2)对于系统所处的每个阶段,由基本事件集建立一个独立的子故障树模型。因此不同阶段的子故障树模型是相互独立的。相互独立的子故障树模型组成了整个系统模块化的故障树分析模型。此时,复杂的多阶段任务系统可采用多阶段任务系统的二元决策图方法和模块化方法进行系统可靠性分析。

针对多阶段任务系统,模块化可靠性分析方法可以通过如下四步来进行系统可靠性评估。

(1)步骤1:采用模块化方法,将3阶段任务系统划分为若干相互独立的子树。根据每个子树(模块)自身的特点,可以将其分为静态子树模型和动态子树模型。如果故障树模型中仅包含静态逻辑门(如或逻辑、与逻辑和 n 取 k 逻辑),则该故障树模型为静态模型。如果故障树模型包括至少一个动态逻辑门(如冷备用逻辑),在该故障树模型为动态模型[7]。

(2)步骤2:采用模块化建模方式后,这些模块可以看作模块化故障树的底事件。在模块化故障树中,这些子模块都是相互独立的。

(3)步骤3:根据每个子模块模型的特点,动态故障树模型和静态故障树模型的可靠性指标可以分别采用半马尔可夫法、近似法和简单部件替换法进行分析计算。

(4)步骤4:基于步骤2和步骤3的结果,采用多阶段任务系统的二元决策图方法来计算和分析系统的可靠性。

在本实例多阶段任务系统中,有12个基本部件,分别是{A, B, C, D, E, F, G, H, I, J, K, L}。这些部件可以划分为若干个模块,分别工作于3个阶段。在这3个阶段中,基本部件与独立模块之间的关系可以表示为

$$\pi_1 = \{M_{1,1} = (A,B), M_{2,1} = (C,D), M_{4,1} = (H,I)\}$$
$$\pi_2 = \{M_{1,2} = (A,B), M_{2,2} = (D,E,F), M_{3,2} = G, M_{4,2} = (H,I)\}$$
$$\pi_3 = \{M_{1,3} = (A,B), M_{2,3} = (E,F), M_{3,3} = G, M_{5,3} = (J,K,L)\}$$

其中,$\pi_i, i = 1,2,3$,表示在阶段 i 中工作的部件集合;$M_{i,j}$ 表示阶段 j 中的模块 i。可知,部分模块在不同的阶段中所包括的部件并不是完全一样的。例如模块 M_2 在阶段 1 中包括部件 C 和 D,在阶段 2 中包括部件 D、E 和 F,而在阶段 3 中包括部件 E 和 F。根据集合理论,可以将跨阶段模块进行合并,最终将所有的部件分为五个跨阶段模块[3]:

$$\{M_1 = (A,B), M_2 = (C,D,E,F), M_3 = G, M_4 = (H,I), M_5 = \{J,K,L\}\} \quad (2.17)$$

模块化后的系统故障树模型的底事件转化为五个独立的模块。这样在模块化故障树模型中,所有的子模块都可以被视作底事件,如图 2.11 所示。

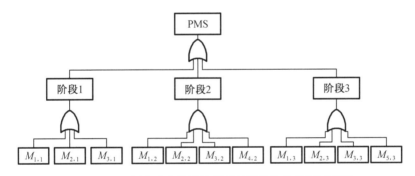

图 2.11 卫星高度和轨道控制系统的模块化故障树模型

2.3.1.3 模块及系统可靠性分析

2.3.1.3.1 静态模块可靠性分析

针对静态模块的可靠性分析,可采用简单部件替换方法来评估此类模块的可靠性。在模块化故障树模型中,模块 3 和模块 5 都是静态模块。以模块 5 为例,模块 5 包括三个部件,要求至少有两个部件是正常工作的。在某一阶段中,n 取 k 系统(例如模块 5 所示的 3 取 2 系统)的发生故障概率可表示为[38]

$$p_{M_5}(t) = \sum_{i=k}^{n} C_n^i (1 - F_J(t))^i (F_J(t))^{n-i}, \quad F_J(t) = 1 - e^{-(t/\beta_J)^{\alpha_J}} \quad (2.18)$$

其中,$F_J(t)$ 为模块 5 中简单部件的失效概率。

为了计算静态模块的可靠度,在某一个特定的任务阶段内采用一组简单部件来替代模

块中的部件。此时模块 5 在第 j 个任务阶段发生故障的概率 $F_{M_2,j}(t)$ 可表示为

$$F_{M_2,j}(t) = \left[1 - \prod_{i=1}^{j-1}\left(1 - p_{M_2,i}(T_i)\right)\right] + \left[\prod_{i=1}^{j-1}\left(1 - p_{M_2,i}(T_i)\right)\right] \cdot p_{M_2,i}(t) \qquad (2.19)$$

其中，T_i 表示阶段 i 的持续时间；$p_{M_2,i}(t)$ 表示模块 M_2 在 t 时刻的故障概率；变量 t 表示第 j 阶段内的时间变量。式 (2.19) 第一项表示系统在前 $j-1$ 个阶段内发生故障的概率，第二项表示系统在第 j 阶段内 t 时刻发生故障的概率。采用表 2.6 中的参数，根据式 (2.18) 和式 (2.19)，可以计算模块 5 在每个阶段末的可靠性指标，计算结果如表 2.7 所示。

表 2.7　高度和轨道控制系统 3 个阶段的可靠性分析结果

	阶段 1	阶段 2	阶段 3
$R_{M_5,j}$	N/A	N/A	0.953 7
$R_{M_3,j}$	N/A	0.933 5	0.909 8

2.3.1.3.2　结构不发生变化的动态模块

从图 2.10 可知模块 M_1 和 M_4 都是结构不发生变化的动态模块，即这两个模块的系统结构在整个生命周期内不发生变化。在一个任务阶段内不同时刻的模块的状态概率可通过第 2.2.1 节所提出的近似法进行计算。为了解决多阶段任务系统的阶段相关性，将第 i 个任务阶段的模块的初始状态设置为上一阶段结束时刻的系统所处的状态。通过上述方法，对模块 1 和模块 4 的可靠性进行计算的结果如表 2.8 和表 2.9 所示。

表 2.8　模块 1 的可靠性分析结果

	状态 1	状态 2	状态 3	状态 4
T_1	0.999 9	$1.766\ 9 \times 10^{-4}$	$1.207\ 1 \times 10^{-10}$	1.132×10^{-8}
T_2	0.996 1	0.003 9	$1.401\ 5 \times 10^{-9}$	$3.295\ 1 \times 10^{-6}$
T_3	0.979 5	0.020 3	1.459×10^{-7}	$1.486\ 1 \times 10^{-4}$

表 2.9　模块 4 的可靠性分析结果

	状态 1	状态 2	状态 3
T_1	0.999 9	$6.135\ 9 \times 10^{-5}$	$6.272\ 3 \times 10^{-10}$
T_2	0.990 0	0.009 9	$1.725\ 2 \times 10^{-4}$

2.3.1.3.3　结构发生变化的动态模块

从模块化故障树中的模块 2 可知，该模块在不同的任务阶段中模块的结构发生变化。由于模块 2 具有不同的特性，因此需针对模块 2 设计对应的分析方法。在结构变化的动态模块中，其系统结构与系统状态概率在所处的阶段变化时都会产生变化，但是其部件的状

态在阶段变化时却不会变化,根据这一特性,以模块 M_2 为例,结构变化的动态模块可靠度可通过以下三步来得到。

(1)步骤 1:根据该模块在每个阶段中的动态特性来构建动态模块在不同阶段的系统状态转移图。在阶段 1 中模块 M_2 为部件 C 与 D 构成的冷备用系统,阶段 2 中为部件 D、E 与 F 构成的冷备用系统,阶段 3 中为部件 E 与 F 构成的冷备用系统,模块 M_2 在三个阶段中的状态转移图,如图 2.12 所示。

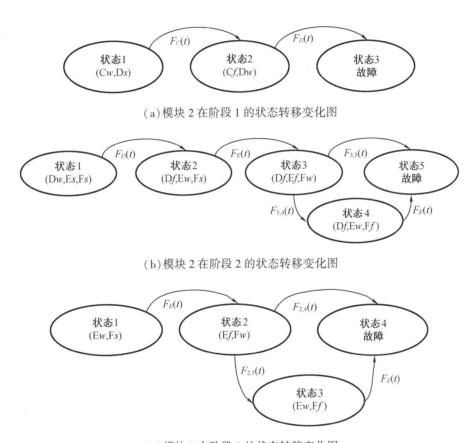

(a)模块 2 在阶段 1 的状态转移变化图

(b)模块 2 在阶段 2 的状态转移变化图

(c)模块 2 在阶段 3 的状态转移变化图

图 2.12　模块 2 在 3 个阶段中的状态转移变化图

(2)步骤 2:根据系统在连续两个任务阶段状态之间的关系,构建系统邻接阶段状态关系图[5]。模块 2 的邻接阶段状态关系图如图 2.13 所示。从图 2.13 中可以看出,在阶段 1 中,状态 1 与状态 2 部件 D 都没有失效,对应于阶段 2 中的状态 1。当阶段 1 中的部件 D 不发生故障,则模块 2 在阶段 2 初始时刻处于状态 1。

(3)步骤 3:根据邻接阶段任务之间的状态关系,采用近似法对模块 M_2 状态概率逐个阶段进行计算。各任务阶段结束时刻的模块状态概率如表 2.10 所示。

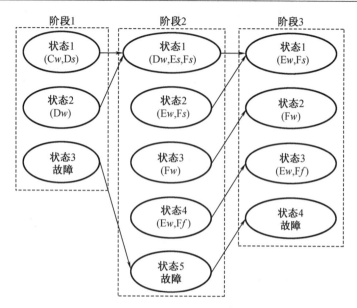

图 2.13 模块 2 邻接阶段的状态关系

表 2.10 模块 2 在不同阶段的状态概率

	状态 1	状态 2	状态 3	状态 4	状态 5
T_1	0.998 7	0.001 3	$4.475\ 2\times10^{-6}$	N/A	N/A
T_2	0.988 9	0.011 0	$3.616\ 0\times10^{-5}$	$7.797\ 4\times10^{-9}$	$1.051\ 7\times10^{-12}$
T_3	0.861 7	0.137 2	$1.828\ 3\times10^{-4}$	$1.524\ 4\times10^{-4}$	N/A

2.3.1.3.4 系统可靠性分析

本节采用文献[2]提出的 5 步多阶段任务系统二元决策图(PMS-BDD)方法,针对独立基本事件,计算系统的可靠性。PMS-BDD 方法通过将表 2.11 所示的阶段代数与不同任务阶段的 BDD 模型相结合得到系统级的 BDD 模型,从而对系统的可靠性进行评估。如果直接连接的变量是不同的变量,那么该评估方法将与传统的 BDD 方法相同。如果直接连接的两个变量是同一部件但处于不同的任务阶段,此时可以采用阶段代数来减少 BDD 模型的规模。

表 2.11 阶段代数的计算规则($i < j$)

$M_i \cdot M_j \rightarrow M_j$	$\overline{M}_i + \overline{M}_j \rightarrow \overline{M}_j$
$\overline{M}_i \cdot M_j \rightarrow \overline{M}_i$	$M_i + M_j \rightarrow M_i$
$\overline{M}_i \cdot M_j \rightarrow 0$	$\overline{M}_i + M_j \rightarrow 1$

此外,BDD 模型的规模在很大程度上取决于变量的顺序。BDD 模型中变量的排序方法有两种策略,即前向阶段依赖性排序(Forward PDO)和后向阶段依赖性排序(Backward PDO)。文献[2]对这两种排序方法最终生成的 BDD 模型规模进行了对比,结果表明,

Backward PDO 所生成的系统 BDD 模型规模更小,此时的 BDD 模型的计算量更小。采用后向阶段依赖性排序,假设状态的顺序为:$M_{1,3}<M_{1,2}<M_{1,1}<M_{2,3}<M_{2,2}<M_{2,1}<M_{3,3}<M_{3,2}<M_{3,1}<M_{4,2}<M_{5,3}$,此时模块化故障树模型转化的 BDD 模型如图 2.14 所示。

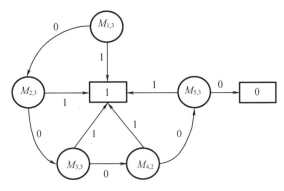

图 2.14　卫星高度和轨道控制系统模块化 BDD 模型

系统的可靠性 R_{sys} 是半马尔可夫过程在 BDD 模型中从根节点到达"0"节点的概率。由图 2.14 可得到不相交的路径 $M_{1,3}M_{2,3}M_{3,3}M_{4,2}M_{5,3}$,则系统的可靠性可由式(2.20)进行计算:

$$
\begin{aligned}
R_{sys} &= P(\overline{M_{1,3}}\ \overline{M_{2,3}}\ \overline{M_{3,3}}\ \overline{M_{4,2}}\ \overline{M_{5,3}}) \\
&= P(\overline{M_{1,3}})P(\overline{M_{2,3}})P(\overline{M_{3,3}})P(\overline{M_{4,2}})P(\overline{M_{5,3}}) \\
&= P(1-P(S5_{M_1}(T_3)))\cdot P(1-P(S6_{M_2}(T_3)))\cdot R_{M_3}(T_w)\times P(1-P(S3_{M_4}(T_3)))\cdot \\
&\quad R_{M_5}(T_w)
\end{aligned}
\tag{2.20}
$$

其中,Si_{M_j} 表示模块 j 的状态;T_w 表示系统总的任务时间,$T_w=T_1+T_2+T_3$。由式(2.20)计算得到的系统可靠性为 0.880 439 4。

2.3.2　随机冲击影响下多任务阶段系统可靠性分析

多阶段任务系统应用广泛,尤其在航空航天领域具有大量的应用。航天设备在其生命周期的大部分时间都是运行在外太空的。外太空存在着多种宇宙射线,例如银河宇宙射线等。这些射线会对系统造成随机辐射损伤,并对系统内的电子设备造成重大的影响。宇宙射线的电离特性会对装备中的电子设备造成严重威胁,对于微处理器,它们可能会导致内存位的翻转和锁定。这种现象通常被称为单粒子效应(SEE)[39],并且这种效应是随机发生的,会对装备造成随机冲击。如果不考虑这些随机冲击的影响,多阶段任务系统的可靠性水平将被高估。

在可靠性模型中,采用多种不同的方法对随机冲击进行建模分析。文献[40]研究了极端冲击影响下,系统中部件的可靠性的变化。文献[16]的研究考虑了退化过程和随机冲击对部件可靠性的影响。文献[41]在系统级层面上研究了退化过程和随机冲击对系统的影响,其中随机冲击发生后将立即对系统产生影响。文献[42]研究了累计随机冲击效应,此时累计随机冲击效应会增加部件的故障率。文献[43]采用半马尔可夫模型来描述随机冲击对系统的影响。文献[44]针对系统在受到外部冲击后引起的极端失效和累计损伤进行了研究。

本节采用马尔可夫再生过程来描述多阶段任务系统中混合部件的寿命模型和动态行为。然后采用蒙特卡罗仿真方法对多阶段任务系统在随机冲击下的可靠性水平进行了评估。

2.3.2.1 马尔可夫再生过程和多状态随机冲击模型

虽然半马尔可夫模型可以对非指数分布进行建模分析,但其在某些情况下仍是不适用的。例如对于系统中存在两个备用部件(H,I)和一个切换部件(S)所组成的冷备用系统(该系统的状态转化模型如图 2.15 所示),此时半马尔可夫模型是不适用的。在状态转化模型中,由于在状态 S3 中部件 H 是非再生部件,此时从状态 S1 变化到状态 S2 的分布函数 $F_H(t)$ 与从状态 S3 变化到状态 S7 的分布函数 $F_H(t)$ 是不同的,因此在该情况下系统不能通过半马尔可夫过程模型进行建模分析,而只能采用马尔可夫再生过程进行分析。

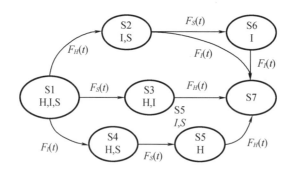

图 2.15　冷备用示例系统的状态转换图

2.3.2.1.1 马尔可夫再生过程的基本概念

如果一个随机过程 $\{Z_t, t \geq 0\}$ 受到内嵌的马尔可夫更新序列 $\{X, S\}$ 的调制,并且满足: $\{Z_u; 0 \leq u < S_n, X_n = i, i \in \Omega\}$ 条件下的概率 $\{Z_{t+S_n}, t \geq 0\}$ 与 $X_0 = i$ 条件下的概率 $\{Z_t, t \geq 0\}$ 是相等的,即

$$\Pr\{Z_{t+S_n} = j \mid 0 \leq u \leq S_n, X_n = i\} = \Pr\{Z_t = j \mid X_0 = i\} \tag{2.21}$$

则随机过程 $\{Z_t, t \geq 0\}$ 为马尔可夫更新过程。

为了计算马尔可夫再生过程模型的状态概率,在马尔可夫再生过程模型中使用前一节中半马尔可夫模型中使用的相同变量,例如表示条件转移概率的 $\theta(t) = V_{i,j}(t)$ 和表示一步转移概率的 $Q(t) = Q_{i,j}(t)$。在马尔可夫更新过程中,马尔可夫更新方程与半马尔可夫模型是不相同的,如下所示:

$$\theta_{i,j}(t) = E_{i,j}(t) + \sum_{k=1}^{K} \int_0^t q_{i,k}(\tau) \theta_{k,j}(t-\tau) \mathrm{d}\tau \tag{2.22}$$

$$E_{i,j}(t) = \Pr\{Z_t = j, S_1 > t \mid X_0 = i\} \tag{2.23}$$

其中,$E_{i,j}(t)$ 表示系统在第一次更新前从状态 i 变化到状态 j 的概率。

2.3.2.1.2 随机冲击下系统的多状态模型

如前文所述,随机发生的宇宙射线以随机冲击的形式影响系统中的电子产品。为了在多阶段任务系统中建立随机冲击的可靠性模型,做如下基本假设。

(1)随机冲击的到达过程遵循齐次泊松过程[16],在第 n 个任务阶段内具有恒定的到达率 u_n(图2.16);在不同的任务阶段内,系统所处的环境会发生变化,因此随机冲击的到达率会因阶段而异。

(2)随机冲击到达过程与部件本身的失效过程之间相互独立,互不影响。

(3)随机冲击对部件带来的损害是累积的。具体而言,每次随机冲击发生时,随机冲击都会增加恒定量 ε 的故障率,并且不会直接导致部件失效。

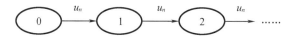

图2.16 在 n 阶段内的随机冲击过程

用 M 表示系统的状态,N 表示在某一任务阶段内随机冲击发生的次数。为了建立多阶段任务系统在随机冲击影响下的可靠性模型,系统的状态从 M 扩展为 (M,N)。以图2.15所示的冷备用系统为例,建立该系统在随机冲击影响下的可靠性模型。在随机冲击作用下,M_3 的状态转换图如图2.17所示。在发生 n 次随机冲击后,系统的失效率 $\lambda_{i,j}^n$ 可表示为 $\lambda_{i,j}^n = \lambda_{i,j}(1+\varepsilon)^n$,其中 $\lambda_{i,j}$ 表示系统从状态 i 变化到状态 j 的转换率,$(1+\varepsilon)^n$ 表征了随机冲击的累计效应。在本节的算例分析中,故障率增量 ε 的取值为 0.3[45]。同时,采用蒙特卡罗仿真方法来计算随机冲击影响下多阶段任务系统的可靠性指标。

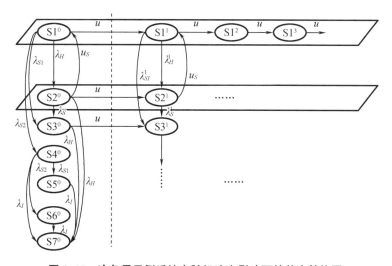

图2.17 冷备用示例系统在随机冲击影响下的状态转换图

2.3.2.2 仿真过程

对系统进行逐阶段的仿真分析,在仿真分析过程中需计算五个量,分别是模块状态 M、随

机冲击发生的次数 N、系统失效时间 T_F、非指数分布元件的寿命 T_{NE} 和下一个再生点之前,系统的经历的时间 T_{epoch}。以冷备用系统为例,初始状态向量为:$(M_0, N_0, T_{F,0}, T_{NE}, T_{epoch}) = (7, 0, 0, (0, 0), 0)$。在每个仿真分析的过程中,系统的故障时间 T_F 从第一阶段开始采样一直到最后一阶段结束采样,并将系统的故障时间作为最后一个阶段结束时的输出结果。在每个阶段中,模块的仿真计算首先从初始状态向量或前一阶段的系统状态向量中读取系统向量值。多阶段任务系统在随机冲击影响下的系统可靠性蒙特卡罗仿真计算流程如图 2.18所示。

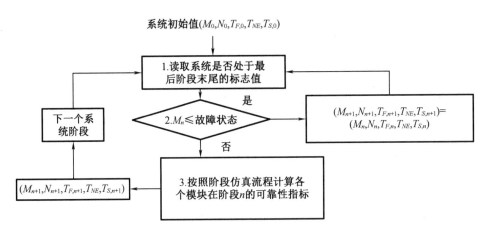

图 2.18 多阶段任务系统在随机冲击影响下的系统可靠性蒙特卡罗仿真计算流程

以阶段 n 为例,图 2.18 所示的阶段化仿真流程伪代码表示为:

SET $S = (M_n, N_n, T_{F,n}, T_{NE}, T_{epoch})$;

SET 阶段经历时间为 $T = 0$;

While $T \leq T_n$(T_n 表示第 n 阶段所经历的时间),do;

1. If $n = 1$,对非指数分布元件的状态转换时间向量进行采样 T_{NE};

2. 根据 N_n 的值计算系统的状态转换参数;

3. 对状态转换时间向量 $\boldsymbol{X}$ 进行采样;

(1) If x_j 服从指数分布,在对 x_j 进行随机采样并计算 $x_j = x_j + T_{epoch}$;

(2) Else if x_j 服从非指数分布,则将 x_j 的值赋值为 T_{NE} 中对应的元素值;

End if

(3) 仿真采样随机冲击发生的时间变量 y;

4. 比较 x_j 和 y 的值;

If x_j 较小,那么系统状态向量更新为 $\boldsymbol{S} = (j, N_n, T_{F,n-1})$,$t' = x_j$;

If x_j 服从指数分布,则令 $T_{epoch} = T_{epoch} + x_j$(系统状态在再生点之前更新);

Else if x_j 服从非指数分布,令 $T_{epoch} = 0$(系统状态在再生点发生变化)

End if

Else if y 较小,则系统状态向量更新为 $\boldsymbol{S} = (M_n, N_n+1, T_{F,n-1})$,$t' = y$

令 $T_{epoch} = T_{epoch} + y$

End if

5. 令 $T = T + t'$;

6. If $S(1) \leqslant$ Failure State

Then break

End if

End While

2.3.2.3 算例分析

2.3.2.3.1 系统结构

本节算例中的载人航天器的高度和轨道控制系统与前面章节中的高度和轨道控制系统略有不同。根据需要完成的不同任务,高度和轨道控制系统的整个生命周期可分为四个阶段:发射阶段、轨道变换阶段、在轨运行阶段和返回地球阶段。本研究中,假设各阶段的持续时间分别为:$T_1 = 36$ h,$T_2 = 240$ h,$T_3 = 960$ h,$T_4 = 36$ h。这四个阶段的故障树模型如图 2.19 所示。

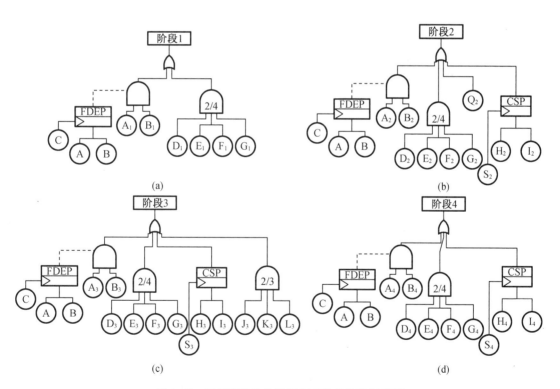

图 2.19　卫星高度和轨道控制系统的故障树模型

航天器高度和轨道控制系统由三部分功能部件组成。

(1)微型计算机(处理器):计算机(A 和 B)和功能部件(C)。

(2)传感器:太阳敏感器(D)、地球敏感器(E)、星敏感器(F)和陀螺仪敏感器(G)。

(3)推进器:①推进器 1(20 N,冷备用子系统推进器 H、I 和开关组件 S);②推进器

2(620 N,Q);③三个动量轮(3 取 2 逻辑,J、K、L)。

所有部件可分为两类:机械部件和电子部件。机械部件常见的故障模式为断裂、疲劳或腐蚀[46,47]。对于机械部件如果没有备用设备,这些故障发生后系统无法维持其功能。对于电子设备,除了机械结构故障(此时在没有备用设备的情况下也无法维持其功能)外,它们还会发生功能故障(如计算机死机或断电),此种情况可以通过系统重新启动进行自我修复[48]。机械部件的寿命通常由威布尔分布描述,而电子设备的寿命则由指数分布描述。算例中所有部件的参数见表 2.12。

表 2.12 卫星高度和轨道控制系统中各个部件的参数

	A	B	G	H	I	Q		
α	2×10^4	3×10^4	3×10^4	3×10^4	2×10^4	2×10^4		
β	2	1.5	1.5	2	1.5	3.5		
	C	D	E	F	J	K	L	S1	S2
λ	1/20 000	1/30 000	1/30 000	1/30 000	1.5×10^4	1.5×10^4	1.5×10^4	1/20 000	1/30 000
u	1/20 000	1/20 000	1/20 000	1/20 000	1/20 000	1/20 000	1/20 000	1/20 000	

在本算例中,系统故障树模型的求解也是非常复杂的,因此采用模块化方法进行分析。该算例中,系统可分为五个独立模块:$M_1=(A,B,C)$,$M_2=(D,E,F,G)$,$M_3=(H,I,S)$,$M_4=J$,$M_5=(J,K,L)$。采用这些独立模块后,系统的故障树模型可简化为图 2.20 所示模型。

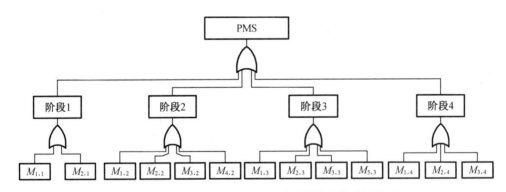

图 2.20 卫星高度和轨道控制系统的模块化故障树模型

通过上述分析,可用如下步骤评估包含随机冲击的多阶段任务系统的可靠性。

(1)通过模块化来简化系统故障树模型,并且明确模块化故障树模型中各个相互独立的模块。

(2)建立多阶段任务系统的随机冲击模型,并通过半马尔可夫过程和蒙特卡罗仿真分析来计算所有模块的可靠性指标。

(3)将模块化故障树模型和各个独立模块的可靠性评估相结合,评估多阶段任务系统的可靠性指标。

2.3.2.3.2　结果与分析

由所建立的系统模块化故障树模型,采用蒙特卡罗仿真流程和2.3.1.3节所述的可靠性分析方法,可对受到随机冲击影响的多阶段任务系统的可靠性进行分析。在随机冲击影响下,分阶段任务系统AOCS的系统可靠性如图2.21中的虚线所示。同时,不受随机冲击影响的系统的可靠性如图2.21中的实线所示。表2.13显示了每个阶段结束时刻AOCS的可靠性,以及有无随机冲击时系统可靠性的差异值与每个阶段中平均冲击发生的次数。

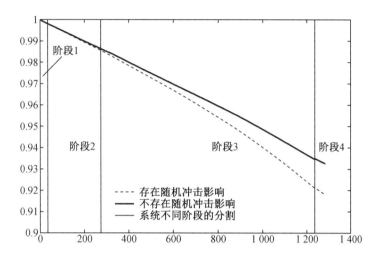

图 2.21　卫星高度和轨道控制系统存在和不存在随机冲击影响时系统的可靠性

表 2.13　卫星高度和轨道控制系统存在和不存在随机冲击影响时系统的可靠性结果

	阶段 1	阶段 2	阶段 3	阶段 4
$R_{sys}^{noshock}(t)$	0.998 2	0.986 2	0.934 0	0.931 7
$R_{sys}^{shocks}(t)$	0.998 1	0.985 3	0.921 4	0.918 4
相对偏差值	$1.001\ 8\times10^{-4}$	$9.125\ 9\times10^{-4}$	0.013 5	0.014 3
随机冲击发生的平均次数	0.035 5	0.242 2	0.959 9	0.048 4

正如预期的那样,在考虑随机冲击时,系统可靠性较低。特别是在阶段3和阶段4,当系统在外层空间长时间运行以后,在考虑随机冲击时,系统的可靠性水平降低得更加明显。因此,如果在模型中不考虑随机冲击的影响,那么系统的可靠性水平可能会被高估。

关于随机冲击模型,本书分析了两个参数的敏感性,及随机冲击发生率 $u=[1/500,\ 1/800]h^{-1}$ 和随机冲击的相对增量 $\varepsilon=[0.2,0.5]$。两个参数的不同组合情况下的系统可靠性如图2.22所示。

从图2.22可以看出,随着相对增量 ε 的增加和随机冲击发生率 u 的变大,系统的可靠性降低,这与预期相符。ε 值越大,部件的故障率越大,而发生率 u 值越大,在整个寿命周期内会产生更多的随机冲击,从而降低系统的可靠性。在表2.14中,参数 $\varepsilon=0.2$ 和 $u=$

$1/500\ h^{-1}$ 系统的可靠性值作为基准值。其他参数情况下,系统的可靠性值与标准值进行比较求其偏差。从表 2.14 可以看出,当对两个参数具有相同的变化百分比时,ε 对系统可靠性的影响大于 u。

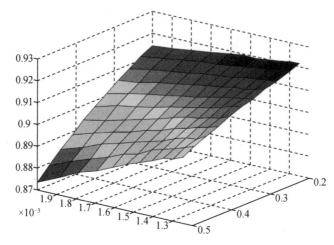

图 2.22 在不同的 u 和 ε 组合情况下卫星高度和轨道控制系统存在和
不存在随机冲击影响时系统的可靠性

表 2.14 卫星高度和轨道控制系统可靠性敏感分析结果

系统可靠性	0.2	0.26	0.32	0.38	0.44	0.5
0.002 00	0%	0.12%	0.25%	0.33%	0.55%	0.76%
0.001 79	0.47%	0.55%	0.73%	0.86%	1.11%	1.47%
0.001 61	0.87%	1.0%	1.26%	1.49%	1.77%	2.21%
0.001 47	1.27%	1.54%	1.77%	2.14%	2.58%	3.05%
0.001 35	1.77%	2.07%	2.49%	2.85%	3.30%	4.03%
0.001 25	2.35%	2.61%	3.08%	3.61%	4.22%	5.22%

2.4 小　　结

本章介绍了非指数分布动态系统的两种可靠性评估方法,及其在多阶段任务系统可靠性分析中的应用。传统上,多阶段任务系统分析的常用方法是组合模型方法和状态空间模型方法。组合模型方法计算效率高,但对于动态系统不适用。基于状态空间模型的方法可以处理各种动态系统,但存在状态爆炸问题。模块化方法结合了两种方法的优点。同时,非指数分布更适合于描述元件的寿命,而传统的马尔可夫模型无法做到这一点。因此,本章将使用属于马尔可夫更新理论的半马尔可夫过程或马尔可夫再生过程来解决此问题。本章详细评估了带有部分可修部件的多阶段任务系统的可靠性。此外,还讨论了随机冲击影响下的多阶段任务系统的可靠性评估。

参 考 文 献

1. Xing, L. Reliability evaluation of phased-mission systems with imperfect fault coverage and common-cause failures. *IEEE Transactions on Reliability*, 2007, 56(1): 58-68.

2. Zang, X., Sun, N., Trivedi, K. S. A BDD-based algorithm for reliability analysis of phased-mission systems. *IEEE Transactions on Reliability*, 1999, 48(1): 50-60.

3. Xing, L., Dugan, J. B. Analysis of generalized phased-mission system reliability, performance, and sensitivity. *IEEE Transactions on Reliability*, 2002, 51(2): 199-211.

4. Levitin, G., Xing, L., Amari, S. V. Recursive algorithm for reliability evaluation of non-repairable phased mission systems with binary elements. *IEEE Transactions on Reliability*, 2012, 61(2): 533-542.

5. Wang, C., Xing, L., Peng, R. et al. Competing failure analysis in phased-mission systems with multiple functional dependence groups. *Reliability Engineering & System Safety*, 2017, 164: 24-33.

6. Xing, L., Amari, S. V. Chapter 23: Reliability of phased-mission systems. In *Handbook of Performability Engineering*, K. B. Misra, Ed. Berlin: Springer, 2008: 349-368.

7. Li, Y. F., Mi, J., Liu, Y. et al. Dynamic fault tree analysis based on continuous time Bayesian networks under fuzzy numbers. Proceedings of the Institution of Mechanical Engineers, Part O. *Journal of Risk and Reliability*, 2015, 229(6): 530-541.

8. Xing, L., Levitin, G. BDD-based reliability evaluation of phased-mission systems with internal/external common-cause failures. *Reliability Engineering & System Safety*, 2013, 112: 145-153.

9. Tang, Z., Dugan, J. B. BDD-based reliability analysis of phased-mission systems with multimode failures. *IEEE Transactions on Reliability*, 2006, 55(2): 350-360.

10. Mo, Y., Xing, L., Dugan, J. B. MDD-based method for efficient analysis on phased-mission systems with multimode failures. *IEEE Transactions on Systems, Man, and Cybernetics: Systems*, 2014, 44(6): 757-769.

11. Alam, M., Al-Saggaf, U. M. Quantitative reliability evaluation of repairable phased-mission systems using Markov approach. *IEEE Transactions on Reliability*, 1986, 35(5): 498-503.

12. Mura, I., Bondavalli, A. Markov regenerative stochastic Petri nets to model and evaluate phased mission systems dependability. *IEEE Transactions on Computers*, 2001, 50(12): 1337-1351.

13. Ou, Y., Dugan, J. B. Modular solution of dynamic multi-phase systems. *IEEE Transactions on Reliability*, 2004, 53(4): 499-508.

14. Meshkat, L. , Xing, L. , Donohue, S. K. et al. An overview of the phase-modular fault tree approach to phased mission system analysis. Space Mission Challenges for Information Technology, http://hdl. handle. net/2014/, 2003.

15. Liu, Y. , Chen, C. J. Dynamic reliability assessment for nonrepairable multistate systems by aggregating multilevel imperfect inspection data. *IEEE Transactions on Reliability*, 2017, 66(2): 281-297.

16. Lin, Y. H. , Li, Y. F. , Zio, E. Integrating random shocks into multi-state physics models of degradation processes for component reliability assessment. *IEEE Transactions on Reliability*, 2015, 64(1): 154-166.

17. Bai, D. S. , Chung, S. W. , Chun, Y. R. Optimal design of partially accelerated life tests for the lognormal distribution under type I censoring. *Reliability Engineering & System Safety*, 1993, 40(1): 85-92

18. Telek, M. , Pfening, A. Performance analysis of Markov regenerative reward models. *Performance Evaluation*, 1996, 27: 1-18.

19. Limnios, N. , Oprisan, G. *Semi-Markov Processes and Reliability*. New York: Springer Science & Business Media, 2012.

20. Janssen, J. , Manca, R. *Semi-Markov Risk Models for Finance, Insurance and Reliability*. New York: Springer Science & Business Media, 2007.

21. Yin, L. , Fricks, R. M. , Trivedi, K. S. Application of semi-Markov process and CTMC to evaluation of UPS system availability. In *Proceedings of the Annual Reliability and Maintainability Symposium*, 2002. IEEE, Seattle, 2002: 584-591.

22. Pievatolo, A. , Tironi, E. , Valade, I. Semi-Markov processes for power system reliability assessment with application to uninterruptible power supply. *IEEE Transactions on Power Systems*, 2004, 19(3): 1326-1333.

23. Distefano, S. , Trivedi, K. S. Non-Markovian state-space models in dependability evaluation. *Quality and Reliability Engineering International*, 2013, 29(2): 225-239.

24. Lisnianski, A. , Levitin, G. *Multi-State System Reliability Assessment, Optimization and Applications*. Singapore: World Scientific Publishing, 2003.

25. Lisnianski, A. , Frenkel, I. , Ding, Y. *Multi-State System Reliability Analysis and Optimization for Engineers and Industrial Managers*. London: Springer, 2010.

26. Wu, X. , Hillston, J. Mission reliability of semi-Markov systems under generalized operational time requirements. *Reliability Engineering & System Safety*, 2015, 140: 122-129.

27. Csenki, A. An integral equation approach to the interval reliability of systems modelled by finite semi-Markov processes. *Reliability Engineering & System Safety*, 1995, 47(1): 37-45.

28. Boehme, T. K. , Preuss, W. , Van der Wall, V. On a simple numerical method for computing Stieltjes integrals in reliability theory. *Probability in the Engineering and Informational Sciences*, 1991, 5(1): 113-128.

29. Zio, E., Pedroni, N. Reliability estimation by advanced Monte Carlo simulation. In Javier Faulin, Angel A. Juan, Sebastián Salvador Martorell Alsina, Jose Emmanuel Ramirez-Marquez (Eds.), In *Simulation Methods for Reliability and Availability of Complex Systems*. London: Springer, 2010: 3-39.

30. Zio, E., Librizzi, M. Direct Monte Carlo simulation for the reliability assessment of a space propulsion system phased mission (PSAM-0067). Proceedings of the *Eighth International Conference on Probabilistic Safety Assessment & Management* (PSAM). New York, USA: ASME Press, 2006.

31. Gillespie, D. T. Monte Carlo simulation of random walks with residence time dependent transition probability rates. *Journal of Computational Physics*, 1978, 28(3): 395-407.

32. Castet, J. F., Saleh, J. H. Satellite and satellite subsystems reliability: Statistical data analysis and modeling. *Reliability Engineering & System Safety*, 2009, 94(11): 1718-1728.

33. Castet, J. F, Saleh, J. H. Satellite reliability: Statistical data analysis and modeling. *Journal of Spacecraft and Rockets*, 2009, 46(5): 1065.

34. Saleh, J. H., Castet, J. F. *Spacecraft Reliability and Multi-state Failures: A Statistical Approach*. Hoboken, New Jersey: John Wiley & Sons, 2011.

35. Peng, W., Li, Y. F., Yang, Y. J. et al. Leveraging degradation testing and condition monitoring foreld reliability analysis with time-varying operating missions. *IEEE Transactions on Reliability*, 2015, 64(4): 1367-1382.

36. Coit, D. W. Cold-standby redundancy optimization for nonrepairable systems. *IIE Transactions on Reliability*, 2001, 33(6): 471-478.

37. Levitin, G., Xing, L., Dai, Y. Minimum mission cost cold-standby sequencing in non-repairable multi-phase systems. *IEEE Transactions on Reliability*, 2014, 63(1): 251-258.

38. Dutuit, Y., Rauzy, A. A linear-time algorithm to find modules of fault trees. *IEEE Transactions on Reliability*, 1996, 45(3): 422-425.

39. Huang, J., Zuo, M. J. Multi-state k-out-of-n system model and its applications. *Proceedings of the Annual Reliability and Maintainability Symposium*, 2010: 264-268.

40. Golge, S., O'Neill, P. M., Slaba, T. C. NASA Galactic Cosmic Radiation Environment Model: Badhwar-O'Neill, 34th *International Cosmic Ray Conference*, 30 *Jul.*-6 *Aug.* 2015, *The Hague, Netherlands*, 2015.

41. Esary, J. D., Marshall, A. W. Shock models and wear processes. *The Annals of Probability*, 1973: 627-649.

42. Li, W., Pham, H. Reliability modeling of multi-state degraded systems with multi-competing failures and random shocks. *IEEE Transactions on Reliability*, 2005, 54(2): 297-303.

43. Rafiee, K., Feng, Q., Coit, D. W. Reliability modeling for dependent competing failure processes with changing degradation rate. *IIE Transactions*, 2014, 46(5): 483-496.

44. Becker, G., Camarinopoulos, L., Kabranis, D. Dynamic reliability under random

shocks. *Reliability Engineering & System Safety*, 2002, 77(3): 239-251.

45. Ruiz-Castro, J. E. Markov counting and reward processes for analysing the performance of a complex system subject to random inspections. *Reliability Engineering & System Safety*, 2016, 145: 155-168.

46. Fan, J., Ghurye, S. G., Levine, R. A. Multicomponent lifetime distributions in the presence of ageing. *Journal of Applied Probability*, 2000, 37(2): 521-533.

47. Collins, J. A. *Failure of Materials in Mechanical Design: Analysis, Prediction, Prevention.* Hoboken, New Jersey: John Wiley & Sons, 1993.

48. Vigander, S. Evolutionary Fault Repair of Electronics in Space Applications, Dissertation. Norwegian University Science and Technology, Trondheim, Norway, Norway, Norwegian University Sci. Tech, February 28, 2001.

3 软件离散最优周期性恢复策略

3.1 简 介

随着当今计算机系统在各行各业中的广泛应用,人们对软件可靠性提出了更加严格的要求,软件故障引起的系统故障可能导致巨大的经济损失或者生命危险。如何确保所开发的软件能够完全满足开发需求是非常困难的,尤其是复杂系统中的软件设计。近年来,由于持续运行的软件系统的性能特性会随运行时间的增加而下降,因此,持续运行的软件系统的可靠性引起了广泛的关注。在软件应用程序长时间连续运行后,随时间(负荷)而累积的一些错误状态会使软件发生老化现象。这种现象称为软件老化,我们可以在许多软件系统中观察到软件老化现象[1-6]。在软件行业,关于软件故障的共识是大多数的软件故障都具有瞬发故障特性[7]。针对瞬发故障,由于在稍有不同的运行环境中进行相同的操作,就无法复现这些故障,因此瞬发故障很难确定其发生的根源。除瞬发软件故障外,其他类型的软件故障都可以在软件运行过程中观察到并可以很容易地进行复现。文献[8]对软件缺陷进行了分类,并指出计算机系统中的资源损耗会导致软件老化。针对瞬发故障的一种常用处理方法是软件自恢复[9]。软件自恢复方法已经成为一种解决软件故障的预防性和主动性解决方案,特别适用于解决软件老化问题。软件自恢复通过周期性或者不定期地关闭软件的运行来清理软件内部的状态,然后再重新启动软件。软件内部状态情况可能会涉及内存垃圾回收、操作系统刷新内核表、初始化内部数据结构等操作。一个极端但众所周知的软件自恢复的例子是硬件重启。软件自恢复作为一种轻量级的软件容错技术正变得越来越流行。

文献[9]提出了一种具有四种状态的连续马尔可夫链模型,这四种状态包括初始(干净)状态、可能故障状态、自恢复状态和故障状态。该研究采用随机软件自恢复周期,针对稳态下软件的不可用性和软件运行成本进行了评估。文献[10]和文献[11-15]对文献[9]的结论进行了扩展,并采用半马尔可夫过程提出了一种软件自恢复模型。文献[16][17]和[18]引入了周期性软件自恢复模型,并建立了马尔可夫再生过程(MRGP)模型来分析软件自恢复的影响。在以上研究中,提出了具有经验分布的非参数估计算法,以从完整的软件故障数据统计样本中来估计最佳软件自恢复调度周期。如果可以获得足够多数量的软件故障数据样本,则基于文献[11-14]所提出的算法估计得到的最佳软件自恢复调度计划将渐进收敛到实际最优解。文献[19]在实验中通过注入内存泄漏的方式来进行加速软件寿命测试,并通过重要度抽样方法来检验上述非参数估计方法。文献[20-23]提出了一种基于核密度估计的非参数估计算法,该方法能提高小样本数据下最优软件自恢复调度的估计精度。文献[24-26]基于文献[27]和文献[28]中的方法提出了一种非参数预测推理(NPI)方法。虽然基于非参数预测推理的方法可归类为基于预测的软件自恢复,但是文献[24-26]与文献[29]的结果有很大的不同。文献[29]所采用的方法是基于软件负荷的线性回归模型的预测分析方法。

除了基于时间的最佳软件自恢复调度研究外,一些文献中还提出了其他随机模型。文献[30-35]提出了基于软件状态的软件自恢复设计方案,其中软件系统的负荷成为触发软件自恢复的条件。虽然软件系统的参数和资源使用情况对软件的老化有很大的影响,但是必须研究具体软件系统的老化机制。也就是说,导致软件老化的软件缺陷可能与软件系统的工作负荷没有必然的关系,因此不能完全基于软件的负荷设计软件自恢复来实现对软件瞬发故障的容错设计。文献[36]基于马尔可夫决策过程,将性能退化的服务器软件系统描述为排队系统模型。文献[37]考虑了软件老化导致的系统故障,分析了基于时间的最佳软件自恢复策略。文献[38-40]对文献[37]的模型进行了扩展,引入了基于工作负荷的软件自恢复计划和更一般的软件故障发生时间模型。文献[41]根据文献[37-40]中的随机模型,对自恢复策略和故障事件发生模型进行了概括。文献[42]对系统重启进行了研究,并推导得到系统最佳重启策略。该重启策略分别针对有限软件运行时间和无限软件运行时间情况下的软件自恢复建立了最优策略。

上述所有软件自恢复模型都是基于软件连续运行的假设下建立的。然而,对于一个实际系统,无法实现对软件系统进行连续不间断的监测和控制。例如对系统中的数据进行周期性的备份通常采用数据管理和备份策略,通常是每个工作日或者每周进行数据备份。此时,针对软件的自恢复策略的分析需要建立离散时间模型。文献[43]和文献[44]中提出了离散时间条件下,系统软件可用性和软件成本的分析模型,这些模型与文献[11,12]中的连续时间模型类似。文献[45]在不同的成本效益准则下建立了离散时间半马尔可夫模型,该模型建立了系统可用性和系统成本的期望模型。文献[46]在文献[17]中所建立的连续时间马尔可夫再生过程模型的基础上,采用最大化稳态系统可用性指标,推导出了离散时间的最优软件周期性自恢复策略。然而,该文献对软件周期性更新策略的离散时间模型研究并不充分,因此对软件成本模型和软件成本效益模型的分析也不充分。本章针对软件自恢复策略问题进行研究,并基于四个最优指标对离散时间的软件最优周期性自恢复策略进行了全面的调研:稳态下单位时间内的预期成本、稳态系统可用性、成本效益和有限时间内总的成本削减。基于离散时间模型建立了各个软件的最优恢复策略,并根据软件故障数据的完备样本对相关参数进行了估计,提出了估计算法。

本章其余章节的内容安排如下:第3.2节基于文献[46]阐述了具有周期性软件自恢复策略的马尔可夫再生模型;在第3.3节中研究了稳态下单位时间的预期成本模型,并推导了使其最小化的最佳周期性软件自恢复时间。同时还提出了周期性软件自恢复最佳时间的统计性非参数估计方法。第3.4节和3.5节分别研究了稳态条件下系统的可用性模型和成本-效益模型,推导了相应的最优周期性软件自恢复策略的解析解和非参数估计。第3.6节中提出了一个新的评价准则,称为预期总成本。文献[13]和文献[10]分别研究了基于文献[9]的非周期性策略和基于文献[16]的周期性策略对软件更新策略模型的预期成本削减的影响。但是,对基于离散时间模型的软件成本削减问题没有进行研究。本节中推导了预期总成本的公式,并求其最小化解。第3.7节阐述了数值仿真结果,并采用蒙特卡罗仿真方法来研究估计方法的渐进性。第3.8节对研究进行了总结和展望。

3.2　模　型　描　述

3.2.1　符号描述

考虑文献[46]中建立的周期性软件恢复模型。首先,将系统状态和符号描述定义如下。

状态 0:高鲁棒状态。

状态 1:可能故障状态。

状态 2:故障状态。

状态 3:软件自恢复状态。

状态 4:软件自恢复状态,且不经历可能故障状态。

Z:表示从高鲁棒状态到可能故障状态的时间间隔(离散随机值)。

$F_0(n)$、$f_0(n)$、$\mu_0(>0)$:Z 的概率分布函数(CDF)、Z 的概率质量函数(PMF)和 Z 的均值,其中 $n=0,1,2,\cdots$。

X:表示从可能故障状态开始的故障时间(离散随机值)。

$F_f(n)$、$f_f(n)$、$\mu_f(>0)$:X 的概率分布函数(CDF),X 的概率质量函数(PMF)和 X 的均值。

n_0:表示软件自恢复触发时间(整数值)。

$F_a(n)$、$f_a(n)$、$\mu_a(>0)$:从故障状态到恢复操作时间的概率分布函数(CDF),从故障状态到恢复操作时间的概率质量函数(PMF)和从故障状态到恢复操作时间的均值。

$F_c(n)$、$f_c(n)$、$\mu_c(>0)$:软件更新产生的开销的概率分布函数(CDF)、软件更新产生的开销的概率质量函数(PMF)和软件更新产生的开销的均值。

$c_s(>0)$:单位时间内的修改(恢复性维护)成本。

$c_p(>0)$:单位时间内的自恢复(预防性维护)成本。

3.2.2　模型描述

软件系统在 $t=0$ 时刻的初始状态为高鲁棒状态。软件系统在运行 Z 时间段后,由于某种原因,例如内存总泄漏量达到临界阈值,系统状态变为可能故障状态。在系统状态变为可能故障状态后,系统有可能发生故障。如果软件系统在触发软件自恢复之前发生了故障,则系统故障发生后立即进行恢复性操作,并且经过均值为 μ_a 的一个随机时间之后修复完成。否则,将触发软件自恢复实现对软件系统的预防性维护,软件自恢复的触发时间 n_0 从系统开始运行时刻进行计算。这一假设不同于文献[43-45]中的非周期性模型中的假设,这是由于非周期性模型中软件自恢复的触发时间是从观察到可能故障状态的时刻开始计算的。在某些情况下,如果无法辨别系统所处的状态(例如无法区分高鲁棒状态和可能故障状态),这一假设是不合理的。在完成修复性维护或者软件自恢复以后,系统状态进入修复如初的状态。软件的状态与初始运行时状态一致进入高鲁棒状态。在上述模型中,软件自恢复的周期是从系统由状态 0 转换到状态 1 后的瞬间开始计算的。

假设触发软件自恢复的时间是常数 n_0,将 $n_0(>0)$ 称为软件自恢复调度时间。将从系统开始运行时刻开始直到预防性维护或者纠正性维护完成为止的这一时间间隔定义为一个周期。图 3.1 模型中所定义的各个时间点和时间段进行了描述。该模型的潜在随机过程是一个具有四个再生状态的离散马尔可夫再生过程模型[46]。马尔可夫再生过程模型如图 3.2 所示。在马尔可夫再生过程模型中,圆形表示软件系统状态(0,2,3,4),即再生点,矩形表示(1)非再生点。严格来说,该随机过程不是一个通常意义下的离散时间半马尔可夫过程。但是,由于该模型中只存在一个非再生点,因此可以通过引入离散概率分布卷积的方式将其简化为等效的离散时间半马尔可夫过程[46]。

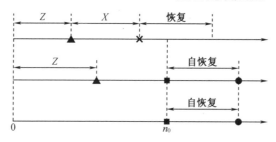

图 3.1 软件系统离散周期性恢复模型

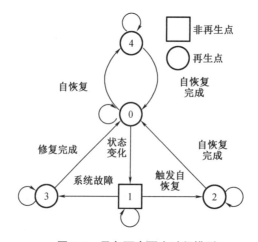

图 3.2 马尔可夫再生过程模型

3.3 预期成本分析

3.3.1 预期成本方程

本节将分析稳态下单位时间内的软件系统的预期成本。首先,做如下两个假设:

①假设(A-1):$c_s > c_p$;

②假设(A-2):$\mu_a > \mu_c$。

假设(A-1)表示软件系统的单位时间内的修复成本大于单位时间内的软件自恢复成本;假设(A-2)表示软件系统的修复操作所需的平均时间大于软件自恢复所需的平均时间。在这两个假设下,软件系统的一个周期的平均运行时间和一个周期内的预期总成本可以表示为

$$T(n_0) = \mu_a (F_f * F_0)(n_0) + \mu_c \overline{(F_f * F_0)}(n_0) + \sum_{n=0}^{n_0-1} \overline{(F_f * F_0)}(n) \tag{3.1}$$

$$V(n_0) = c_s \mu_a (F_f * F_0)(n_0) + c_p \mu_c \overline{(F_f * F_0)}(n_0) \tag{3.2}$$

其中,$(F_f * F_0)(n)$ 表示 $F_f(n)$ 和 $F_0(n)$ 离散 Stieltjes 卷积,$\overline{(F_f * F_0)}(n) = 1 - (F_f * F_0)(n)$。因此,根据再生点更新理论,稳定状态下单位时间的预期成本可表示为

$$C(n_0) = \lim_{n \to \infty} \frac{E[\text{占用成本}[0,n]]}{n} = \frac{V(n_0)}{T(n_0)} \tag{3.3}$$

此时,问题变为寻找软件自恢复调度时间 n_0,使得 $C(n_0)$ 最小。

为了研究 $C(n_0)$ 与 n_0 之间的关系,定义如下的方程:

$$\begin{aligned}
q_C(n_0) &= \frac{T(n_0) T(n_0+1)[C(n_0+1) - C(n_0)]}{\overline{F_f * F_0}(n_0)} \\
&= (c_s \mu_a - c_p \mu_c) T(n_0) r(n_0+1) - V(n_0) - (\mu_a - \mu_c) V(n_0) r(n_0+1)
\end{aligned} \tag{3.4}$$

其中,$r(n) = (f_f * f_0)(n) / \overline{F_f * F_0}(n-1)$ 为概率密度 $(F_f * F_0)(n)$ 对应的离散故障率。

通过判断式(3.4)的符号,可以推导出以下定理来描述最优周期性软件自恢复策略。

定理 3.1

1.假设失效时间分布 $(F_f * F_0)(n)$ 是严格单调递增故障率,也就是说,在假设(A-1)和(A-2)前提下,故障率 $r(n)$ 随着 n 的递增是严格递增的。此时,存在如下三种情况。

(1)如果 $q_C(0) < 0$ 且 $q_C(\infty) > 0$,则至少存在一个、至多存在两个最优软件自恢复调度周期 $n_0^*(0 < n_0^* < \infty)$,且满足 $q_C(n_0^* - 1) < 0$ 和 $q_C(n_0^*) \geq 0$。此时,稳定状态下单位时间内的对应预期成本 $C(n_0^*)$ 必须满足:

$$K_C(n_0^*) \leq C(n_0^*) < K_C(n_0^* + 1) \tag{3.5}$$

其中,

$$K_C(n) = \frac{(c_s \mu_a - c_p \mu_c) r(n)}{(\mu_a - \mu_c) r(n) + 1} \tag{3.6}$$

(2)如果 $q_C(0) \geq 0$,那么最优软件自恢复调度周期为 $n_0^* = 0$。此时,在稳定状态下,单位时间内的最小预期成本可表示为

$$C(0) = \frac{V(0)}{T(0)} = c_p \tag{3.7}$$

(3)如果 $q_C(\infty) \leq 0$,那么稳定状态下单位时间内最小预期成本由下式给出:

$$C(\infty) = \frac{V(\infty)}{T(\infty)} = \frac{c_s \mu_a}{\mu_a + \mu_f + \mu_0} \tag{3.8}$$

2. 假设失效时间分布 $(F_f * F_0)(n)$ 是严格单调递减故障率,也就是说,在假设(A-1)和(A-2)前提下,故障率 $r(n)$ 随着 n 的递增是严格递减的。此时最优软件自恢复调度周期为:$n_0^* = 0$ 或者 $n_0^* = \infty$。

证明:式(3.4)的差分可表示为

$$q_C(n_0+1) - q_C(n_0) = \{r(n_0+2) - r(n_0+1)\} \times \{T(n_0+1)(c_s \mu_a - c_p \mu_c) - V(n_0+1)(\mu_a - \mu_c)\} \tag{3.9}$$

根据假设(A-1)和(A-2),从简化论证得出如下结论:

$$c_s + \mu_c(c_s - c_p)/(\mu_a - \mu_c) > C(n_0+1)$$

因此等式(3.9)右侧的第二项必须严格为正。如果 $(F_f * F_0)(n)$ 是严格递增的,那么

$$q_C(n_0+1) > q_C(n_0)$$

此外,如果 $q_C(0) < 0$ 且 $q_C(\infty) > 0$,那么最优软件自恢复调度周期 $n_0^* (0 < n_0^* < \infty)$,且满足 $q_C(n_0^*-1) < 0$ 和 $q_C(n_0^*) \geq 0$。此时满足不等式(3.5)。如果

$$q_C(0) \geq 0 (q_C(\infty) \leq 0)$$

那么 $q_C(n_0)$ 始终为正(负)而且 $C(n_0)$ 是 n_0 的单调增(减)函数。如果 $(F_f * F_0)(n)$ 是严格递减的,那么 $C(n_0)$ 是 n_0 的拟凸函数,最优软件自恢复调度周期是 $n_0^* = 0$ 或者 $n_0^* \to \infty$。
证毕。

3.3.2 统计性分析

类似于参考文献[11-14]中连续系统,可以看出 $(F_f * F_0)(n)$ 是严格单调递增(递减)的,当且仅当函数 $\varnothing(p)$ 在 $p \in [0, 1]$ 上是凹(凸)的,其中:

$$\varnothing(p) = \sum_{n=0}^{(F_f * F_0)^{-1}(p)} \frac{\overline{(F_f * F_0)(n)}}{\mu_f + \mu_0} \tag{3.10}$$

称之为:离散比例测试总时间(TTT)变换。
其中,

$$(F_f * F_0)^{-1}(p) = \min\{n : (F_f * F_0)(n) > p\} - 1 \tag{3.11}$$

如果反函数存在,则可得到

$$\mu_f + \mu_0 = \sum_{n=0}^{\infty} \overline{(F_f * F_0)}(n) \tag{3.12}$$

通过一些代数运算,可以得到了以下定理,以几何方式解释基本的优化问题 $\min_{0 \leqslant n_0 < \infty} C(n_0)$。

定理 3.2

通过在稳态 $C(n_0)$ 下最小化单位时间的预期成本来寻找最优软件自恢复调度时间 n_0^*,等价于寻找 $p^*(0 \leqslant p^* \leqslant 1)$,满足

$$\max_{0 \leqslant p \leqslant 1} \frac{\varnothing(p) + \alpha_C}{p + \beta_C} \tag{3.13}$$

其中,

$$\alpha_C = \frac{\mu_c \mu_a (c_s - c_p)}{(\mu_f + \mu_0)(c_s \mu_a - c_p \mu_c)}$$

$$\beta_C = \frac{c_p \mu_c}{c_s \mu_a - c_p \mu_c} \tag{3.14}$$

证明:

由式(3.10)和式(3.11)的定义,可以得到:

$$\min_{0 \leqslant n_0 \leqslant \infty} C(n_0) \Leftrightarrow \min_{0 \leqslant p \leqslant 1} \frac{\dfrac{(c_s \mu_a - c_p \mu_c)}{\mu_f + \mu_0} p + \dfrac{c_p \mu_c}{\mu_f + \mu_0}}{\varnothing(p) + \dfrac{\mu_c}{\mu_f + \mu_0} + \dfrac{\mu_a - \mu_c}{\mu_f + \mu_0} p}$$

$$\Leftrightarrow \max_{0 \leqslant p \leqslant 1} \frac{\varnothing(p) + \dfrac{\mu_c}{\mu_f + \mu_0} + \dfrac{\mu_a - \mu_c}{\mu_f + \mu_0} p}{\dfrac{(c_s \mu_a - c_p \mu_c)}{\mu_f + \mu_0} p + \dfrac{c_p \mu_c}{\mu_f + \mu_0}}$$

$$\Leftrightarrow \max_{0 \leqslant p \leqslant 1} \frac{\varnothing(p) + \dfrac{(c_s - c_p)\mu_a \mu_c}{(c_s \mu_a - c_p \mu_c)(\mu_f + \mu_0)}}{p + \dfrac{c_p \mu_c}{c_s \mu_a - c_p \mu_c}} = \frac{\varnothing(p) + \alpha_C}{p + \beta_C} \tag{3.15}$$

证毕。

由定理 3.2 可知,最优软件自恢复调度时间 $n_0^* = (F_f * F_0)^{-1}(p^*)$ 是通过计算 p 的最优值 p^* 来得到的,其中 p^* 为从点 $(-\beta_C, -\alpha_C) \in (-\infty, 0) \times (-\infty, 0)$ 到线 $(p, \varnothing(p)) \in [0, 1] \times [0, 1]$ 的切线的最大斜率。此类图形化解释有助于根据软件故障时间数据计算最优软件自恢复调度时间。

然后,可根据 k 个有序完备的观测序列 $0 = x_0 \leqslant x_1 \leqslant x_2 \leqslant \cdots \leqslant x_k$,通过概率分布函数 $(F_f * F_0)(n)$ 来估计最优软件自恢复调度时间。而概率分布函数通常是未知的,此时可采用经验分布函数:

$$(F_f * F_0)_k(n) = \begin{cases} i/k, & x_i \leqslant n < x_{i+1} \\ 1, & x_k \leqslant n \end{cases} \tag{3.16}$$

基于此样本的比例测试总时间统计数据可定义为

$$\varnothing_{ik} = T_i / T_k, \quad i = 0, 1, 2, \cdots, k, \tag{3.17}$$

其中,

$$T_i = \sum_{j=1}^{i} (k - j + 1)(x_j - x_{j-1}), \quad i = 1, 2, \cdots, k; T_0 = 0 \tag{3.18}$$

通过以下定理可以得到最优软件自恢复调度时间的统计非参数估计算法。

以下定理给出了最佳软件恢复计划的统计非参数估计算法。

定理 3.3

假设软件的最优软件自恢复调度时间是由 k 个有序完备的观测序列 $0 = x_0 \leq x_1 \leq x_2 \leq \cdots \leq x_k$, 通过概率分布函数 $(F_f * F_0)(n)$ 来估计得到的, 而概率分布函数是未知的。那么最优软件自恢复调度时间的非参数估计 $\hat{n}_0^*$ 可由 x_j 计算得到并使 $C(n_0)$ 的值最小。其中

$$j^* = \left\{ j \Big| \max_{0 \leq j \leq n} \frac{\varnothing_{jk} + \alpha_{Ck}}{j/k + \beta_C} \right\} \tag{3.19}$$

$$\alpha_{Ck} = \frac{\alpha_C (\mu_f + \mu_0)}{\mu_{fk}}$$

$$\mu_{fk} = \sum_{i=0}^{k} \frac{x_i}{k} \tag{3.20}$$

事实上, 由于经验分布是强一致性的, 即当 $k \to \infty$ 时, $(F_f * F_0)_k(n) \to (F_f * F_0)(n)$, 因此最优软件自恢复调度时间的估计将渐进收敛到在假设 (A-1) 和 (A-2) 下的实际 (但未知) 最优解 n_0^*。在后续的章节中, 将类似的最优估计方法应用于其他最优性估计问题。

3.4 可用性分析

3.4.1 计算方程

接下来, 将针对稳态系统可用性进行分析, 一个周期内的平均操作时间可表示为

$$S(n_0) = \sum_{n=0}^{n_0-1} \overline{(F_f * F_0)}(n) \tag{3.21}$$

周期模型在稳态下的系统可用性可表示为

$$A(n_0) = \frac{S(n_0)}{T(n_0)} \tag{3.22}$$

根据再生奖励理论, 问题变成寻找使 $A(n_0)$ 最大的最优软件自恢复调度时间 n_0^*。

考虑到 $A(n_0)$ 与 n_0 的关系, 定义如下的函数:

$$q_A(n_0) = \frac{T(n_0) T(n_0+1) [A(n_0+1) - A(n_0)]}{\overline{(F_f * F_0)}(n)}$$

$$= T(n_0) - S(n_0) + (\mu_c - \mu_a) S(n_0) r(n_0 + 1) \tag{3.23}$$

以下定理给出了使稳态系统可用性最大化的最佳软件恢复计划。

定理 3.4

1. 假设软件失效时间分布函数 $(F_f * F_0)(n)$ 在假设（A-2）下为严格递增函数。

（1）如果 $q_A(\infty) < 0$，则至少存在一个、至多存在两个最优软件自恢复调度时间 n_0^*（$0 < n_0^* < \infty$），且满足 $q_A(n_0^* - 1) > 0$ 和 $q_A(n_0^*) \leqslant 0$。此时，稳定状态下最大系统可用性 $A(n_0^*)$ 必须满足：

$$K_A(n_0^* + 1) \leqslant A(n_0^0) < K_A(n_0^*) \tag{3.24}$$

$$K_A(n) = \frac{1}{1 + (\mu_a - \mu_c) r(n)} \tag{3.25}$$

（2）如果 $q_A(\infty) \geqslant 0$，那么最优软件自恢复调度周期为 $n_0^* \to \infty$。此时，在稳定状态下，最大系统可用率可表示为

$$A(\infty) = \frac{S(\infty)}{T(\infty)} = \frac{\mu_0 + \mu_f}{\mu_0 + \mu_f + \mu_a} \tag{3.26}$$

2. 假设在假设（A-2）下，软件故障时间分布为严格递减函数。那么系统的稳态可用性 $A(n_0)$ 是 n_0 的准凸函数，最优软件自恢复调度时间为 $n_0^* \to \infty$。

3.4.2 统计性分析

与预期成本情况类似，通过采用离散比例测试总时间变换得到如下定理。

定理 3.5

通过在稳态最大化 $A(n_0)$ 来获得最优软件自恢复调度时间 n_0^*，等价于寻找 p^*（$0 \leqslant p^* \leqslant 1$），满足

$$\max_{0 \leqslant p \leqslant 1} \frac{\emptyset(p)}{p + \beta_A} \tag{3.27}$$

其中，

$$\beta_A = \frac{\mu_c}{\mu_a - \mu_c} \tag{3.28}$$

通过最大化由点 $(-\beta_A, 0)$ 到线 $(p, \emptyset(p))$ 的切线斜率，来求得最优点 p^*（$0 \leqslant p^* \leqslant 1$），然后得到最优软件自恢复调度时间 n_0^*，最终得到最大化的稳态系统可用性。

定理 3.6

那么最优软件自恢复调度时间的非参数估计 $\hat{n}_0^*$ 可由 x_j 计算得到并使 $A(n_0)$ 的值最大。其中

$$j^* = \left\{ j \mid \max_{0 \leqslant j \leqslant n} \frac{\emptyset_{jk}}{j/k + \beta_A} \right\} \tag{3.29}$$

其中,β_A 与 k 是相互独立的。

3.5　成本-效益分析

3.5.1　计算方程

软件的成本效益是由软件稳态下单位时间的预期成本和问题系统可用性决定的。对于成本效益分析,首先做出以下假设:

假设(A-3):$c_s\mu_a > c_p\mu_c$。

稳态下成本-效益模型定义为

$$E(n_0) = \lim_{n \to \infty} \frac{E[\text{操作时间}(0,n)]}{E[\text{产生的成本}(0,n)]} = \frac{S(n_0)}{V(n_0)} \tag{3.30}$$

此时,软件的最优自恢复调度时间 n_0^* 须同时考虑软件的成本和软件的可靠性特性,使得 $E(n_0)$ 最大。

计算 $E(n_0)$ 关于 n_0 的差分,可得到如下的方程:

$$q_E(n_0) = \frac{V(n_0)V(n_0+1)[E(n_0+1)-E(n_0)]}{\overline{(F_f * F_0)}(n_0)}$$

$$= V(n_0) - (c_s\mu_a - c_p\mu_c)S(n_0)r(n_0+1) \tag{3.31}$$

此时,通过以下定理可以得到使成本效益最大化的最优软件自恢复调度时间。

定理 3.7

1. 假设软件失效时间分布函数 $(F_f * F_0)(n)$ 在假设(A-3)下为严格递增函数。

(1)如果 $q_E(\infty) < 0$,则至少存在一个、至多存在两个最优软件自恢复调度时间 n_0^*($0 < n_0^* < \infty$),且满足 $q_E(n_0^*-1) > 0$ 和 $q_E(n_0^*) \leqslant 0$。此时,软件的最大成本效益 $E(n_0^*)$ 为

$$K_E(n_0^*+1) \leqslant E(n_0^*) < K_E(n_0^*) \tag{3.32}$$

$$K_E(n) = \frac{1}{(c_s\mu_a - c_p\mu_c)r(n)} \tag{3.33}$$

(2)如果 $q_E(\infty) \geqslant 0$,那么最优软件自恢复调度周期为 $n_0^* \to \infty$。此时,最大成本效益可表示为

$$E(\infty) = \frac{S(\infty)}{T(\infty)} = \frac{\mu_f + \mu_0}{c_s\mu_a} \tag{3.34}$$

2. 假设在假设(A-3)下,软件故障时间分布为严格递减函数。那么软件的成本效益模型 $E(n_0)$ 是 n_0 的准凸函数,最优软件自恢复调度时间为 $n_0^* \to \infty$。

3.5.2 统计性分析

由定理 3.2 和定理 3.5 中可看出,结果具有相似性。通过采用比例测试总时间变换和比例测试总时间统计,可以得到以下定理。

定理 3.8

寻找使得软件成本效益 $E(n_0)$ 最大化的最优软件自恢复调度时间 n_0^*,等价于寻找 $p^*(0 \leqslant p^* \leqslant 1)$,满足

$$\max_{0 \leqslant p \leqslant 1} \frac{\varnothing(p)}{p+\beta_E} \tag{3.35}$$

其中,

$$\beta_E = \frac{c_p \mu_c}{c_s \mu_a - c_p \mu_c} \tag{3.36}$$

定理 3.9

那么最优软件自恢复调度时间的非参数估计 $\hat{n}_0^*$ 可由 x_{j^*} 计算得到并使 $E(n_0)$ 的值最大。其中

$$j^* = \left\{ j \mid \max_{0 \leqslant j \leqslant n} \frac{\varnothing_{jk}}{j/k + \beta_E} \right\} \tag{3.37}$$

3.6 预期总成本分析

3.6.1 计算方程

作为第四个最优化准则,引入了无限时间范围内的预期总成本,来分析当前值对成本函数的影响。令 $\gamma \in (0,1)$ 表示成本削减率,表示离散时间内的收益。为了分析预期总成本影响,做出以下假设:

假设(A-4):$\displaystyle\sum_{y=0}^{\infty} \gamma^y f_a(y) > \sum_{s=0}^{\infty} \gamma^s f_c(s)$;

假设(A-5):$\displaystyle c_s \sum_{y=0}^{\infty} \sum_{k=0}^{y} \gamma^y f_a(y) > c_p \sum_{s=0}^{\infty} \sum_{k=0}^{s} \gamma^s f_c(s)$ 。

假设(A-4)表示恢复操作所需的时间大于软件自恢复所需的时间。假设(A-5)是表示最优策略是存在的。

一个周期内的单位成本削减和一个周期内的预期总成本分别表示如下:

$$\delta(n_0) = \sum_{y=0}^{\infty} \sum_{x=0}^{n_0} \gamma^{x+y}(f_f * f_0)(x) f_a(y) + \sum_{s=0}^{\infty} \sum_{x=n_0+1}^{\infty} \gamma^{n_0+s}(f_f * f_0)(x) f_c(s) \tag{3.38}$$

$$V_\gamma(n_0) = c_s \sum_{y=0}^{\infty} \sum_{x=0}^{n_0} \sum_{k=1}^{y} \gamma^{k+x}(f_f * f_0)(x)f_a(y) + c_p \sum_{s=0}^{\infty} \sum_{x=n_0+1}^{\infty} \sum_{k=1}^{s} \gamma^{k+n_0}(f_f * f_0)(x)f_c(s)$$

$$(3.39)$$

因此,无限时间范围内的预期总成本表示如下:

$$TC(n_0) = \sum_{k=0}^{\infty} V_\gamma(n_0)\delta(n_0)^k = \frac{V_\gamma(n_0)}{\overline{\delta}(n_0)} \qquad (3.40)$$

计算 $TC(n_0)$ 关于 n_0 的差分,可得到如下的方程:

$$q_\gamma(n_0) = \frac{\overline{\delta}(n_0)V_\gamma(n_0+1) - \overline{\delta}(n_0+1)V_\gamma(n_0)}{\gamma^{n_0+1}(F_f * F_0)(n_0)} \qquad (3.41)$$

由方程(3.41),可得到以下定理。

1. 假设软件失效时间分布函数 $(F_f * F_0)(n)$ 在假设(A-4)和假设(A-5)下为严格递增函数。此时,存在如下三种情况。

(1)如果 $q_\gamma(0) < 0$ 且 $q_\gamma(\infty) > 0$,则至少存在一个、至多存在两个最优软件自恢复调度周期 $n_0^*(0 < n_0^* < \infty)$,且满足 $q_\gamma(n_0^* - 1) < 0$ 和 $q_\gamma(n_0^*) \geq 0$。此时,得到对应无限时间范围内的最小预期总成本 $TC(n_0^*)$ 可表示为

$$K_\gamma(n_0^* + 1) \leq TC(n_0^*) < K_\gamma(n_0^*) \qquad (3.42)$$

其中,

$$K_\gamma(n) = \frac{c_s \sum_{y=0}^{\infty} \sum_{k=1}^{y} \gamma^k f_a(y)r(n) - c_p \sum_{s=0}^{\infty} \sum_{k=1}^{s} \gamma^k f_c(s)\left\{\frac{1}{\gamma} - 1 + r(n)\right\}}{\sum_{s=0}^{\infty} \gamma^s f_c(s) - \sum_{y=0}^{\infty} \gamma^y f_a(y) + \left(\frac{1}{\gamma} - 1\right)\sum_{s=0}^{\infty} \gamma^s f_c(s)} \qquad (3.43)$$

(2)如果 $q_\gamma(0) \geq 0$,那么最优软件自恢复调度周期为 $n_0^* = 0$。此时,得到无限时间范围内的最小预期总成本可表示为

$$TC(0) = \frac{V_\gamma(0)}{\overline{\delta}(0)} = \frac{c_p \sum_{s=0}^{\infty} \sum_{k=1}^{s} \gamma^k f_c(s)}{1 - \sum_{s=0}^{\infty} \gamma^s f_c(s)} \qquad (3.44)$$

(3)如果 $q_\gamma(\infty) \leq 0$,那么最优软件自恢复调度周期为 $n_0^* \to \infty$。此时,得到无限时间范围内的最小预期总成本可表示为

$$TC(\infty) = \frac{V_\gamma(\infty)}{\overline{\delta}(\infty)} = \frac{c_s \sum_{y=0}^{\infty} \sum_{x=0}^{n_0} \sum_{k=1}^{y} \gamma^{k+x}(f_f * f_0)(x)f_a(y)}{1 - \sum_{y=0}^{\infty} \sum_{x=0}^{\infty} \gamma^{x+y}(f_f * f_0)(x)f_a(y)} \qquad (3.45)$$

2. 假设在假设(A-4)和假设(A-5)下,软件故障时间分布为严格递减函数。那么无限时间范围内预期总成本 $TC(n_0)$ 是 n_0 的准凸函数,最优软件自恢复调度时间为 $n_0^* \to \infty$。

3.6.2 统计性分析

对于预期总成本模型,定义以下离散修正比例测试总时间变换:

$$\varnothing_\gamma(p) = \frac{1}{\tau_\gamma} \sum_{n=0}^{G^{-1}(p)} \gamma^x \overline{(F_f * F_0)}(s) \qquad (3.46)$$

$$G^{-1}(p) = \min\left\{ n_0 : 1 - \gamma^{n_0} \overline{(F_f * F_0)}(n_0) > p \right\} - 1 \qquad (3.47)$$

如果反函数存在。那么可以得到:

$$\tau_\gamma = \sum_{x=0}^{\infty} \gamma^x \overline{(F_f * F_0)}(x) \qquad (3.48)$$

定理 3.10

寻找使得软件预期总成本 $TC(n_0)$ 最小化的最优软件自恢复调度时间 n_0^*,等价于寻找 $p^*(0 \leqslant p^* \leqslant 1)$,满足

$$\max_{0 \leqslant p \leqslant 1} \frac{\varnothing_\gamma(p) + \alpha_\gamma}{p + \beta_\gamma} \qquad (3.49)$$

$$\alpha_\gamma = \frac{a(1-d) - b(1-c)}{(1-\gamma)(ad-bc)\tau_y}, \beta_\gamma = \frac{a}{ad-bc} - 1 \qquad (3.50)$$

$$a = c_s \sum_{y=0}^{\infty} \sum_{k=1}^{y} \gamma^k f_a(y), b = c_p \sum_{s=0}^{\infty} \sum_{k=1}^{s} \gamma^k f_c(s) \qquad (3.51)$$

$$c = \sum_{y=0}^{\infty} \gamma^y f_a(y), d = \sum_{s=0}^{\infty} \gamma^s f_c(s) \qquad (3.52)$$

根据该结果,通过最大化由点 $(-\beta_\gamma, -\alpha_\gamma) \in (-\infty, 0) \times (-\infty, 0)$ 到线 $(p, \varnothing(p)) \in [0,1] \times [0,1]$ 的切线斜率,来求得最优点 $p^*(0 \leqslant p^* \leqslant 1)$,然后得到最优软件自恢复调度时间 n_0^*,最终得到最小化的预期总成本。

然后,考虑 k 阶完备样本的统计非参数估计算法。该样本的修正经验分布可表示为

$$(F_f * F_0)_{\gamma k}(n) = \begin{cases} 1 - \gamma^{x_i}(1 - i/k), & x_i \leqslant n < x_{i+1} \\ 1, & x_k \leqslant n \end{cases} \qquad (3.53)$$

式(3.46)中基于该样本的离散修正测试总时间变换的数值对应表达式可表示为

$$\varnothing_{\gamma ik} = T_{\gamma i}/T_{\gamma k}, \quad i = 0, 1, 2, \cdots, k \qquad (3.54)$$

$$T_{\gamma i} = \sum_{j=1}^{i} \left(\frac{\gamma}{1-\gamma}\right)(k - j + 1)(x_j - x_{j-1})(1 - \gamma^{x_j}), \quad i = 1, 2, \cdots, k; T_{\gamma 0} = 0 \qquad (3.55)$$

针对式(3.54)和式(3.55),可得到以下定理。

定理 3.11

假设软件的最优软件自恢复调度时间是由 k 个有序完备的观测序列 $0 = x_0 \leqslant x_1 \leqslant x_2 \leqslant \cdots \leqslant x_k$,服从概率分布函数 $(F_f * F_0)(n)$,而概率分布函数是未知的。那么最优软件自恢复

调度时间的非参数估计 $\hat{n}_0^*$ 可由 x_{j^*} 计算得到并使 $TC(n_0)$ 的值最小。其中

$$j^* = \left\{ j \,\Big|\, \max_{0 \leqslant j \leqslant k} \frac{\varnothing_{\gamma jk} + \alpha_{\gamma k}}{1 - \gamma^{x_j}(1 - j/k) + \beta_\gamma} \right\} \tag{3.56}$$

$$\alpha_{\gamma k} = \frac{\alpha_\gamma \tau_\gamma}{\tau_{\gamma k}}, \tau_{\gamma k} = \sum_{i=0}^k \gamma^{x_i}(1 - i/k)(x_{i+1} - x_i) \tag{3.57}$$

3.7 算 例 分 析

本节将给出一些计算算例,通过数值计算来确定最优软件自恢复调度时间。

假设 X 的失效时间分布服从负二项分布,且概率质量函数为

$$f_f(x) = \binom{x-1}{r-1} q^r (1-q)^{x-r} \tag{3.58}$$

软件降级时间 Z 服从几何分布,且概率质量函数为

$$f_0(x) = \xi(1-\xi)^x \tag{3.59}$$

其中,$q \in (0,1)$,$\xi \in (0,1)$,$r = 1,2,\cdots$ 为自然数。算例中所用到的参数分别为 $(r,q) = (10, 0.3)$,$\xi = 0.3$,$c_s = 5.0 \times 10 [\$/\text{day}]$,$c_p = 4.0 \times 10 [\$/\text{day}]$,$\mu_a = 5.0$,$\mu_c = 2.0$。

3.7.1 预期成本计算分析

图 3.3(a)说明了在单位时间的预期成本下,如何在二维图上确定最优软件自恢复调度时间。当 $p^* = 0.074\,236\,5$ 时,在点 $(-\beta_c, -\alpha_c) = (-0.470\,558, -0.164\,926)$ 处具有最大的斜率,此时最优软件自恢复调度时间为 $n_0^* = (F_f * F_0)^{-1}(0.074\,236\,5) = 24$。在稳定状态下,相应的单位时间预期成本为 $C(24) = 3.695\,44$。

图 3.3(b)表示在单位时间预期成本下的最优软件自恢复调度时间的估计结果,其中故障时间数据由式(3.58)中的负二项分布和式(3.59)中的几何分布生成。通过 200 个模拟数据计算,得到最佳软件自恢复调度时间估计为 $\hat{n}_0^* = x_8 = 22$,最小预期成本估计为 $C(\hat{n}_0^*) = 3.583\,49$。

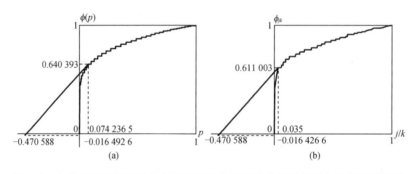

图 3.3　在单位时间的预期成本下确定和估计最佳软件系统的自恢复调度策略

图3.4 表示了最优软件自恢复调度时间及其单位时间最小预期成本估计的渐近行为。该图中所示的值为 n_0^* 和 $C(n_0^*)$ 根据定理3中的估计算法计算得到的估计值,其中水平线表示实际最优值。由图3.4可看出最优软件自恢复调度时间和对应的预期成本在 $k = 25$ 左右可以准确估计。由这些计算结果可知即使在不完全了解故障时间分布的情况下,使用本书提出的非参数估计算法可以精确估计最优软件自恢复调度时间及其对应单位时间内的预期成本。

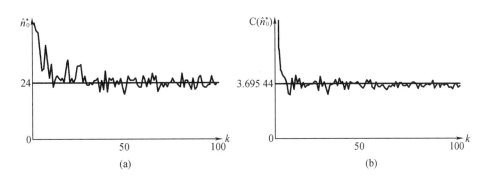

图 3.4 最优软件自恢复调度时间及其单位时间最小预期成本估计的渐近行为

3.7.2 系统可用性计算分析

图3.5(a)说明了在可用性准则下,如何在二维图上确定最优软件自恢复调度时间。当 $p^* = 0.125\ 921$ 时,在点 $(-\beta_A, 0) = (-0.666\ 667, 0)$ 处具有最大的斜率,此时最优软件自恢复调度时间为 $n_0^* = (F_f * F_0)^{-1}(0.125\ 921) = 26$。在稳定状态下,相应的单位时间预期成本为 $A(26) = 0.912\ 15$。

图3.5(b)表示在单位时间预期成本下的最优软件自恢复调度时间的估计结果,其中故障时间数据由式(3.58)中的负二项分布生成。通过200个伪随机数计算,得到最佳软件自恢复调度时间估计为 $\hat{n}_0^* = x_{19} = 26$,最大系统可用率估计为 $A(\hat{n}_0^*) = 0.918\ 798$。

图3.6表示了最优软件自恢复调度时间及其最大系统可用率估计的渐近行为。该图中所示的值为 n_0^* 和 $A(n_0^*)$ 根据定理6中的估计算法计算得到的估计值,其中水平线表示实际最优值。由图3.6可看出最优软件自恢复调度时间和对应的系统可用率在 $k = 20$ 左右可以准确估计。

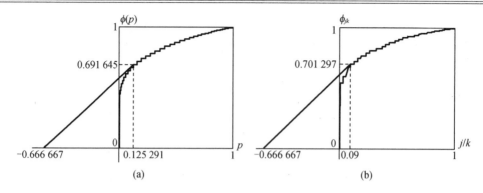

图 3.5　在系统稳态条件下确定和估计软件系统的最优自恢复调度策略

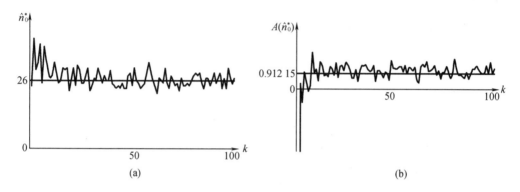

图 3.6　最优软件自恢复调度时间及其最大系统可用率估计的渐近行为

3.7.3　成本–效益计算分析

图 3.7(a)说明了在成本效益准则下,如何在二维图上确定最优软件自恢复调度时间。当 $p^* = 0.074\ 236\ 5$ 时,在点 $(-\beta_E, 0) = (-0.470\ 588, 0)$ 处具有最大的斜率,此时最优软件自恢复调度时间为 $n_0^* = (F_f * F_0)^{-1}(0.074\ 236\ 5) = 24$。相应的成本效益为 $E(24) = 0.246\ 606$。

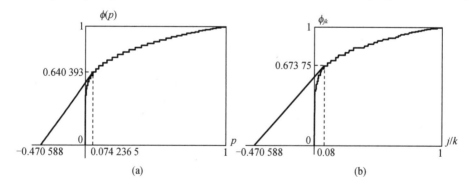

图 3.7　在成本效益条件下确定和估计软件系统的最优自恢复调度策略

图 3.7(a)表示最优软件自恢复调度时间的估计结果,其中故障时间数据由式(3.58)中的负二项分布生成。通过 200 个模拟数据计算,得到最佳软件自恢复调度时间估计为

$\hat{n}_0^* = x_{17} = 25$，最大系统可用率估计为 $E(\hat{n}_0^*) = 0.264\ 209$。

图 3.8 表示了最优软件自恢复调度时间及其最大成本效益估计的渐近行为。该图中所示的值为 n_0^* 和 $E(n_0^*)$ 根据定理 9 中的估计算法计算得到的估计值，其中水平线表示实际最优值。由图 3.8 可看出最优软件自恢复调度时间和对应的系统可用率在 $k=20$ 左右可以准确估计。

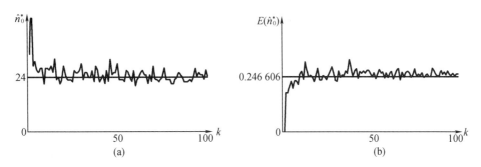

图 3.8　最优软件自恢复调度时间及其最大成本效益估计的渐近行为

3.7.4　预期总成本计算分析

在预期总成本准则计算分析时，令 $(r,q) = (12, 0.5)$，$\gamma = 0.5$，$c_s = 5.0 \times 10[\$/\text{day}]$，$c_p = 3.0 \times 10[\$/\text{day}]$，$\sum_{y=0}^{\infty} \gamma^y f_a(y) = 0.3$，$\sum_{s=0}^{\infty} \gamma^s f_c(s) = 0.8$，$\gamma = 0.97$。

图 3.9(a) 说明了在预期总成本准则下，如何在二维图上确定最优软件自恢复调度时间。当 $p^* = 0.400\ 808$ 时，在点 $(-\beta_\gamma, -\alpha_\gamma) = (-0.335\ 878, -0.202\ 587)$ 处具有最大的斜率，此时最优软件自恢复调度时间为 $n_0^* = G^{-1}(0.400\ 878) = 17$。相应的成本效益为 $TC(17) = 258.939$。

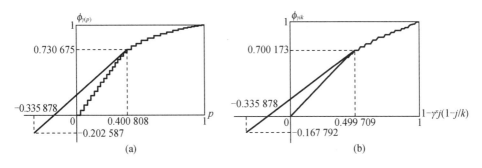

图 3.9　在预期总成本准则下确定和估计软件系统的最优自恢复调度策略

图 3.9(b) 表示最优软件自恢复调度时间的估计结果，其中故障时间数据由式(3.58)中的负二项分布生成。通过 200 个模拟数据计算，得到最佳软件自恢复调度时间估计为

$\hat{n}_0^* = x_9 = 20$,最大系统可用率估计为 $TC(\hat{n}_0^*) = 270.522$。

图 3.10 表示了最优软件自恢复调度时间及其最小成本效益估计的渐近行为。该图中所示的值为 n_0^* 和 $TC(n_0^*)$ 根据定理 12 中的估计算法计算得到的估计值,其中水平线表示实际最优值。由图 3.10 可看出最优软件自恢复调度时间和对应的成本效益可以在早期就得到准确估计。

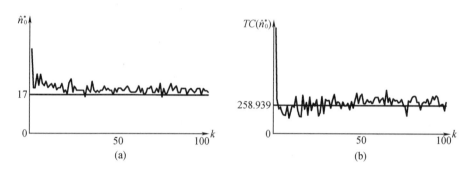

图 3.10　最优软件自恢复调度时间及其最小成本效益估计的渐近行为

3.8　小　　结

在本章中,总结了离散时间内的最优周期性软件恢复策略及其在不完备故障时间分布先验知识下的统计推断方法。其核心思想是采用离散比例总测试时间变化及其对应的数值计算。在这种情况下,稳态下单位时间的预期成本分析结果见文献[46]。但系统可用性、成本效益和预期总成本的结果尚未进行计算分析。在后续的研究中,将考虑采用非参数预测推理方法基于文献[24-26]的类似方法对软件自恢复调度策略进行研究。

参 考 文 献

1. E. Adams, Optimizing preventive service of the software products, *IBM Journal of Research & Development*, vol. 28, no. 1, pp. 2-14, 1984.

2. A. Avritzer and E. J. Weyuker, Monitoring smoothly degrading systems for increased dependability, *Empirical Software Engineering*, vol. 2, no. 1, pp. 59-57, 1997.

3. V. Castelli, R. E. Harper, P. Heidelberger, S. W. Hunter, K. S. Trivedi, K. V. Vaidyanathan, and W. P. Zeggert, Proactive management of software aging, *IBM Journal of Research & Development*, vol. 45, no. 2, pp. 311-332, 2001.

4. M. Grottke, L. Lie, K. V. Vaidyanathan, and K. S. Trivedi, Analysis of software aging in a web server, *IEEE Transactions on Reliability*, vol. 55, no. 3, pp. 411-420, 2006.

5. A. T. Tai, L. Alkalai, and S. N. Chau, On-board preventive maintenance: a design oriented analytic study for long-life applications, *Performance Evaluation*, vol. 35, no. 3, pp. 215-232, 1999.

6. W. Yurcik and D. Doss, Achieving fault-tolerant software with rejuvenation and reconfiguration, *IEEE Computer*, vol. 18, no. 4, pp. 48-52, 2001.

7. J. Gray and D. P. Siewiorek, High-availability computer systems, *IEEE Computer*, vol. 24, no. 9, pp. 39-48, 1991.

8. M. Grottke, and K. S. Trivedi, Fighting bugs: Remove, retry, replicate, and rejuvenate, *IEEE Computer*, vol. 40, pp. 107-109, 2007.

9. Y. Huang, C. Kintala, N. Kolettis, and N. D. Fulton, Software rejuvenation: analysis, module and applications, in *Proceedings of the 25th International Symposium on Fault Tolerant Computing* (*FTC*-1995), pp. 381-390, IEEE CPS, 1995.

10. T. Danjou, T. Dohi, N. Kaio, and S. Osaki, Analysis of periodic software rejuvenation policies based on net present value approach, *International Journal of Reliability*, *Quality and Safety Engineering*, vol. 11, no. 4, pp. 313-327, 2004.

11. T. Dohi, K. Goseva-Popstojanova, and K. S. Trivedi, Analysis of software cost models with rejuvenation, in *Proceedings of the 5th IEEE International Symposium on High Assurance Systems Engineering* (*HASE*-2000), pp. 25-34, IEEE CPS, 2000.

12. T. Dohi, K. Goseva-Popstojanova, and K. S. Trivedi, Statistical non-parametric algorithms to estimate the optimal software rejuvenation schedule, in *Proceedings of* 2000 *Pacific Rim International Symposium on Dependable Computing* (*PRDC*-2000), *pp.* 77-84, IEEE CPS, 2000.

13. T. Dohi, T. Danjou, and H. Okamura, Optimal software rejuvenation policy with discounting, in *Proceedings of* 2001 *Pacific Rim International Symposium on Dependable Computing* (*PRDC*-2001), pp. 87-94, IEEE CPS, 2001.

14. T. Dohi, K. Goseva-Popstojanova, and K. S. Trivedi, Estimating software rejuvenation schedule in high assurance systems, *The Computer Journal*, vol. 44, no. 6, pp. 473-485, 2001.

15. T. Dohi, H. Suzuki, and S. Osaki, Transient cost analysis of non-Markovian software systems with rejuvenation, *International Journal of Performability Engineering*, vol. 2, no. 3, pp. 233-243, 2006.

16. S. Garg, M. Telek, A. Puliato, and K. S. Trivedi, Analysis of software rejuvenation using Markov regenerative stochastic Petri net, in *Proceedings of 6th International Symposium on Software Reliability Engineering* (*ISSRE*-1995), pp. 24-27, IEEE CPS, 1995.

17. H. Suzuki, T. Dohi, K. Goseva-Popstojanova, and K. S. Trivedi, Analysis of multi-step failure models with periodic software rejuvenation, in *Advances in Stochastic Modelling* (eds.,

J. R. Artalejo and A. Krishnamoorthy), pp. 85−108, Notable Publications, Neshanic Station, NJ, 2002.

18. T. Dohi, H. Okamura, and K. S. Trivedi, Optimizing software rejuvenation policies under interval reliability criteria, in *Proceedings of the 9th IEEE International Conference on Autonomic and Trusted Computing (ATC-2012)*, pp. 478−485, IEEE CPS, 2012.

19. J. Zhao, W. B. Wang, G. R. Ning, K. S. Trivedi, R. Matias Jr., and K. Y. Cai, A comprehensive approach to optimal software rejuvenation, *Performance Evaluation*, vol. 70, no. 11, pp. 917−933, 2013.

20. K. Rinsaka and T. Dohi, Optimizing software rejuvenation schedule based on the kernel density estimation, *Quality Technology & Quantitative Management*, vol. 6, no. 1, pp. 55−65, 2009.

21. R. P. W. Duin, On the choice of smoothing parameters for Parzen estimators of probability density functions, *IEEE Transactions on Computers*, vol. C-25, no. 11, pp. 1175−1179, 1976.

22. E. Parzen, On the estimation of a probability density function and the mode, *Annals of Mathematical Statistics*, vol. 33, no. 3, pp. 1065−1076, 1962.

23. B. W. Silverman, *Density Estimation for Statistics and Data Analysis*, Chapman & Hall, London, 1986.

24. K. Rinsaka and T. Dohi, Non-parametric predictive inference of preventive rejuvenation schedule in operational software systems, in *Proceedings of the 18th International Symposium on Software Reliability Engineering (ISSRE-2007)*, pp. 247−256, IEEE CPS, 2007.

25. K. Rinsaka and T. Dohi, Toward high assurance software systems with adaptive fault management, *Software Quality Journal*, vol. 24, pp. 65−85, 2016.

26. K. Rinsaka and T. Dohi, An adaptive cost-based software rejuvenation scheme with nonparameteric predictive inference approach, *Journal of the Operations Research Society of Japan*, vol. 60, no. 4, pp. 461−478, 2017.

27. F. P. A. Coolen and K. J. Yan, Nonparametric predictive inference with right censored data, *Journal of Statistical Planning and Inference*, vol. 126, no. 1, pp. 25−54, 2004.

28. P. Coolen-Schrijner and F. P. A. Coolen, Adaptive age replacement strategies based on nonparametric predictive inference, *Journal of the Operational Research Society*, vol. 55, pp. 1281−129, 2004.

29. K. V. Vaidyanathan and K. S. Trivedi, A comprehensive model for software rejuvenation, *IEEE Transactions on Dependable and Secure Computing*, vol. 2, no. 2, pp. 124−137, 2005.

30. Y. Bao, X. Sun, and K. S. Trivedi, Adaptive software rejuvenation: degradation model and rejuvenation scheme, in *Proceedings of 33rd Annual IEEE/IFIP International Conference on*

Dependable Systems and Networks（*DSN*-2003），pp. 241-248, IEEE CPS, 2003.

31. Y. Bao, X. Sun, and K. S. Trivedi, A workload-based analysis of software aging, and rejuvenation, *IEEE Transactions on Reliability*, vol. 54, no. 3, pp. 541-548, 2005.

32. A. Bobbio, M. Sereno, and C. Anglano, Fine grained software degradation models for optimal rejuvenation policies, *Performance Evaluation*, vol. 46, no. 1, pp. 45-62, 2001.

33. H. Okamura, H. Fujio, and T. Dohi, Fine-grained shock models to rejuvenate software systems, *IEICE Transactions on Information and Systems*（*D*）, vol. E86-D, no. 10, pp. 2165-2171, 2003.

34. D. Wang, W. Xie, and K. S. Trivedi, Performability analysis of clustered systems with rejuvenation under varying workload, *Performance Evaluation*, vol. 64, no. 3, pp. 247-265, 2007.

35. W. Xie, Y. Hong, and K. S. Trivedi, Analysis of a two-level software rejuvenation policy, *Reliability Engineering and System Safety*, vol. 87, no. 1, pp. 13-22, 2005.

36. S. Pfening, S. Garg, A. Puliato, M. Telek, and K. S. Trivedi, Optimal rejuvenation for tolerating soft failure, *Performance Evaluation*, vol. 27/28, no. 4, pp. 491-506, 1996.

37. S. Garg, A. Puliato, M. Telek, and K. S. Trivedi, Analysis of preventive maintenance in transactions based software systems, *IEEE Transactions on Computers*, vol. 47, pp. 96-107, 1998.

38. H. Okamura, S. Miyahara, T. Dohi, and S. Osaki, Performance evaluation of workload-based software rejuvenation schemes, *IEICE Transactions on Information and Systems*（*D*）, vol. E84-D, no. 10, pp. 1368-1375, 2001.

39. H. Okamura, S. Miyahara, and T. Dohi, Dependability analysis of a transaction based multi-server system with rejuvenation, *IEICE Transactions on Fundamentals of Electronics, Communications and Computer Sciences*（*A*）, vol. E86-A, no. 8, pp. 2081-2090, 2003.

40. H. Okamura, S. Miyahara, and T. Dohi, Rejuvenating communication networksystem with burst arrival, *IEICE Transactions on Communications*（*B*）, vol. E88-B, no. 12, pp. 4498-4506, 2005.

41. J. Zheng, H. Okamura, L. Li, and T. Dohi, A comprehensive evaluation of software rejuvenation policies for transaction systems with Markovian arrivals, *IEEE Transactions on Reliability*, vol. 66, no. 4, pp. 1157-1177, 2017.

42. A. P. A. van Moorsel and K. Wolter, Analysis of restart mechanisms in software systems, *IEEE Transactions on Software Engineering*, vol. 32, no. 8, pp. 547-558, 2006.

43. T. Dohi, K. Iwamoto, H. Okamura, and N. Kaio, Discrete availability models to rejuvenate a telecommunication billing application, *IEICE Transactions on Communications*（*B*）, vol. E86-B, no. 10, pp. 2931-2939, 2003.

44. K. Iwamoto, T. Dohi, H. Okamura, and N. Kaio, Discrete-time cost analysis for a

telecommunication billing application with rejuvenation, *Computers & Mathematics with Applications*, vol. 51, no. 2, pp. 335-344, 2006.

45. K. Iwamoto, T. Dohi, and N. Kaio, Estimating discrete-time periodic software rejuvenation schedules under cost effectiveness criterion, International Journal of Reliability, *Quality and Safety Engineering*, vol. 13, no. 6, pp. 565-580, 2006.

46. K. Iwamoto, T. Dohi, and N. Kaio, Estimating periodic software rejuvenation schedule in discrete operational circumstance, *IEICE Transactions on Information and Systems (D)*, vol. E91-D, no. 1, pp. 23-31, 2008.

4 多元分析法在可修系统可靠性建模中的应用

4.1 研究背景和需求分析

在近几十年中,针对可修复系统的可靠性建模和分析,学术界研究了各种统计方法。国际电工委员会(International Electrotechnical Commission, IEC)在其 TC56 技术委员会"可信性"中收集了应用最广泛和最普遍接受的方法。这些方法已经成为欧洲地区的标准,并且在美国国防部发布的军事手册(MIL-HDBK)中也有所采用。

IEC 60300-3-5(2001)中对已有的统计方法和分析程序进行了统计。可修复设备的故障率 $z(t)$ 可通过随机过程(SP)中的连续无故障时间(TBF)进行估计。如果统计参数 TBF 为常值,那么设备的寿命服从指数分布,此时 $z(t)$ 为常值。在这种情况下,可以采用齐次泊松过程(HPP)来对设备进行可靠性建模和分析。如果统计参数 TBF 是变化的,那么此时可以通过幂律过程(PLP),采用非齐次泊松分布过程来对设备进行可靠性建模和分析。

IEC 60605-6 中制定了使用 U 统计量来判断 $z(t)$ 是否发生变化的流程,该流程适用于可修复设备和由多个独立同分布设备组成的可修复系统。如果 $z(t)$ 不发生变化,则采用 IEC 60605-4 标准来对参数和置信区间进行点估计。如果 $z(t)$ 发生改变,则采用 IEC 61710 标准来对幂律过程的参数进行估计。

IEC 标准中的方法对三个系列的列车和一个系列自动扶梯的电力牵引系统进行了分析,这些系统都可以获得 10 年以上的运行数据。本书基于 5000-4 系列列车电力牵引系统的测试数据,提出了一种互补多元分析的方法来表征 $z(t)$,并对重复发生的故障的影响进行了分析。

4.2 基于 IEC 标准方法的系统可靠性研究

在 IEC 标准中所建立的统计方法,可修复系统的故障率 $z(t)$ 可采用随机过程进行估计。如果针对连续无故障时间的统计不发生变化,在 IEC 标准中假设故障的发生服从指数分布,即单位时间内故障发生次数可通过齐次泊松过程的"完美修复"(即设备修复后与新的设备相同)进行建模分析,此时 $z(t)$ 是常数。对于 $z(t)$ 不为常数的情况,应采用非齐次泊松过程的"最小修复"(即设备修复后与旧的设备相同),并采用幂律过程进行建模分析。该方法由文献[11]最先提出,在工业中应用最为广泛,也被 IEC 标准所采用。

在 IEC 标准中,针对 $z(t)$ 和 TBF 发生变化,设备寿命不服从指数分布的情况下,没有考虑"完美修复"的更新过程(RP)建模。使用 U 统计量的对比趋势并能保证 TBF 将服从指数分布。同时,尽管已经发表了许多关于幂律过程改进的论文,但是没有研究使用改进的非齐次泊松过程来代替幂律过程来进行建模分析[3][4]。

铁路公司所使用的程序文件最好由独立的国际机构进行标准化编制,以便能够客观独立地证明其维护过程的安全性。具体可参考 EN 50126-1(1999)对可靠性、可用性、可维护性和安全性(RAMS)等规范的规定。

本书还采用了 IEC 60300-3-1(2003)中关于分析技术选择的建议和 IEC 61703(2001)中关于数学表达式的使用建议。本书针对四个地铁的可修复系统进行研究,具体铁路列车系统包括:

(1)36 列 5000-4 系列列车的电力牵引系统;

(2)88 列 2000-B 系列列车的电力牵引系统;

(3)36 列 8000 系列列车的电力牵引系统;

(4)40 部 TNE 型号电梯牵引系统。

列车的牵引系统由可修复部件组成。如果某个部件出现故障,例如牵引电机,则将该部件移除进行维修,一旦维修完毕,则将其重新组装到列车上。牵引系统主要包括电动和电子系统。

对可修复系统故障发生后采用的修复操作通常包括将损坏的部件用新部件进行更换,假设该维修将使系统恢复到其初始运行状态,即"完美维修"。更新过程模型(包括齐次泊松过程模型)最适合先验地用于可靠性建模,如图 4.1 所示为电力牵引系统组成框图。

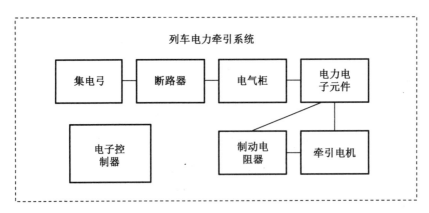

图 4.1   电力牵引系统组成框图

本章介绍了 5000-4 系列列车电气牵引系统的可靠性测试结果(在其他三个可修复系统上进行的相同测试得到的结果和结论非常相似)。

对可修复铁路系统的可靠性的研究主要采用的是随机过程模型以及随机过程模型的改进,包括文献[1]针对机车系统的研究工作,文献[43]针对列车自动保护系统的研究,文献[6][39][9]针对交流列车牵引系统的研究。此外采用随机过程的研究还可以参见文献

[31]关于信号的研究,文献[30]关于刹车控制的研究。

对于电力牵引系统,以千米(km)为单位的距离可以用作可靠性研究的变量,而不是时间(t),因为牵引系统的是否能完全运行取决于列车行驶的距离,而不是取决于时间。文献[1]的研究中采用的变量就是距离,因为列车牵引系统是随着行驶里程的增加而逐渐磨损的。

在所研究的 5000-4 系列列车的牵引系统中,故障数据记录时间为 1993-2008 年,即该系列列车商业使用 16 年。每列列车累计行驶里程超过 1 500 000 千米。该期间记录的故障总数为 3112 起(表 4.1)。

表 4.1　5000-4 系列列车牵引系统的故障数据统计

列车序号	总千米数/km	总故障数	列车序号	总千米数/km	总故障数
1	1 558 028	95	19	1 573 678	69
2	1 596 175	97	20	1 587 731	67
3	1 603 409	121	21	1 651 900	75
4	1 633 340	77	22	1 601 105	84
5	1 610 401	107	23	1 594 275	88
6	1 682 072	103	24	1 547 130	60
7	1 672 608	84	25	1 596 740	78
8	1 630 363	99	26	1 491 402	90
9	1 593 031	73	27	1 615 831	100
10	1 643 983	126	28	1 621 377	62
11	1 637 886	118	29	1 574 576	72
12	1 626 085	73	30	1 551 079	100
13	1 653 920	111	31	1 557 868	68
14	1 634 162	67	32	1 529 434	66
15	1 631 779	92	33	1 572 606	79
16	1 647 438	96	34	1 568 278	80
17	1 682 277	64	35	1 574 030	85
18	1 589 800	79	36	1 622 617	107

铁路公司有一个重要而详细的列车运行数据库,能确保统计分析中获得的结果具有高度的完整性和准确性。

在本研究中,首先通过估计多类列车牵引系统的可靠性参数,对列车牵引系统的可靠性进行建模,并使用单类的估计来解释每类系统整体的故障特性。如果该方法得不到正确的结果,则按照 IEC 标准的建议,逐个列车序列进行分析,即对每一类列车单独进行分析,以便基于已积累的数据对特定类的列车进行可靠性进行建模。该方法也在文献[37]中进行了阐述和应用。

然后根据 IEC 60605-6(2007)第 7.3 节中的方法对多个序列列车进行 U 型试验。用 r_i 表示第 i 类列车的总失效次数, T_i^* 表示第 i 类列车的运行总时间(或者行驶总千米数), T_{ij} 表示第 i 类列车第 j 次故障时累计运行的时间(或行驶的千米数), k 表示列车的类型数量。

$$U = \frac{\sum_{i=1}^{k} \sum_{j=1}^{r_i} T_{ij} - 0,5(r_1 T_1^* + r_2 T_2^* + \cdots r_k T_k^*)}{\sqrt{\frac{1}{12}(r_1 T_1^{*2} + r_2 T_2^{*2} + \cdots r_k T_k^{*2})}} \tag{4.1}$$

U 统计量(也称拉普拉斯检验)基于以平均值为 0 和偏差为 1 的分布近似估计。U 统计量可作为判断可靠性有正增长、负增长或与增长模式无关的证据。

显著性水平为 α 的正增长或负增长的双边测试具有临界值 $u_{1-\alpha/2}$ 和 $-u_{1-\alpha/2}$,其中 $u_{1-\alpha/2}$ 表示典型正态分布的 $(1-\alpha/2)100\%$ 分位数。如果 $-u_{1-\alpha/2} < U < u_{1-\alpha/2}$,那么,没有证据表明可靠性与显著性水平 α 之间存在正或负增长关系。在这种情况下,将采用齐次泊松过程的连续失效次数服从显著性水平为 α 的指数分布这一假设。临界值 $u_{1-\alpha/2}$ 和 $-u_{1-\alpha/2}$ 分别表示单边测试的正增长或者负增长,具有显著水平 $\alpha/2$。对于所需的显著性水平值,可以从典型正态分布的适当百分位数表中选择临界值,在本例中为显著性水平值为 1.64。根据机电系统的一般行为,从表 4.2 可以看出 5000-4 系列列车的牵引系统有高故障增长的趋势。

表 4.2　5000-4 系列列车的 U 统计量计算结果

列车序列	U	$U_{rtitical}$	趋势
5000-4 系列列车牵引系统	16.88	1.64	高增长趋势

IEC 61710(2013)中第 7.2.2 节和第 7.3.1.1 节,关于多个类设备的采用如下公式迭代估算 $\hat{\beta}$:

$$\frac{N}{\hat{\beta}} + \sum_{i=1}^{N} \ln t_i - \frac{N \sum_{j=1}^{k} T_j^{\beta} \ln T_j}{\sum_{j=1}^{k} T_j^{\beta}} = 0 \tag{4.2}$$

其中 N 表示测试中累积的故障总数, k 表示元件总数, t_i 表示第 $i(i=1,2,\cdots,N)$ 次故障发生的时间(或千米数), T_j 表示元件 $j(j=1,2,\cdots,k)$ 的总的观测时间(或千米数)。$\hat{\lambda}$ 的计算公式为

$$\hat{\lambda} = \frac{N}{\sum_{j=1}^{k} T_j^{\hat{\beta}}} \tag{4.3}$$

模型用于计算截至时间 t 的预期累计故障数:

$$E[N(t)] = \lambda t^{\beta} \tag{4.4}$$

$\hat{\beta}$ 和 λ 的计算结果见表 4.3。

表 4.3　基于幂律过程模型的参数估计结果

列车序列	β	λ	趋势
5000-4 系列列车牵引系统	1.235	$1.87E^{-06}$	高增长趋势

IEC 61710(2013)中给出的拟合优度测试是 Cramér-von Mises 统计量 C^2,当测试是根据时间来确定测试结束时,$M=N$ 且 $T=T^*$;当测试是根据故障来确定测试结束时,$M=N-1$ 且 $T=T_N$。

$$C^2 = \frac{1}{12M} + \sum_{j=1}^{M} \left[\left(\frac{t_j}{T} \right)^{\beta} - \left(\frac{2j-1}{2M} \right) \right]^2 \qquad (4.5)$$

临界值 $C_{0.90}^2(M)$ 是选择确定的,显著性水平为表中数值的 10%。如果 C^2 的值超过临界值 $C_{0.90}^2(M)$,即 $C^2 > C_{0.90}^2(M)$,则必须拒绝测试数据符合幂律过程模型的假设。如 IEC 61710(2013)第 7.2.2 节和第 7.3.1.1 节所述,对多个元件进行幂律模型假设检验时,则拒绝幂律模型假设。如表 4.4 所示,由于各系列列车牵引系统的故障数据分散,试验系统中拒绝了 PLP 模型假设。

表 4.4　基于幂律过程模型系统拟合优度的测试结果

列车序列	C^2	$C_{0.90}^2(M)$	幂律过程模型结果
5000-4 系列列车牵引系统	2.108	0.173	拒绝该模型

然后,根据 IEC 标准的规定,将模型应用于 36 类列车的一类中。使用 IEC 60605-6 (2007)第 7.2 节中的以下公式(拉普拉斯试验):

$$U = \frac{\sum_{i=1}^{r} T_i - r\frac{T^*}{2}}{T^* \sqrt{\frac{r}{12}}} \qquad (4.6)$$

其中,r 表示测试中需要考虑的失效的总次数,T^* 表示测试的总时间(或总千米数),T_i 表示第 i 次失效的累积时间(或累积千米数)。表 4.5 所示为计算得到的结果。对于 5000-4 系列列车的每一个牵引系统,故障的数量都有增加的趋势,尽管有些类型的列车没有出现这种趋势。

表 4.5　5000-4 系列列车中每列列车的 U 测试趋势结果

列车	U	$U_{critical}$	趋势
1	3.28	1.64	增长趋势
2	0.17	1.64	无故障趋势
3	4.09	1.64	增长趋势
4	0.77	1.64	无故障趋势

表 4.5(续)

列车	U	$U_{critical}$	趋势
5	4.02	1.64	增长趋势
6	3.53	1.64	增长趋势
7	2.48	1.64	增长趋势
8	3.27	1.64	增长趋势
9	-0.48	1.64	无故障趋势
10	8.19	1.64	增长趋势
11	4.73	1.64	增长趋势
12	4.02	1.64	增长趋势
13	5.75	1.64	增长趋势
14	1.84	1.64	增长趋势
15	6.27	1.64	增长趋势
16	1.50	1.64	无故障趋势
17	2.20	1.64	增长趋势
18	5.63	1.64	增长趋势
19	1.54	1.64	无故障趋势
20	-1.26	1.64	无故障趋势
21	-0.57	1.64	无故障趋势
22	2.75	1.64	增长趋势
23	2.06	1.64	增长趋势
24	2.19	1.64	增长趋势
25	4.68	1.64	增长趋势
26	3.60	1.64	增长趋势
27	1.79	1.64	增长趋势
28	3.20	1.64	增长趋势
29	1.60	1.64	无故障趋势
30	0.79	1.64	无故障趋势
31	2.88	1.64	增长趋势
32	1.72	1.64	增长趋势
33	3.21	1.64	增长趋势
34	2.81	1.64	增长趋势
35	0.93	1.64	无故障趋势
36	2.90	1.64	增长趋势

对于没有故障趋势的十个系列,使用标准 IEC 60605-4(2001)第 5.1 节中提出的齐次泊松过程模型来估算 λ 的值(表 4.6)。对于按时间(或距离)来完成测试的可修复类型

列车：

$$\hat{Z} = \hat{\lambda} = \frac{r}{T^*} \tag{4.7}$$

其中 r 表示测试中需要考虑的失效的总次数，T^* 表示按照故障来确定完成测试时测试的总时间（或总千米数）。应注意的是，不同类型之间获得的常数 $z(\mathrm{km})$ 的高分散度表示了牵引系统、列车和运行环境中理论上相等的非预期结果。

表 4.6　5000-4 系列列车每列列车的 λ 参数的估计值

列车	λ
2	$6.08\mathrm{E}^{-05}$
4	$4.71\mathrm{E}^{-05}$
9	$4.58\mathrm{E}^{-05}$
16	$5.83\mathrm{E}^{-05}$
19	$4.38\mathrm{E}^{-05}$
20	$4.22\mathrm{E}^{-05}$
21	$4.54\mathrm{E}^{-05}$
29	$4.57\mathrm{E}^{-05}$
30	$6.45\mathrm{E}^{-05}$
35	$5.40\mathrm{E}^{-05}$

最后，根据 IEC 61710（2013）第 7.2.1 节和第 7.3.1.1 节，将 PLP 模型应用于具有故障趋势的 26 个系列的列车中：

$$S_1 = \sum_{j=1}^{N} \ln\left(\frac{T^*}{t_j}\right) \tag{4.8}$$

其中，T^* 表示测试的总时间（或总千米数），t_j 表示直到第 j 个故障的累积时间（或累积总千米数），则 $\hat{\beta}$ 和 $\hat{\lambda}$ 的无偏估计为

$$\hat{\beta} = \frac{N-1}{S_1} \tag{4.9}$$

$$\hat{\lambda} = \frac{N}{k(T^*)^{\beta}} \tag{4.10}$$

其中 N 表示测试中累计的总故障数，k 表示测试中总的种类。

根据 IEC 61710（2013）第 7.3.1.1 节，有必要进行拟合优度测试，以检查每个类型的可靠性模型是否正确地拟合运行数据。

对于基于时间（或千米数）的测试，采用统计量 C^2，$M=N$ 且 $T=T^*$：

$$C^2 = \frac{1}{12M} + \sum_{j=1}^{M} \left[\left(\frac{t_j}{T}\right)^{\beta} - \left(\frac{2j-1}{2M}\right) \right]^2 \tag{4.11}$$

临界值 $C_{0.90}^2(M)$ 是选择确定的，显著性水平为表中数值的 10%。如果 C^2 的值超过临

界值 $C^2_{0.90}(M)$，即 $C^2 > C^2_{0.90}(M)$，则必须拒绝测试数据符合幂律过程模型的假设。

所得到的模型适用于计算截至时间 t 的预期累计故障数：

$$E[N(t)] = \lambda t^{\beta} \tag{4.12}$$

和故障强度：

$$z(t) = \frac{\mathrm{d}}{\mathrm{d}t} E[N(t)] = \lambda \beta t^{\beta-1} \tag{4.13}$$

计算结果见表 4.7。

表 4.7　5000-4 系列列车中每列车幂律过程模型参数 β 和 λ 的估计值

列车	λ	β	$C^2_{0.90}(M)$	C^2	PLP 模型
1	$4.83E^{-07}$	1.34	0.173	0.403	拒绝
3	$1.03E^{-06}$	1.30	0.173	0.872	拒绝
5	$1.12E^{-07}$	1.45	0.173	0.563	拒绝
6	$4.60E^{-06}$	1.18	0.173	0.828	拒绝
7	$1.10E^{-07}$	1.43	0.173	0.216	拒绝
8	$1.09E^{-06}$	1.28	0.173	0.386	拒绝
10	$4.57E^{-10}$	1.84	0.173	2.021	拒绝
11	$5.92E^{-08}$	1.50	0.173	0.503	拒绝
12	$1.37E^{-07}$	1.40	0.173	0.664	拒绝
13	$5.93E^{-09}$	1.65	0.173	0.579	拒绝
14	$2.49E^{-06}$	1.20	0.173	0.176	拒绝
15	$5.05E^{-09}$	1.65	0.173	1.915	拒绝
17	$2.89E^{-07}$	1.34	0.173	0.130	接受
18	$6.57E^{-11}$	1.95	0.173	0.410	拒绝
22	$2.56E^{-07}$	1.37	0.173	0.401	拒绝
23	$2.83E^{-06}$	1.21	0.173	0.075	接受
24	$4.57E^{-06}$	1.15	0.173	0.428	拒绝
25	$3.52E^{-05}$	1.02	0.173	2.657	拒绝
26	$2.18E^{-06}$	1.23	0.173	0.631	拒绝
27	$1.13E^{-04}$	0.96	0.173	0.511	拒绝
28	$3.44E^{-07}$	1.33	0.173	0.444	拒绝
31	$2.27E^{-05}$	1.05	0.173	0.878	拒绝
32	$7.41E^{-06}$	1.12	0.173	0.242	拒绝
33	$2.64E^{-07}$	1.37	0.173	0.413	拒绝
34	$1.66E^{-07}$	1.40	0.173	0.099	接受
36	$7.45E^{-06}$	1.15	0.173 0	0.450 4	拒绝

有故障趋势的 23 个类型无法使用幂律过程模型建模。幂律过程模型通常不适用于具有故障趋势的列车类型,因为故障间隔时间不服从指数分布。以下部分将分析故障间隔时间不服从指数分布的潜在原因。

对于有故障趋势的三个列车类型,可采用非齐次泊松过程和幂律过程模型进行建模分析。

对于模型被拒绝的 23 个类型,本标准未采用非齐次泊松过程模型来替代幂律过程模型。在之前的研究中,模型的高拒绝率导致了多个模型的发展,这些模型能够充分反映运行中的统计结果,例如复杂的随机过程模型和其他模型;参见文献[38]可了解适用于运输车队的示例。

4.3　故障的复杂性

在相同运行环境下运行的相同系统中,5000-4 系列列车的 36 个牵引系统的可靠性存在差异,这些系统的可靠性具有不同的增长或恒定趋势。

起初,分析侧重于寻找系统故障间隔时间服从的规律,观察到一种普遍趋势,即在短时间内累积多个连续故障,然后是长时间无累积故障。这种现象被称为"反复故障",对于负责维护可修复系统的人来说这个现象是众所周知的;参见文献[14]中的例子。

主观上,有一种直觉认为一系列同一制造的复杂可修复系统(如汽车)在实际使用中具有不同的可靠性。在某些情况下,研究通过数据证实了这种主观看法,数据显示,在实际应用中确实存在着如此不同的可靠性值。事实上,通常可以观察到,一组复杂可修系统中的每个部件的行为与简单可靠性模型(齐次泊松过程模型 HPP、非齐次泊松过程模型 NHPP 或随机过程模型 RP)预测的不一样,相同的可修元件具有的可靠性值也不相同,而且在某些情况下存在显著差异。

因此,该项研究已经多样化,以建立能够充分描述可修复系统可靠性的模型。在此类研究中,这类研究以文献[27]研究的采用分支泊松过程(BPP)模型和文献[10]研究的调制再生过程(MRP)作为初期的代表性研究。此后分别研究了基于 BP 模型的"不完美修复"模型[8]、BBS 模型[5]、趋势更新过程模型(TRP)[29]、具有"虚拟年龄"概念的广义更新过程(GRP)[26]、比例强度(PI)模型,这些模型的比较可参考文献[22][32]。文献[24]对 GRP 模型做出了新的创新性贡献。当数据相互关联时,可采用基于脆弱性模型[33]的方法。目前,已经提出了 100 多种不同的模型,包括文献[2][34][37][13][36][32]的相关研究。

根据"不完美"概念分组的模型,包括基于随机过程的模型,都试图对可修复系统的数据进行建模,同时考虑到修复不一定是"修复如新"(完美修复),也不一定是"保持不修"(最小修复)。因此,此类模型中包括一个或多个附加参数,以调节每次维修过程对可维修部件状态影响。

在大多数模型中,故障间隔时间是一个随机变量,具有相依增量,也就是说,故障间隔时间与另一个随机变量有一定程度的关系,可能是之前的维修、预防性维护干预、环境条件等。如果用一些随机变量描述故障间隔时间的依赖性,从统计学角度来看,此时模型不具备使用齐次泊松过程、非齐次泊松过程和随机过程模型的便利性。

可修复系统在其较长的运行寿命期间累积的反复故障是由不同的原因造成的,在复杂系统中,诊断和处理引发故障的原因可能会很困难。在此,对每个系统的故障间隔时间数据进行了分析,最显著的结果如表4.8所示。在原点附近可以观察到高频度故障间隔时间数据,这表明故障是反复出现的。在系统维修运行一定距离后,故障分布密度降低。在任何情况下,它都不符合指数分布。最能表征5000-4th牵引系统中每个系统服从的分布为广义logistic分布。

对这些统计数据的实际解释是,在维修后的第一个运行阶段,故障发生的概率很高,之后故障概率显著降低。应排除故障间隔时间中的任何相关性,以确保数据独立,并应采用随机过程模型。以下几节将应用多元分析对这一方面进行详细分析。

表4.8 5000-4 系列列车电力牵引系统的 TBF 参数

参数	5000-4 系列列车
故障总数	3 112
均值(km)	18 343
标准差(km)	27 029
离散系数	147%
故障间隔分布最大概率密度(km)	13 000
运行距离小于最大概率密度点的故障次数(%)	61.92%
最优分布($K\text{-}S$ 测试)	广义 Logistic 模型

此外,由于结果表明系统各部件的可靠性存在明显的分散性,因此可修复系统的可靠性分析可以采用多变量分析技术来完成,以便于由车队和/或一组系统的维护人员做出决策。

因此,反复故障是故障间隔时间不服从指数分布的根源。故障间隔时间取决于每个元件在长期运行期间累积的反复故障次数。反复出现的故障表征了每个系统元件之间的趋势和可靠性值的差异,即使这些元件在结构上是相同的,并且在完全相同的环境中运行。

4.4 可修系统 $z(t)$ 的三维图形表示

三维图像的表示首先可以定性分辨每个可修复系统所研究元件的 $z(t)$ 之间的差异。Tang and Xie(2002)提出了通过 λ_i 的分布图,来观察和图形化分析这些差异。

图4.2显示了5000-4th系列36列列车的电气牵引系统的图形化示例,显示了10列列车没有故障趋势,26列列车的故障趋势越来越大。

图4.2显示了5000-4系列列车各牵引系统的 $z(\mathrm{km})$ 的对比。前26列对应的是幂律过

程增加的列车的牵引系统相对应的 $z(km)$ 变化趋势。后 10 列是齐次马尔可夫过程模型相对应的列车的牵引系统相对应的 $z(km)$ 变化趋势,按升序排序(从最小的 λ_i 到最大的 λ_i)。该图还显示了项目 $z(km)$ 的离散度,以及 $z(km)$ 值如何随距离发散。在大约 70 万千米的范围内,所有列车的 $z(km)$ 都在小范围内变化;然而,在 1 500 000 km 处,故障趋势增加的列车的 $z(km)$ 值是故障趋势常数列车的三倍。

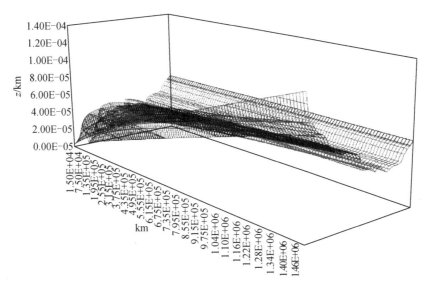

图 4.2　5000-4th 系列 36 列列车的电气牵引系统的故障趋势

4.5　多元分析及应用

多元分析是一种统计方法,其目的是同时分析多个变量数据集,即为每个个体或研究对象测量多个变量。多元分析统计方法基于对数据集的信息分析来帮助分析员或研究人员在已有的测量变量中做出最佳决策。多元可分为三大类。

(1)依赖性方法。此类方法假设分析的变量分为两组:因变量和自变量。依赖方法的目的是确定自变量集是否影响因变量以及以何种方式影响因变量集。

(2)相互依赖的方法。此类方法不区分因变量和自变量。相互依赖性方法的目的是确定哪些变量是相关的,它们是如何相关的,以及为什么是相关的。

(3)结构方法。此类方法假设变量分为两组:因变量和自变量。结构方法的目的不仅在于分析自变量对因变量的影响,还在于分析两组变量之间的相互关系。

现有的统计方法中,选择了八种方法在当前的可修复系统可靠性研究中进行测试,以补充之前的建模测试和结果(齐次马尔可夫模型、非齐次马尔可夫模型、随机过程等)。本章对多元分析的不同统计方法进行了研究。这些方法包括:

(1)相关性分析;

(2)主成分分析;

(3)因子分析;

(4)聚类分析;

(5)典型相关分析;

(6)对应分析;

(7)回归分析;

(8)判别分析。

4.6　相关性分析

相关性分析衡量两个变量之间线性关系的强度,将关系强度定义为−1 到+1 之间。相关性的绝对值越大,两个变量之间的线性关系就越强。将其应用于可修系统的可靠性,可以发现故障间隔时间中的相关性或相互依赖性,以及正确选择最适合故障间隔时间特性的可靠性模型。

应排除故障间隔时间中存在的相关性,以确保数据独立。分析和评估了牵引系统中故障间隔时间所依赖的潜在变量,研究了 12 个变量:列车设备、列车改造、里程数、运行年限、制造日期、制造订单、驾驶人员、维护管理系统、维护计划、维护人员、环境条件和铁路线路。采用 Pearson 相关性分析排除对故障间隔时间中相关性的影响。

在与列车牵引系统有关的 12 个变量中,仅给出了具有可观范围的 2 个变量的结果:生产序号和生产日期。其他十个变量的范围非常相似和/或相同,因此相关性测试直接拒绝了 TBF 依赖性假设。排除了季节性/温度的影响,因为隧道内的温度全年非常稳定,最大变化范围为 20~30 ℃。表 4.9 给出了 5000-4 系列列车中 TBF 与环境变量的相关性结果。

表 4.9　5000-4 系列列车中 TBF 与环境变量的相关性结果

列车	TBF	TBF 均值	生产序号	生产日期
1	95	15 557	1	01/03/1993
2	97	16 040	2	01/03/1993
3	121	13 194	3	01/03/1993
4	77	20 950	4	01/03/1993
5	107	14 862	5	01/04/1993
6	103	16 331	6	01/04/1993
7	84	19 456	7	01/04/1993
8	99	16 468	8	01/04/1993

表 4.9(续)

列车	TBF	TBF 均值	生产序号	生产日期
9	73	20 713	9	01/05/1993
10	126	12 973	10	01/05/1993
11	118	13 801	11	01/05/1993
12	73	22 275	12	01/05/1993
13	111	14 900	13	01/06/1993
14	67	24 126	14	01/06/1993
15	92	17 630	15	01/06/1993
16	96	17 091	16	01/06/1993
17	64	26 286	17	01/06/1993
18	79	20 124	18	01/06/1993
19	69	22 459	19	07/06/1993
20	67	22 336	20	01/07/1993
21	75	21 789	21	01/07/1993
22	84	19 061	22	01/07/1993
23	88	17 792	23	01/07/1993
24	60	25 078	24	01/07/1993
25	78	20 381	25	01/07/1993
26	90	16 571	26	01/07/1993
27	100	16 158	27	01/09/1993
28	62	25 918	28	01/09/1993
29	72	21 869	29	01/09/1993
30	100	15 416	30	01/10/1993
31	68	22 910	31	01/10/1993
32	66	22 540	32	01/11/1993
33	79	19 259	33	01/11/1993
34	80	19 520	34	01/11/1993
35	85	18 518	35	01/12/1993
36	107	15 165	36	01/12/1993
TBF Pearson 相关性			−0.376 0	−0.297 1
TBF Pearson 相关性均值			0.318 2	0.241 6

鉴于 Pearson 相关性值,可以排除变量对每个牵引系统故障间隔时间的影响。在文献[7]的研究中就已经提出,对相同系统获得的 $z(t)$ 值之间存在着显著差异,并分析了故障特性的影响:包括操作、硬件、软件等因素。还对牵引系统每个子系统的故障间隔时间及其对每个系统 TBF 的影响因素进行了相关性研究,以及在无法确定系统任意部分的故障根源

时,也就是说,未进行维修时(仅进行检查)也进行了相关性研究。未进行任何维修的系统被归类为子类"无明显异常"(表4.10)。

表 4.10　构成列车牵引系统的子系统

编号	子系统
11	集电弓子系统
12	保护子系统
13	牵引调度子系统
21	继电器和线圈
22	主开关
23	电力电子系统
31	接触器
32	50HZ 监测器
33	制动电阻器
41	电力套管
42	车厢设备
43	牵引电机
99	"无明显异常"

如表4.11所示,除"无明显异常"(代码99)故障外,不存在与故障总数显著相关的子系统,而且"无明显异常"相关性就显然是非常高的,因为这组故障占故障总数的48.07%。

表 4.11　5000-4 系列列车故障与子系统故障的相关性统计

列车	TBF												
	总数	11	12	13	21	22	23	31	33	41	42	43	99
1	94	1	0	6	2	7	13	6	4	2	6	0	47
2	97	3	0	7	0	2	11	7	5	4	10	1	47
3	121	1	0	11	1	1	12	12	2	0	10	4	67
4	77	0	0	7	2	6	2	9	6	5	12	2	26
5	107	0	0	5	1	5	10	10	1	3	15	1	56
6	103	0	0	6	0	9	10	13	0	3	8	0	54
7	84	2	0	3	1	8	11	5	7	4	7	1	35
8	99	0	0	3	0	7	14	13	7	1	11	2	41
9	73	0	0	4	1	5	9	6	8	2	5	1	32
10	126	0	0	7	0	11	21	8	5	2	9	0	63
11	118	2	0	5	1	8	16	3	4	4	11	0	64

表 4.11(续)

列车		TBF											
	总数1	11	12	13	21	22	23	31	33	41	42	43	99
12	73	1	0	3	2	4	6	6	1	5	7	0	38
13	111	1	0	10	3	6	12	7	2	5	19	1	45
14	67	1	0	3	0	4	9	8	1	2	7	2	30
15	92	2	0	4	0	4	7	7	2	1	10	2	53
16	96	2	0	10	0	3	7	7	5	2	9	0	51
17	64	3	0	7	1	6	4	4	3	1	5	1	29
18	79	0	0	3	0	5	6	8	4	0	12	2	39
19	69	0	1	4	0	4	1	7	2	2	13	2	33
20	67	1	0	3	2	9	9	4	0	1	5	1	32
21	75	0	0	7	0	5	4	7	4	4	8	1	35
22	85	2	0	3	0	17	5	4	10	2	9	0	33
23	88	1	0	7	2	8	15	7	3	1	7	1	36
24	60	0	0	4	0	4	11	2	1	1	7	0	30
25	78	2	0	5	0	11	7	1	0	3	8	0	41
26	90	0	0	5	0	10	15	2	3	5	14	1	35
27	100	2	0	7	1	6	14	8	6	2	11	0	43
28	62	1	0	1	0	6	3	6	4	0	3	3	35
29	72	1	0	5	0	5	7	9	4	0	2	1	38
30	100	2	0	2	0	9	5	8	0	1	8	0	65
31	68	0	0	6	0	5	8	3	2	2	7	1	34
32	66	0	1	6	0	5	7	5	3	1	10	0	28
33	79	0	0	4	0	4	17	3	1	2	7	1	40
34	80	1	0	3	0	7	5	7	9	4	14	0	30
35	85	1	0	10	0	4	4	3	3	1	9	2	48
36	107	1	0	8	0	9	15	10	2	5	14	0	43
Pearson 相关性		0.13	−0.26	0.46	0.13	0.16	0.61	0.45	0.05	0.23	0.50	−0.10	0.84

表 4.12　5000-4 系列列车的 TBF 计算结果

参数	TBF 总数	无明显异常情况下的 TBF	维修情况下的 TBF
故障总数	3 112	1 496	1 616
均值（km）	18 343	18 245	18 434
标准差（km）	27 029	27 736	26 365
离散系数	147%	152%	143%
故障间隔分布 最大概率密度（km）	13 000	13 000	13 000
运行距离小于最大概率 密度点的故障次数（%）	61.92%	62.56%	61.38%
最优分布（K-S 测试）	广义 logistic 分布	三参数对数正态分布	三参数对数正态分布

因此，也有必要分析"无明显异常"的修复故障是否与反复故障有一定程度的相关性，因为，从先验角度来看，似乎存在因果关系。也就是说，当故障发生且维修"无明显异常"时，故障可能会在几千米内反复出现。该分析所用的方法包括将 TBF 分解为两组并进行比较：第一组对应于"无明显异常"故障的 TBF，而第二组是其余已进行维修的 TBF（表 4.12）。

如图 4.3 所示，在 5000-4 系列列车牵引系统的故障间隔时间中，在原点附近观察到高频度的 TBF。这些故障都是"无明显异常"组和"修复"组中反复出现的故障。这两组的 TBF 频度几乎相同，并且与系统的总 TBF 频度也几乎相同。在 5000-4 系列列车的牵引系统中，不能说反复出现的故障源于"无明显异常"的维修。

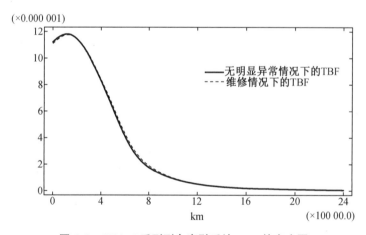

图 4.3　5000-4 系列列车牵引系统 TBF 的密度图

鉴于在可修复系统中获得的结果，因为"无明显异常"和"已维修"的 TBF 组在所有系统中的分布几乎相同，所以无法确定维修技术人员在对系统进行审查后将其归类为"无明显异常"的故障与潜在故障重复之间是否存在因果关系。

接下来，设置临界 TBF 值，以识别"假定异常故障累积"的事件，并将这些 TBF 典型化为复发性故障。前面已经指出，最能代表 5000-4 系列列车每个牵引系的 TBF 的分布是广义 logistic 分布(表 4.8)。

通过将较低尾部区域的 TBF 临界值调整为<15%,得到的 TBF 非常接近于零或负值。对这些结果的解释是,任何小的 TBF,TBF 趋于 0 都在其分布的预期范围内。因此这些 TBF 不能被视为非典型值。

另一种方法是,设定每千米内的临界故障数,以识别"假定异常故障累积"的事件,并将其典型化为反复故障。例如,如果在列车牵引系统中,每列列车的故障以 15 000 km 的间隔进行分组,则可以获得按间隔"分组"的度量,如图 4.4 的直方图所示。

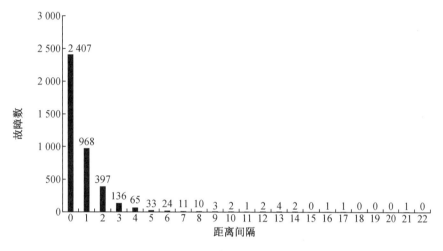

图 4.4　5000-4 系列列车牵引系统累计故障柱状图

15 000 km 的间隔区间具有累积故障数的分布。对于 5000-4 系列列车的牵引系统,这更适合于三参数对数正态分布。当尾面积上限标记为 15% 时,临界值约为两次故障。在分析累积故障等于或大于两次的间隔时,对应于 4 068 个总故障中的 693 个,不可能根据以下情况确定到任何分布:

(1)具体列车;

(2)千米数范围;

(3)先验或者后续区间内累积(或不累积)故障数;

(4)间隔内累积的故障数。

图 4.5 显示了 32 辆 5000-4 系列列车的牵引系统故障,没有明显的可识别模式。

在进行的相关测试中,在反复故障中没有统计可识别的模式,以运行千米数作为统计变量有相同分布的阶段,并且故障类型与所执行的维修之间没有明显的关联,因此,在实践中无法区分主要故障和假定的次要故障。在一定时期内,故障的集中程度是可以定性观察到的;无法排除故障 f_i 的行为独立于之前的临近故障 f_{i-1} 这一假设,也无法证明其对偶假设。因此,HPP、NHPP 和 RP 模型可能足以计算和表征被测可修复系统的可靠性。

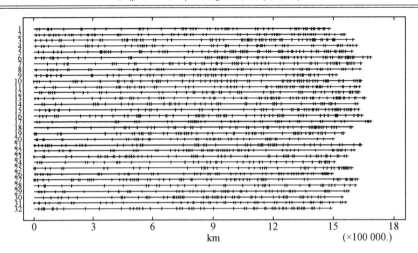

图 4.5　32 列 5000-4 系列列车牵引系统故障图

4.7　主 成 分 分 析

主成分分析旨在从一组 p 维变量中提取 k 个主成分。主成分定义为方差最大的 X 的一组线性正交组合。在多元回归或聚类分析等程序中,通过主成分分析来减少一组预测变量的大小。当变量高度相关时,第一个主要成分可以描述数据中存在的数据变化特性。

在可修系统可靠性的研究中,该方法可以用来寻找一个或多个系统,通过这些系统来解释系统在预期累积故障数的演化过程中的行为 $E[N(t)]$。

测试系统的主成分分析结果没有得到任何序列可以解释整个系统 $E[N(t)]$ 的演变。考虑到 $E[N(t)]$ 在系统中的分散性,这一结果是意料之中的。

4.8　因 子 分 析

因子分析方法旨在从一组 p 维变量 X 中提取 m 个公共因子。在许多情况下,少量公共因子可能就能够代表原始变量中很主要的变化特性。用少量重要因子表达多个协变量间的通常需要解决数据中存在的重要度问题。

因子分析也可用于研究可修复系统的可靠性,以找到一个或多个系统,来描述 $E[N(t)]$ 演化过程中系统总体行为特性。

测试系统的因子分析没有发现任何序列可以解释整个系统 $E[N(t)]$ 演变的因子集合。同样,考虑到 $E[N(t)]$ 在系统中的分散性,这一结果是意料之中的。

4.9　聚类分析

聚类分析方法旨在根据观察值或变量的相似性将其分组。该方法中使用的基本数据可以是：

（1）n 行或 n 个测试案例，每个都包含 p 个变量的测量值；

（2）n 行和 n 列被分组的观察值，或 p 行和 p 列的分组变量，可对任意两个元素进行"距离"度量。

聚类分析中有许多不同的分组算法。有些算法是聚合的，从每个观察值或变量的单独值开始，然后根据它们的相似性将它们组合起来。其他方法从一组"种子"开始，并将其他观察值或变量与这些种子联系起来。为了将观察值或变量进行分组，重要步骤就是要定义一个"接近度"或"相似性"的度量，以便相似的数据或者变量组合起来。当对观测值进行聚类时，接近度通常通过变量的 p 维空间中观测值之间的距离来衡量。聚类分析方法中包含三种不同的度量标准，用于测量两个对象之间的距离，用 x 和 y 表示：

（1）欧式平方距离；

（2）欧式距离；

（3）城市街区距离。

当对变量进行聚类时，距离的定义与此类似，不同之处在于 x 和 y 表示两个变量在观测值的 n 维空间中的位置，并然后对观测值进行求和。测试方法如下。

（1）聚集层次方法：该方法首先将每个观察值放入一个单独的簇中。然后将两个临近的簇相链接为一个簇，直到簇的数量减少到所需的目标。在每个阶段，根据簇之间的接近程度对聚类进行配对，配对方法包括：最近邻、最远邻、质心、中位数、组间平均连锁（UPGMA）和 Ward 方法。

（2）k-均值方法：该方法首先将 k 个对象识别为每个簇的初始种子。观测值归结到最近的簇中。

聚类分析可用于研究可修系统的可靠性，来对有相似可靠性的可修系统进行聚类（组）。在许多情况下，需要分析的对象数量非常多；例如，对于商业组织的维护管理而言，30 多个系统的可靠性结果的表示可能会很复杂。在可修复系统中，通过选择每个对象的代表变量来创建集群，简化了此类情况下的决策。示例和程序如下所示。

（1）变量"动态参数"在多区域电力系统连接中的应用。

（2）变量"温度、功率和流量"在冷凝器系统运行性能中的应用。

（3）变量"驾驶模式"在铁路机车设计中的应用。

（4）变量"可靠性、经济性和操作性"在电力系统中的应用。

（5）变量"成本，频次和停机时间"在维护管理系统中的应用

在本研究中，"可靠性"被看作一个变量，以简化大型车队的维修决策。为了针对无趋势的可修系统创建类，将 HPP 可靠性模型计算的无故障趋势列车的 λ_i 值作为变量。在测

试系统聚类之前,要聚类的数量必须是确定的。在结果中,创建了三个集群。

(1)高集群:该集群包含需要不同维护策略的高 λ 值列车,该类中的列车需要提高预防性维护的一致性,并需要特别注意纠正性维护中故障的解决;这一类包含了是可靠性结果最差的列车。

(2)中间集群:该集群包含具有中间 λ 值大小的列车,该类中的列车需要制定定期维护策略,具有一致的预防性维护和纠正性维护中的故障解决方案。

(3)低集群:该集群包含低 λ 值的列车,该类列车允许放松预防性和纠正性维护政策,因为这些列车具有最佳的可靠性结果。

采用上述方法进行聚类分析。Ward 方法证明是创建聚类的最合适的方法,列车的数量是相符的,并且几乎与所使用的距离度量(平方欧氏距离、欧氏距离和城市街区距离)无关。

采用聚类方法将 5000-4 系列列车的 36 个牵引系统的分类结果如图 4.6 所示。高值组由七个列车组成,中间值组有 14 个列车和低值组有 15 个列车。根据聚类结果,维修经理可以更准确地调整具有类似可靠性行为的列车组的不同维修策略,以便更有效地使用可用资源。

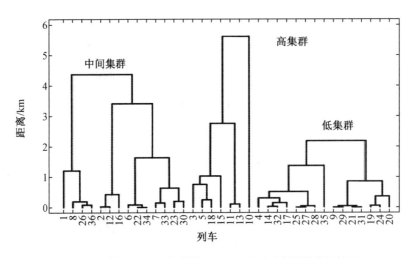

图 4.6　基于 Ward 方法的 5000-4 系列列车聚类分析结果

尽管聚类方法非常复杂,无论使用何种方法和指标来创建可修复系统中具有相似可靠性的列车群,聚类分析都被认为是调整大型车队维修策略决策的非常有用的工具,可以根据每个个体在每个运行时刻的可靠性,对其进行个性化维护。

4.10　典型相关分析

典型相关分析旨在帮助识别两组变量之间的关联。该方法是通过在两组表现出强相关性的变量中寻找线性组合来实现的。具有最强相关性的一对线性组合构成第一组典型变量。第二组典型变量也是一对线性组合,在所有与第一组不相关的组合中,第二组表现出次强的相关性。通常,可以使用少量线性对来量化两个集合之间存在的关系。

因为没有正确处理 TBF 的必要统计量支持,也没有考虑故障的随机性或相关性,该方法不应用于通过 n 个相同可修复系统故障的线性组合计算出单个"类型"组。

4.11　对 应 分 析

对应分析方法在二维列联表中创建行和列映射,以叠加行和列变量的相关类别。然而,表中显示惯性变化的维度不超过两个或三个。分析结果中的一个重要部分是对应关系图,其中两个类别之间的距离是它们相似性的度量。该方法未在可修系统可靠性分析中进行应用。

4.12　回 归 分 析

回归分析方法用于构建一个统计模型,该模型能表示一个或多个自变量 $X_1 \sim X_i$ 对一个因变量 Y 的影响,已经研究了多种回归模型和方法,包括:

(1)简单回归;

(2)多元回归;

(3)逻辑回归;

(4)负二项回归;

(5)非线性回归;

(6)多项式回归;

(7)泊松回归;

(8)Cox 比例风险回归。

这些方法中一些方法已被用于可修复系统的可靠性建模。最常用的模型已整合到不同的应用研究中,参见参考文献[28]:

(1)指数平滑模型(ES);

(2)移动平均模型(MA);

(3)自回归综合移动平均过程,Box-Jenkins-ARIMA 模型;

(4)季节性自回归综合移动平均过程,Box-Jenkins-SARIMA 模型。

找到最适合数据的模型是很重要的,而不需要考虑引起 TBF 特性的原因。本书用简单回归(最小二乘法)估计了不同可修系统的 $E[N(t)]$。测试了 27 个简单回归模型,包括转换了 X 轴(km)和 Y 轴($E[N(t)]$)转换前后情况,同时由于 $E[N(0)]=0$,令系数 $\beta_0=0$。

对于每个个体,选择最适合数据的回归模型,即在 0% 至 100% 范围内,选择 R^2 测定系数较高的一个值。拟合优度检验通过将因变量 Y 的可变性分解为误差或残差的平方和模型,整合到方差分析(ANOVA)模型中。该分析中特别感兴趣的是测试 F 及其相关 P 值,以模型的统计显著性。较小的 P 值(显著性水平为 5% 时小于 0.05)表明 Y 和 X 之间存在特定形式的统计关系。

表 4.13 显示了简单回归模型应用于 5000-4 系列列车牵引系统的 $E[N(t)]$ 结果。使用了对故障进行有限调整的模型。在九个列车中,最适合调整的简单回归模型是线性的(无故障趋势),而在趋势测试中,这些列车的 U 统计是正的。同样,对于每个列车,显著性水平为 5% 的拟合优度检验允许 6 到 9 个简单回归模型,其趋势在某些情况下并不一致。因此对这些简单模型的结果和局限性提出了质疑。

表 4.13　5000-4 系列列车的简单回归模型估计 $E[N(t)]$

列车	U 统计测试趋势	最佳简单回归模型	模型 β 参数值	回归模型趋势	可接受的模型数量
1	失效率上升	Square-x	4.41E^{-11}	增长趋势	6
2	无失效趋势	Linear	5.89E^{-05}	无故障趋势	6
3	失效率上升	Square-x	5.18E^{-11}	增长趋势	6
4	无失效趋势	Linear	4.60E^{-05}	无故障趋势	6
5	失效率上升	Square-x	4.61E^{-11}	增长趋势	6
6	失效率上升	Linear	4.92E^{-05}	无故障趋势	6
7	失效率上升	Square-x	3.70E^{-11}	增长趋势	6
8	失效率上升	Square-x	4.30E^{-11}	增长趋势	6
9	无失效趋势	Linear	4.72E^{-05}	无故障趋势	6
10	失效率上升	Square-x	3.83E^{-11}	增长趋势	9
11	失效率上升	Square-x	4.68E^{-11}	增长趋势	6
12	失效率上升	Linear	3.32E^{-05}	无故障趋势	6
13	失效率上升	Square-x	3.99E^{-11}	增长趋势	6
14	失效率上升	Linear	3.65E^{-05}	无故障趋势	6
15	失效率上升	Square-x	2.91E^{-11}	增长趋势	6
16	无失效趋势	Linear	5.52E^{-05}	无故障趋势	6
17	失效率上升	Square-x	2.83E^{-11}	增长趋势	6
18	失效率上升	Square-x	2.97E^{-11}	增长趋势	6
19	无失效趋势	Logarithmic-y,	3.61E^{-03}	增长趋势	9
20	无失效趋势	square root-x Linear	4.54E^{-05}	无故障趋势	6
21	无失效趋势	Linear	4.66E^{-05}	无故障趋势	6
22	失效率上升	Square of x	3.90E^{-11}	增长趋势	9
23	失效率上升	Logarithmic-y,	3.84E^{-03}	增长趋势	9
24	失效率上升	square root-x Linear	3.32E^{-05}	无故障趋势	6
25	失效率上升	Linear	3.33E^{-05}	无故障趋势	9
26	失效率上升	Logarithmic-y,	3.88E^{-03}	增长趋势	9

表 4.13(续)

列车	U 统计测试趋势	最佳简单回归模型	模型 β 参数值	回归模型趋势	可接受的模型数量
27	失效率上升	square root-x Linear	5.58E^{-05}	无故障趋势	9
28	失效率上升	Square of x	2.58E^{-11}	增长趋势	6
29	无失效趋势	Linear	4.22E^{-05}	无故障趋势	6
30	无失效趋势	Double square	4.73E^{-09}	无故障趋势	6
31	失效率上升	Square of x	3.05E^{-11}	增长趋势	6
32	失效率上升	Linear	3.93E^{-05}	无故障趋势	6
33	失效率上升	Linear	4.15E^{-05}	无故障趋势	6
34	失效率上升	Linear	4.46E^{-05}	无故障趋势	6
35	无失效趋势	Double square	2.84E^{-09}	无故障趋势	6
36	失效率上升	Logarithmic-y, square root-x	4.01E^{-03}	增长趋势	9

　　对于没有失效趋势的列车,最适合的简单回归模型是线性模型,$E[N(t)]=\beta_1 km$。图 4.7 显示了 5000-4 系列 20 号列车牵引系统的结果。对于失效率呈上升趋势的列车,最适合的简单回归模型是 x 的平方,$E[N(t)]=\beta_1 km^2$。图 4.8 显示了 5000-4 系列 1 号列车牵引系统的结果。

　　许多学者认为此类的模型是非正统的,因为这些模型通过限制调整数据来得到数学方程,没有对失效的性质或者失效的原因进行任何解释或公式化表示。这一点已在简单数学方程进行的测试中得到验证。

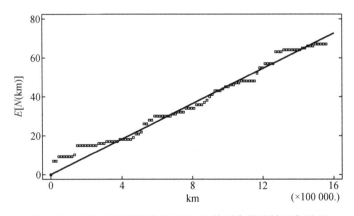

图 4.7　5000-4 系列列车标号为 20 的列车的线性回归结果

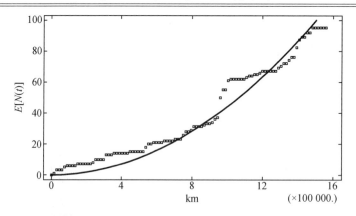

图 4.8　5000-4 系列列车标号为 1 的列车的 x 的平方简单回归结果

4.13　判　别　分　析

判别分析方法旨在根据一组观察到的 p 变量值,对两个或者多个数据进行区分。通过构造变量线性组合的判别函数来实现。此类分析的目的通常是以下一项或两项。

(1)能够以尽可能最好的方式将观察到的进行数学描述并划分到不同的组。

(2)能够将新的观察结果归类为属于其中某一组。

该方法在可修系统可靠性分析中尚未进行应用。

4.14　小　　　结

在可修复系统中,每个个体的故障间隔时间表现出来的规律不一定类似。即使在结构上完全相同的可修系统中,统计数据也可能显示其趋势和 $E[N(t)]$ 的定量值存在很大的差异。

测试表明,在所有测试的可修复系统中,无故障期间之前和之后故障的发生数量都会增加。这种现象被称为"反复故障",这也是为什么 TBF 不服从指数分布。同时反复故障也导致基于相同部件的系统在类似的运行环境中,表现出来的可靠性也存在着差异。

针对反复失效期,未发现统计上可识别的模式。这些情况在距离上具有相同的分布,故障类型之间没有明显的关联,导致无法区分主要故障和次要故障。

可修复系统的个体可能会表现出不同的可靠性值,在许多情况下,同一类系统的可靠性值可能会有所不同。多元分析方法可能非常有助于了解故障的性质以及个体之间可靠性差异的根本原因(表 4.14)。

表 4.14 可修系统可靠性的多元分析测试及其应用

方法	应用
相关性分析	故障间隔时间的依赖性和/或相互依赖性
主成分分析	解释系统可靠性的一项或多项主要因素
因子分析	解释系统可靠性的一项或多项因素
聚类分析	识别具有相似可靠性特性的元素进行分组
典型相关性分析	未确定应用场景
对应分析	未确定应用场景
回归分析	可修复系统的可靠性建模(面向数据)
判别分析	未确定应用场景

本研究建议维修管理人员重新调整工作方向,研究每个个体而非集合的可靠性,并实施主动检测机制,检测每个个体的临时故障增多情况,在不同的每种情况下采用差异性维修策略。

参 考 文 献

1. Anderson, G. B. and Peters, A. J. (1993), An overview of the maintenance and reliability of AC traction systems, *Proceedings of the Joint IEEE/ASME Railroad Conference*, pp. 7–15.

2. Ascher, H. and Feingold, H. (1984), *Repairable System Reliability*, Marcel Dekker, New York.

3. Attardi, L. and Pulcini, G. (2005), A new model for repairable systems with bounded failure intensity, *IEEE Transactions on Reliability*, Vol. 54, No. 4, pp. 572–582.

4. Bettini, G., Giansante, R. and Tucci, M. (2007), Forecasting fleet warranty returns using modified reliability growth analysis, *Proceedings of Annual IEEE Reliability and Maintainability Symposium RAMS' 07*, pp. 350–355.

5. Block, H., Borges, W. and Savits, T. (1985), Age-dependent minimal repair, *Journal of Applied Probability*, Vol. 22, No. 2, pp. 370–385.

6. Bozzo, R., Fazio, V. and Savio, S. (2003), Power electronics reliability and stochastic performances of innovative AC traction drives: a comparative analysis, 2003 *IEEE Bologna Power Tech Conference Proceedings*, Vol. 3, pp. 7–14.

7. Bredrup, E., Evensen, K., Helvik, B. E. and Swensen, A. (1986), The activity-dependent failure intensity of SPC systems—some empirical results, *IEEE Journal on Selected Areas in Communications*, Vol. 4, No. 7, pp. 1052–1059.

8. Brown, M. and Proschan, F. (1983), Imperfect repair, *Journal of Applied Probability*,

Vol. 20, No. 4, pp. 851–859.

9. Chen, S. K. , Ho, T. K. and Mao, B. H. (2007), Reliability evaluations of railway power supplies by fault-tree analysis,*IET Electric Power Applications*, Vol. 1, No. 2, pp. 161–172.

10. Cox, D. R. (1972), The statistical analysis of dependencies in point process, in Lewis, P. A. W. (Ed.), *Symposium on Point Processes*, Wiley, New York, pp. 55–66.

11. Crow, L. H. (1975), Reliability analysis for complex, repairable systems, Technical Report No. 138, AMSAA, Aberdeen, MD.

12. EN 50126-1 (1999), *Railway Applications—The Specification and Demonstration of Reliability. Availability, Maintainability, and Safety (RAMS)—Part*, 1. European Committee for Electrotechnical Standardization (CENELEC), Brussels.

13. Guo, R. , Ascher, H. and Love, E. (2000), Generalized models of repairable systems-a survey via stochastic processes formalism, *ORiON*, Vol. 16, No. 2, pp. 87–128.

14. Hatton, L. (1999), Repetitive failure, feedback and the lost art of diagnosis, *Journal of Systems and Software*, Vol. 47, Nos. 2–3, pp. 183–188.

15. IEC 60300-3-1 ed2. 0 (2003), *Dependability Management—Part 3 – 1：Application Guide-Analysis Techniques for Dependability-Guide on Methodology*, International Electrotechnical Commission (IEC), Geneva.

16. IEC 60300-3-5 ed1. 0 (2001), *Dependability Management—Part 3 – 5：Application Guide-Reliability Test Conditions and Statistical Test Principles*, International Electrotechnical Commission (IEC), Geneva.

17. IEC 60605-4 ed2. 0 (2001), *Equipment Reliability Testing—Part 4：Statistical Procedures for Exponential Distribution—Point Estimates, Confidence Intervals*, Prediction Intervals and Tolerance Intervals, International Electrotechnical Commission (IEC), Geneva.

18. IEC 60605-6 ed3. 0 (2007),*Equipment Reliability Testing—Part 6：Tests for the Validity and Estimation of the Constant Failure Rate and Constant Failure Intensity*, International Electrotechnical Commission (IEC), Geneva.

19. IEC 61703 ed1. 0 (2001), *Mathematical Expressions for Reliability, Availability, Maintainability and Maintenance Support Terms*, International Electrotechnical Commission (IEC), Geneva.

20. IEC 61710 ed2. 0 (2013),*Power Law Model—Goodness-of-Fit Tests and Estimation Methods*, International Electrotechnical Commission (IEC), Geneva.

21. Jaafar, A. , Sareni, B. and Roboam, X. (2012), Clustering analysis of railway driving missions with niching, *COMPEL—The International Journal for Computation and Mathematics in Electrical and Electronic Engineering*, Vol. 31, No. 3, pp. 920–931.

22. Jiang, S. T. , Landers, T. L. and Rhoads, T. R. (2005), Semi-parametric proportional intensity models robustness for right-censored recurrent failure data, *Reliability Engineering and System Safety*, Vol. 90, No. 1, pp. 91–98.

23. Juarez, C., Messina, A. R., Castellanos, R. and Espinosa-Perez, G. (2011), Characterization of multimachine system behavior using a hierarchical trajectory cluster analysis, *IEEE Transactions on Power Systems*, Vol. 26, No. 3, pp. 972-981.

24. Kaminskiy, M. and Krivtsov, V. (2015), Geometric G1-renewal process as repairable system model, *Proceedings of Annual IEEE Reliability and Maintainability Symposium*, RAMS, Palm Harbor, FL, pp. 1-6.

25. Karanikas, N. (2013), Using reliability indicators to explore human factors issues in maintenance databases, *International Journal of Quality & Reliability Management*, Vol. 30, No. 2, pp. 116-128.

26. Kijima, M. (1989), Some results for repairable systems with general repair, *Journal of Applied Probability*, Vol. 26, No. 1, pp. 89-102.

27. Lewis, P. (1964), A branching Poisson process model for the analysis of computer failure patterns, *Journal of the Royal Statistical Society Series B (Methodological)*, Vol. 26, No. 3, pp. 398-456.

28. Liang, Y. (2011), Analyzing and forecasting the reliability for repairable systems using the time series decomposition method, *International Journal of Quality & Reliability Management*, Vol. 28, No. 3, pp. 317-327.

29. Lindqvist, B. H., Elvebakk, G. and Heggland, K. (2003), The trend-renewal process for statistical analysis of repairable systems, *Technometrics*, Vol. 45, No. 1, pp. 31-44.

30. Luo, M., Wu, M. L. and Wang, X. Y. (2010), Study on reliability test for brake control execution unit of rail transit vehicle, 2010 *International Conference on E-Product*, E-Service and E-Entertainment (*ICEEE*), pp. 1-4.

31. Panja, S. C. and Ray, P. K. (2007), Reliability analysis of track circuit of Indian railway signalling system, *International Journal of Reliability and Safety*, Vol. 1, No. 4, pp. 428-445.

32. Peña, E. A. (2006), Dynamic modeling and statistical analysis of event times, *Statistical Science*, Vol. 21, No. 4, pp. 487-500.

33. Peña, E. A. and Hollander, M. (2004), Models for recurrent events in reliability and survival analysis, in Soyer, T., Mazzuchi, T. and Singpurwalla, N. (Eds), *Mathematical Reliability: An Expository Perspective*, Kluwer Academic Publishers, Dordrecht, pp. 105-123.

34. Pham, H. and Wang, H. (1996), Imperfect maintenance, *European Journal of Operational Research*, Vol. 94, No. 3, pp. 425-438.

35. Rastegari, A. and Mobin, M. (2016), Maintenance decision making, supported by computerized maintenance management system, *IEEE 2016 Annual Reliability and Maintainability Symposium (RAMS)*, pp. 1-8.

36. Rausand, M. and Hoyland, A. (2004), *System Reliability Theory: Models, Statistical Methods, and Applications*, 2nd ed., Wiley, New York.

37. Rigdon, S. E. and Basu, A. P. (2000), *Statistical Methods for the Reliability of*

Repairable Systems, Wiley, New York.

38. Ruggeri, F. (2006), On the reliability of repairable systems: methods and applications, *Proceedings of Progress in Industrial Mathematics at ECMI* 2004, pp. 535–553.

39. Sagareli, S. (2004), Traction power systems reliability concepts, *ASME/IEEE* 2004 *Joint Rail Conference*, pp. 35–39.

40. Shang, L. and Wang, S. (2015), Application of the principal component analysis and cluster analysis in comprehensive evaluation of thermal power units, 5th *International Conference on Electric Utility Deregulation and Restructuring and Power Technologies* (*DRPT*), Changsha, pp. 2769–2773.

41. Tang, L. C. and Xie, M. (2002), A simple graphical approach for comparing reliability trends of different units in a fleet, *Proceedings of Annual IEEE Reliability and Maintainability Symposium*, Seattle, WA, pp. 40–43.

42. Weckman, G. R., Shell, R. L. and Marvel, J. H. (2001), Modeling the reliability of repairable systems in the aviation industry, *Computers & Industrial Engineering*, Vol. 40, Nos. 1–2, pp. 51–63.

43. Yongqin, H. and Xishi, W. (1996), The reliability and performability of a repairable and degradable ATP system, *Vehicular Technology Conference*, 1996, Mobile Technology for the Human Race, IEEE 46th, Atlanta, GA, Vol. 3, pp. 1609–1612.

44. Yu, F. W. and Chan, K. T. (2012), Assessment of operating performance of chiller systems using cluster analysis, *International Journal of Thermal Sciences*, Vol. 53, pp. 148–155.

5 分阶段任务系统建模与可靠性分析

5.1 简 介

所有的复杂系统都可以看作一系列子系统组成的集合,其中每个子系统在其中执行其指定的任务。例如,汽车可以看作由多个机械、电气和自动化子系统组成的复杂系统。这些子系统被称为多阶段任务(PM)系统。当每个子系统在不同的阶段中依次完成其设计的任务时,系统正常工作。多阶段任务系统的另一个常用的实例是飞机。飞机不同的飞行阶段可以划分为:起飞、上升、改变飞行方向、下降和着陆等阶段。沸水反应堆可能会面临"冷却剂丧失"事故。在发生此类事故后,会采取一些缓解纠正措施。这些措施包括:初始堆芯冷却、抑制性堆芯冷却和堆芯余热排除。计算机处理单元、通信卫星和卫星发生器等都是多阶段任务系统常见的实例。

导弹和火箭等防御系统也属于多阶段任务系统。只有当每个阶段的设计任务都成功执行时,才认为整个系统的任务成功执行。多级火箭中每个阶段都包括一个发动机和一个推进器。火箭中的分阶段方案之一是采用并行分阶段的方案。在第一个阶段中,助推发动机产生的推力推动整个火箭上升。燃油全部消耗完后,发动机会分离并脱落,因此火箭整体的质量变小了。第一级发动机脱落后,第二级发动机点火启动。此后继续重复耗尽、分离脱离、点火发动,一直到最后一级发动机燃料耗尽。用于引爆电子雷管的遥控电子起爆器 ATLAS 400 RC 是此类系统的另一个例子。

在可靠性工程中,系统能按照设计圆满完成其任务是极其重要的。因此常采用多种方法来提高多阶段任务系统的可靠性。其中,最早采用的方法是基于故障树分析的方法,由文献[6]提出。此后由文献[5][14][29]等提出了分阶段代数计算方法。文献[15]采用阶段代数和故障树分析方法来分析各个阶段的不可靠程度。该领域的其他类似研究有很多,主要包括文献[1]至文献[4],文献[7]至文献[13],文献[16]至文献[23],文献[26]至文献[28],文献[30]至文献[37]。

图 5.1 和图 5.2 所示,为两种不同的多阶段任务类型系统。图 5.1 所示的多阶段任务系统由 k 个子系统组成,其中第 i 个子系统由 m_i 个并联的设备组成。对整个系统而言,k 个子系统中每个系统必须都有效的运行才能保证整个系统可靠的运行。对每个子系统而言,由于子系统是由并行的设备组成的,因此只要保证 m_i 个设备中有一个设备是正常运行的就能确保子系统 i 是正常运行的。图 5.2 所示的多阶段任务系统也是由 k 个子系统组成,其中第 i 个子系统由 n_i 个串联的设备组成。由于每个子系统都是串联的,只有保证 n_i 个设备

117

都正常运行,才能保证子系统 i 是正常运行的。对整个系统而言只有保证 $n_1 + n_2 + \cdots n_k$ 个设备都正常工作,才能保证整个系统是正常工作的。

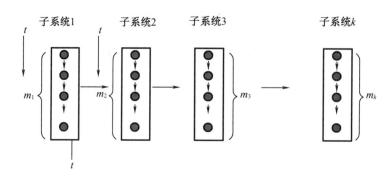

图 5.1 并联子系统组成的系统

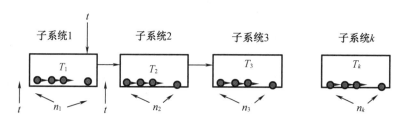

图 5.2 串联子系统组成的系统

当对多阶段任务系统进行可靠性分析时,需要对系统的运行状态进行观测。对整个系统而言,其运行过程是可观测的。但是在系统运行过程中,第 k 个子系统可能是可观测的也可能是不可观测的。例如在国防应用中,通常会存在由时序子系统组成的多阶段任务的电子系统。一个电子发射装置通常有三个阶段:防护、充电和发射。此时该电子发射装置可以看作一个可观测的多阶段任务系统,其中每个阶段可观测的时间即为其预期功能的持续时间。但是,也存在着系统的子系统运行时间无法观测的情况。例如导弹在对目标袭击之前,会在大气中飞行。导弹在大气中的飞行轨迹可以分为不同的阶段,每个阶段都有特定的任务。在某些情况下,导弹在不同的飞行阶段的飞行是无法观测的。对于精确制导导弹而言,其弹道轨迹是不断发生变化的,才能保证导弹能准确袭击目标。此时,精确制导导弹在最后阶段的运行时间内是不可观测的。

针对如图 5.1 和图 5.2 所示的由 k 个子系统组成的两阶段任务系统的可靠性分析,通常是基于以下的假设推导得出的。

- 系统的运行时间是可观测的
- 子系统的运行时间可能是可观测的也可能是不可观测的
- 子系统中所有设备的寿命是独立的
- 每个子系统是独立运行的
- 每个子系统中的设备组成并联网络或者串联网络

文献[24][25]详细讨论了当子系统是由可观测或不可观测运行时间的设备组成的并

联子系统时,多阶段任务系统的可靠性估计问题。该研究结果给出了系统运行时间的分布,并考虑了两种情况,一种是子系统中的设备运行时间都服从相同的指数分布,另一种是子系统中的设备运行时间服从不同的指数分布。该研究描述了系统可靠性估计的过程,并通过仿真分析得到了系统可靠性的估计值。该研究假设系统是由 $k(k \geqslant 2)$ 个子系统组成的,其中不同子系统中的设备的寿命是相互独立的,而且每个子系统都是由设备并联组成的。

令

- m_i 表示第 i 个子系统中设备的数量
- X_{ij} 表示第 i 个子系统中第 j 个设备的寿命,$j = 1, 2, \cdots, m_i$
- $T_i = \max(X_{i1}, X_{i2}, \cdots, X_{im_i})$ 表示第 i 个子系统的运行时间,$i = 1, 2, \cdots, k$
- $T = \sum\limits_{j=1}^{k} T_j$ 表示系统的运行时间
- $F_Z(\cdot)$ 和 $f_Z(\cdot)$ 分别表示随机变量 Z 的概率分布和概率密度分布函数

实际系统中 m_i 的取值通常是 2 或者 3。备用设备的数量通常取决于设备的成本和重要程度。成本较低但重要程度较高的关键设备通常采用比较多的备用设备。如果子系统的运行时间和系统的运行时间是可观测的,那么对于任意的 k,系统运行时间 T 的概率密度函数可表示为

$$f_T(t) = \begin{cases} a_k^{-1} f_{T_1}(t), & 0 \leqslant t \leqslant t_1 \\ a_k^{-1} f_{T_1 + T_1 + \cdots + T_i}(t), & \sum\limits_{j=1}^{i-1} t_j \leqslant t < \sum\limits_{j=1}^{i} t_j (i = 2, 3, \cdots, k) \end{cases} \tag{5.1}$$

$$a_k = \int_0^{t_1} f_{T_1}(u) \, \mathrm{d}u + \sum_{i=2}^{k} \int_{\sum\limits_{j=1}^{i-1} t_j}^{\sum\limits_{j=1}^{i} t_j} f_{T_1 + T_2 + \cdots + T_i}(u) \, \mathrm{d}u \tag{5.2}$$

当 a_k 为常数是 $f_{T(t)}$,与子系统概率密度成正比。

系统运行时间 T 概率函数可表示为

$$F_T(t) = \begin{cases} 0, & t < 0 \\ a_k^{-1} A_1(t), & 0 \leqslant t < t_1 \\ a_k^{-1} A_i(t), & \sum\limits_{j=1}^{i-1} t_j \leqslant t < \sum\limits_{j=1}^{i} t_j (i = 1, 2, 3, \cdots, k) \end{cases} \tag{5.3}$$

$$A_1(t) = F_{T_1}(t) \tag{5.4}$$

对于 $i = 2, 3, \cdots, k$ 时,

$$A_i(t) = A_{i-1}(t_1 + t_2 + \cdots + t_{i-1}) + \int_{\sum\limits_{j=1}^{i-1} t_j}^{t} f_{T_1 + T_2 + \cdots + T_i}(u) \, \mathrm{d}u \tag{5.5}$$

如果子系统的运行时间是不可观测的,而系统的运行时间是可观测的,那么对于任意的 k,系统运行时间 T 的概率密度函数可表示为

$$f_T(t) = \begin{cases} 0, & t < 0 \\ b_k^{-1} f_{\sum\limits_{j=1}^{k} T_j}(t), & 0 \le t < \sum\limits_{j=1}^{k} t_j \end{cases} \tag{5.6}$$

$$b_k = \int_0^{\sum\limits_{j=1}^{k} t_j} f_{\sum\limits_{j=1}^{k} T_j}(u)\,\mathrm{d}u \tag{5.7}$$

此时,系统运行时间 T 概率函数可表示为

$$F_T(t) = \int_0^t f_T(u)\,\mathrm{d}u = \begin{cases} 0, & t < 0 \\ b_k^{-1} F_{\sum\limits_{j=1}^{k} T_j}(t), & 0 \le t < \sum\limits_{j=1}^{k} t_j \end{cases} \tag{5.8}$$

系统的可靠性方程可表示为:

$$R_T(t) = 1 - F_T(t)$$

当 $k=2$ 和 3,而且设备的寿命独立同分布,都服从参数为 λ 的指数分布时,可以推导出系统运行时间 T 概率分布函数。对于两个子系统中数量不等的相同部件组成的系统,可通过仿真模拟的方法来得到可观测子系统的运行时间和系统的运行时间,以及子系统不可观测时系统的运行时间。

本书中,考虑的情况是子系统中设备是串联的而且子系统的运行时间是不可观测的。在一些特殊的系统中,系统的运行时间和子系统的运行时间都是可观测的,本章没有研究此种情况。

第 5.2 节针对系统运行时间是可观测的,但子系统运行时间是不可观测的串联系统寿命的概率函数和系统可靠性的表达式。在第 5.3 节中,当子系统内设备的寿命服从相同或者不同参数的指数分布时,推导了系统寿命的概率密度函数和可靠性估计表达式。此时,各个子系统中设备的数量可以是相同的也可以是不相同的。在第 5.4 节诊断具有不同数量相同设备和具有相同数量相同设备的子系统两种情况进行了研究。在第 5.5 节针对两种情况,对指数分布的未知参数和相应的均方误差进行了模拟,以确定其估计值。第 5.6 节进行了研究总结和讨论了后续的研究方向。

5.2 子系统运行时间不可观测时系统可靠性方程

本节针对一个由串联子系统组成的多阶段任务系统进行研究,此类系统的原理图如图 5.2 所示。

令 $j = 1,2,3,\cdots n_i, i = 1,2,3,\cdots,k$,则:

X_{ij}:表示第 i 个子系统的第 j 个设备;

$T_i = \min(X_{i1},\cdots,X_{in_i})$:表示以 t_i 为实现方式的第 i 个子系统的不可观测运行时间;

$T = \sum\limits_{i=1}^{k} T_i$：系统的可观测运行时间；

n_i：第 i 个子系统中的设备数量。

在本章中，"阶段"和"子系统"两个词是等价的；"寿命"和"运行时间"两个词也是等价的。

当 $t<t_1$ 时，系统的控制功能由第一个子系统进行实施，第一个子系统的分配任务尚未完成；$t_1<t<t_1+t_2$ 时，第一个子系统的任务已经完成，系统由第二个子系统进行控制。对于一般情况下，当 $\sum\limits_{j=1}^{i-1} t_j \leq t < \sum\limits_{j=1}^{i} t_j, i = 3, \cdots, k$ 时，子系统 $1,2,\cdots,i-1$ 的任务都已经完成，此时由第 i 个子系统实施控制。

当单个子系统的运行时间不可观测而系统的运行时间可观测时，推导了由 k 个子系统组成的系统的运行时间 T 的可靠性估计方程。此时，系统将一直运行直到系统完成其指定的任务。

当 $k=2$ 时，即系统由两个子系统组成，系统的运行时间 T 小于 t_1+t_2。此时系统会一直运行直到两个子系统都完成了其指定的任务。T 的概率分布函数可以表示为

$$F_T(t) = \begin{cases} 0, & t<0 \\ c_2^{-1} F_{T_1+T_2}(t), & 0 \leq t < t_1+t_2 \end{cases} \tag{5.9}$$

$$c_2 = P(T \leq t_1 + t_2) = \left(\int_0^{t_1+t_2} f_{T_1+T_2}(u)\,\mathrm{d}u \right) \tag{5.10}$$

式中 T_1 和 T_2 是不可观测的。

推广到 k 个子系统，此时系统的运行时间 T 可表示为

$$F_T(t) = \begin{cases} 0, & t < 0 \\ c_k^{-1} F_{\sum\limits_{j=1}^{k} T_j}(t), & 0 \leq t < \sum\limits_{j=1}^{k} t_j \end{cases} \tag{5.11}$$

$$c_k = \int_0^{\sum\limits_{j=1}^{k} t_j} f_{\sum\limits_{j=1}^{k} T_j}(u)\,\mathrm{d}u = F_{\sum\limits_{j=1}^{k} T_j}\left(\sum\limits_{j=1}^{k} t_j \right) \tag{5.12}$$

系统的可靠性随时间 t 变化的函数可表示为

$$R_T(t) = 1 - F_T(t) = \begin{cases} 1, & t < 0 \\ 1 - c_k^{-1} F_{\sum\limits_{j=1}^{k} T_j}(t), & 0 \leq t < \sum\limits_{j=1}^{k} t_j \end{cases} \tag{5.13}$$

下一节中，针对设备寿命服从指数分布时推导了系统的可靠性估计表达式。

5.3 指数分布时系统可靠性表达式推导

本节针对设备寿命服从指数分布且各个设备之间相互独立情况下推导了系统的可靠性估计表达式。假设第 i 个子系统中第 j 个设备的寿命 X_{ij} 是独立的,而且服从参数为 λ_{ij} 的指数分布,其中 $j=1,2,\cdots,n,i=1,2,\cdots,k$。此时系统中各个设备服从以下几点。

(1)系统中的各个设备都是独立同分布的,但两个子系统中的设备具有不同的分布参数;

(2)第 i 个子系统内的设备是串联的,因此子系统的寿命为 $T_i = \min(X_{i1},\cdots,X_{in_i})$,$i=1,2,\cdots,k$。子系统的寿命服从指数分布,分布参数为 $n_i\lambda_i$,$i=1,2,\cdots,k$。

(3)各个子系统是独立的,但服从不同的分布。

(4)系统的寿命可以通过卷积来计算,卷积的变量相互是独立的,服从指数分布但分布参数不同。

为了推导系统寿命的概率密度函数表达式,采用指数分布来进行卷积计算。下面通过四种不同的情况进行分别推导。

5.3.1 子系统由不同数量不同设备组成

对于当 $i \neq l$ 时 $n_i \neq n_l$ 而且 $\lambda_i \neq \lambda_l$,$i,l=1,2,\cdots,k$,此时各个子系统的分布具有不同的分布参数。此时系统寿命 $T = \sum_{j=1}^{i} T_j$,$i=2,3,\cdots,k$ 的概率密度函数可以进行如下表示,其中当 $i \neq l$ 时,$n_i\lambda_i \neq n_l\lambda_l$。

当 $k=2$ 时,

$$
\begin{aligned}
f_{T_1+T_2}(t) &= \int_0^t f_{T_2}(t-t_1)f_{T_1}(t_1)\,\mathrm{d}t_1 \\
&= n_1 n_2 \lambda_1 \lambda_2 \left\{ \frac{e^{-t\lambda_2 n_2}}{\lambda_1 n_1 - \lambda_2 n_2} - \frac{e^{-t\lambda_1 n_1}}{\lambda_1 n_1 - \lambda_2 n_2} \right\} \\
&= \sum_{i=1}^{2} n_i \lambda_i e^{-\lambda_i n_i t} \left[\prod_{j \neq i}^{2} \frac{n_j \lambda_j}{n_j \lambda_j - n_i \lambda_i} \right]
\end{aligned}
\tag{5.14}
$$

当 $k=3$ 时,

$$
\begin{aligned}
f_{T_1+T_2+T_3}(t) &= \int_0^t \int_0^{t-t_1} f_{T_3}(t-t_1-t_2)f_{T_2}(t_2)f_{T_1}(t_1)\,\mathrm{d}t_2\mathrm{d}t_1 \\
&= \sum_{i=1}^{3} n_i \lambda_i e^{-\lambda_i n_i t} \left[\prod_{j \neq i}^{3} \frac{n_j \lambda_j}{n_j \lambda_j - n_i \lambda_i} \right]
\end{aligned}
$$

推广到一般情况,有

$$f_{\sum\limits_{j=1}^{k} T_j}(t) = \sum_{i=1}^{k} n_i \lambda_i e^{-\lambda_i n_i t} \left[\prod_{j \neq i}^{k} \frac{n_j \lambda_j}{n_j \lambda_j - n_i \lambda_i} \right]$$

$\sum\limits_{j=1}^{i} T_j$ 的概率分布函数可表示为

$$F_{\sum\limits_{j=1}^{k} T_j}(t) = \sum_{i=1}^{k} (1 - e^{-\lambda_i n_i t}) \left[\prod_{j \neq i}^{k} \frac{n_j \lambda_j}{n_j \lambda_j - n_i \lambda_i} \right]$$

得到

$$c_k = \sum_{i=1}^{k} \left(1 - e^{-\lambda_i n_i \sum\limits_{l=1}^{k} t_l} \right) \left[\prod_{j \neq i}^{k} \frac{n_j \lambda_j}{n_j \lambda_j - n_i \lambda_i} \right]$$

因此对于 $\lambda_i > 0$ 根据式(5.11)-(5.13),系统的运行时间和系统的可靠性估计的概率函数表示为

$$F_T(t) = \begin{cases} 0, & t < 0 \\ \dfrac{\sum\limits_{i=1}^{k} (1 - e^{-\lambda_i n_i t}) \left[\prod\limits_{j \neq i}^{k} \dfrac{n_j \lambda_j}{n_j \lambda_j - n_i \lambda_i} \right]}{\sum\limits_{i=1}^{k} \left(1 - e^{-\lambda_i n_i \sum\limits_{l=1}^{k} t_l} \right) \left[\prod\limits_{j \neq i}^{k} \dfrac{n_j \lambda_j}{n_j \lambda_j - n_i \lambda_i} \right]}, & 0 \leq t < \sum\limits_{j=1}^{k} t_j \end{cases} \qquad (5.15)$$

$$R_T(t) = 1 - \dfrac{\sum\limits_{i=1}^{k} (1 - e^{-\lambda_i n_i t}) \left[\prod\limits_{j \neq i}^{k} \dfrac{n_j \lambda_j}{n_j \lambda_j - n_i \lambda_i} \right]}{\sum\limits_{i=1}^{k} \left(1 - e^{-\lambda_i n_i \sum\limits_{l=1}^{k} t_l} \right) \left[\prod\limits_{j \neq i}^{k} \dfrac{n_j \lambda_j}{n_j \lambda_j - n_i \lambda_i} \right]}, \quad 0 \leq t < \sum\limits_{j=1}^{k} t_j \qquad (5.16)$$

5.3.2 子系统由不同数量相同设备组成

此时,当 $i \neq l$ 时 $n_i \neq n_l$,对于每一个 i 都有 $\lambda_i = \lambda$,$i,l = 1, 2, \cdots, k$。因此在每个子系统内,子系统中的设备的寿命都服从相同的分布。由于不同的子系统中具有不同数量的设备,因此,子系统的寿命 $T_i s$ 的分布参数是不同的,每个子系统的寿命是不相同的。

$T_1 + T_2 + \cdots + T_k$ 的概率密度函数可以表示为

$$f_{\sum\limits_{j=1}^{k} T_j}(t) = \lambda \sum_{i=1}^{k} n_i e^{-\lambda n_i t} \left(\prod_{j \neq i} \frac{n_j}{(n_j - n_i)} \right) \qquad \lambda > 0 \qquad (5.17)$$

对应的概率分布函数可表示为:

$$F_{\sum\limits_{j=1}^{k} T_j}(t) = \sum_{i=1}^{k} (1 - e^{-\lambda n_i t}) \left(\prod_{j \neq i} \frac{n_j}{(n_j - n_i)} \right) \qquad (5.18)$$

$$c_k = \sum_{i=1}^{k} \left(1 - e^{-\lambda n_i \sum\limits_{j=1}^{k} t_j} \right) \left(\prod_{j \neq i} \frac{n_j}{(n_j - n_i)} \right) \qquad (5.19)$$

将式(5.18)和式(5.19)代入式(5.11)中,可得到 $\lambda > 0$ 时系统的运行时间概率分布函数为

$$
F_T(t) = \begin{cases}
0, & t < 0 \\
\dfrac{\displaystyle\sum_{i=1}^{k} (1 - e^{-\lambda_i n_i t}) \left[\displaystyle\prod_{j \neq i}^{k} \dfrac{n_j}{n_j - n_i} \right]}{\displaystyle\sum_{i=1}^{k} \left(1 - e^{-\lambda n_i \sum\limits_{j=1}^{k} t_j}\right) \left(\displaystyle\prod_{j \neq i}^{k} \dfrac{n_j}{n_j - n_i} \right)}, & 0 \leq t < \displaystyle\sum_{j=1}^{k} t_j
\end{cases}
\tag{5.20}
$$

系统的可靠性估计函数可表示为

$$
R_T(t) = 1 - \dfrac{\displaystyle\sum_{i=1}^{k} (1 - e^{-\lambda n_i t}) \left[\displaystyle\prod_{j \neq i}^{k} \dfrac{n_j}{(n_j - n_i)} \right]}{\displaystyle\sum_{i=1}^{k} \left(1 - e^{-\lambda_i n_i \sum\limits_{j=1}^{k} t_j}\right) \left(\displaystyle\prod_{j \neq i}^{k} \dfrac{n_j}{(n_j - n_i)} \right)}, \quad 0 \leq t < \sum_{j=1}^{k} t_j
\tag{5.21}
$$

5.3.3 子系统由相同数量相同设备组成

对于每个 i 都有 $n_i = n_l$，$i, l = 1, 2, \cdots, k$，可知：

(1)在不同的子系统中，设备的寿命服从相同的分布；

(2)每个子系统都是完全一样的；

(3)系统寿命 T 是通过对若干个独立同分布的指数随机变量的求取卷积来得到的。

可得到：

$$
F_{\sum\limits_{j=1}^{k} T_j}(t) = (1 - e^{-\lambda n t}) - \sum_{i=1}^{k-1} \dfrac{(n\lambda t)^i}{i!} e^{-\lambda n t}
\tag{5.22}
$$

根据式(5.12)可得到：

$$
c_k = \left(1 - e^{-\lambda n \sum\limits_{j=1}^{k} t_j}\right) - \sum_{i=1}^{k-1} \dfrac{(n\lambda)^i}{i!} e^{-\lambda n \sum\limits_{j=1}^{k} t_j} \left(\sum_{j=1}^{k} t_j \right)^i
\tag{5.23}
$$

由式(5.22)和式(5.23)可得到系统的寿命分布概率函数：

$$
F_T(t) = \begin{cases}
0, & t < 0 \\
\dfrac{(1 - e^{-\lambda n t}) - \displaystyle\sum_{i=1}^{k-1} \dfrac{(n\lambda t)^i}{i!} e^{-\lambda n t}}{\left(1 - e^{-\lambda n \sum\limits_{j=1}^{k} t_j}\right) - \displaystyle\sum_{i=1}^{k-1} \dfrac{(n\lambda)^i}{i!} e^{-\lambda n \sum\limits_{j=1}^{k} t_j} \left(\displaystyle\sum_{j=1}^{k} t_j \right)^i}, & 0 \leq t < \displaystyle\sum_{j=1}^{k} t_j
\end{cases}
\tag{5.24}
$$

此时，得到系统的可靠性估计函数表达式为

$$
R_T(t) = 1 - \dfrac{(1 - e^{-\lambda n t}) - \displaystyle\sum_{i=1}^{k-1} \dfrac{(n\lambda t)^i}{i!} e^{-\lambda n t}}{\left(1 - e^{-\lambda n \sum\limits_{j=1}^{k} t_j}\right) - \displaystyle\sum_{i=1}^{k-1} \dfrac{(n\lambda)^i}{i!} e^{-\lambda n \sum\limits_{j=1}^{k} t_j} \left(\displaystyle\sum_{j=1}^{k} t_j \right)^i}, \quad 0 \leq t < \sum_{j=1}^{k} t_j
\tag{5.25}
$$

5.3.4 子系统由相同数量不同设备组成

对于一个具有 k 个子系统组成的系统,每个子系统都由相同数量的设备组成,但设备服从不同的分布。即此系统对于每个 i 和 l,其中中 $n_i = n_l$ 但是 $\lambda_i \neq \lambda_l$。此时系统的寿命可表示为独立但不同分布的指数随机变量的和。

当 $k = 2$ 时,

$$f_{T_1 + T_2}(t) = n \sum_{i=1}^{2} e^{-n\lambda_i t} \prod_{j \neq i}^{2} \frac{\lambda_j}{(\lambda_j - \lambda_i)} \tag{5.26}$$

将式(5.26)推广得到一般情况下的表达式:

$$f_{\sum_{i=1}^{k} T_i}(t) = n \sum_{i=1}^{k} \lambda_i e^{-n\lambda_i t} \prod_{j \neq i}^{k} \frac{\lambda_j}{(\lambda_j - \lambda_i)} \tag{5.27}$$

将式(5.27)代入式(5.11)和式(5.12)中,得到:

$$F_{\sum_{i=1}^{k} T_j}(t) = n \sum_{i=1}^{k} \prod_{j \neq i}^{k} \frac{\lambda_j}{(\lambda_j - \lambda_i)}(1 - e^{-n\lambda_i t}) \tag{5.28}$$

$$c_k = \sum_{i=1}^{k} \prod_{j \neq i}^{k} \frac{\lambda_j}{(\lambda_j - \lambda_i)}\left(1 - e^{-n\lambda_i \sum_{l=1}^{k} t_l}\right) \tag{5.29}$$

由式(5.28)和式(5.29)得到系统寿命的表达式:

$$F_T(t) = \begin{cases} 0, & t < 0 \\ \dfrac{n \sum_{i=1}^{k} \prod_{j \neq i}^{k} \dfrac{\lambda_j}{\lambda_j - \lambda_i}(1 - e^{-n\lambda_i t})}{\sum_{i=1}^{k} \prod_{j \neq i}^{k} \dfrac{\lambda_j}{\lambda_j - \lambda_i}\left(1 - e^{-n\lambda_i \sum_{l=1}^{k} t_l}\right)}, & 0 \leqslant t < \sum_{j=1}^{k} t_j \end{cases} \tag{5.30}$$

此时,系统的可靠性估计函数表达式为:

$$R_T(t) = 1 - \frac{n \sum_{i=1}^{k} \prod_{j \neq i}^{k} \dfrac{\lambda_j}{\lambda_j - \lambda_i}(1 - e^{-n\lambda_i t})}{\sum_{i=1}^{k} \prod_{j \neq i}^{k} \dfrac{\lambda_j}{\lambda_j - \lambda_i}\left(1 - e^{-n\lambda_i \sum_{l=1}^{k} t_l}\right)}, \quad 0 \leqslant t < \sum_{j=1}^{k} t_j \tag{5.31}$$

5.4 子系统运行时间不可观测时的参数估计

本节针对串联系统的运行时间 T 的分布参数进行极大似然估计。此时每个子系统的运行时间 $T_1, T_2, \cdots, T_k$ 是不可观测的,但系统的运行时间 T 是可观测的。考虑如下两种情况:每个子系统中的所有设备都服从独立同分布的指数分布,其参数都为 λ;但每个子系统中设备的数量可能是相同的也可能是不同的。

5.4.1　子系统由不同数量相同设备组成

现在需要解决的问题是当对任意的 $i,\lambda_i = \lambda$,但当 $i \neq l$ 时 $n_i \neq n_l, i, l = 1, 2, \cdots, k$,即不同的子系统是由不同数量的设备组成,但这些设备的寿命都服从参数为 λ 的指数分布,如何估计 λ 的值。

设 $U_1, \cdots, U_m$ 为大小为 m 的关于 $F_T(t)$ 的随机样本, $u_1, \cdots, u_m$ 为其观测值的集合。当 $\lambda > 0$ 时,系统运行时间 T 的概率密度函数可表示为

$$f_T(t, \lambda) = c_k^{-1} \lambda \sum_{i=1}^{k} n_i N_i e^{-\lambda n_i t}$$

其中, $N_i = \prod_{j \neq i}^{k} \left(\dfrac{n_j}{n_j - n_i} \right)$, c_k 表达式为式(5.19)。

对应的似然函数可以写成:

$$L = L(\lambda \mid u_1, \cdots, u_m) = \prod_{l=1}^{m} f_T(u_1, \lambda) = c_k^{-m} \lambda^m \left[\prod_{l=1}^{m} \left(\sum_{i=1}^{k} n_i N_i e^{\lambda n_i u_l} \right) \right]$$

$$\frac{d\log L}{d\lambda} = \frac{m}{\lambda} + \sum_{l=1}^{m} \frac{\sum\limits_{i=1}^{k} n_i N_i e^{-\lambda n_i u_l}}{\sum\limits_{i=1}^{k} n_i N_i e^{-\lambda n_i u_l}} (-n_i u_l) - m \left[\frac{\sum\limits_{i=1}^{k} n_i N_i \left(\sum\limits_{j=1}^{k} t_j \right) \left(e^{-\lambda n_i \sum\limits_{j=1}^{k} t_j} \right)}{\sum\limits_{i=1}^{k} N_i \left(1 - e^{-\lambda n_i \sum\limits_{j=1}^{k} t_j} \right)} \right]$$

$$= \frac{m}{\lambda} - \sum_{l=1}^{m} \left[\frac{\sum\limits_{i=1}^{k} n_i^2 N_i u_l e^{-\lambda n_i u_l}}{\sum\limits_{i=1}^{k} n_i N_i e^{-\lambda n_i u_l}} \right] - m \left[\frac{\sum\limits_{i=1}^{k} n_i N_i \left[\sum\limits_{j=1}^{k} t_j \right] \left(e^{-\lambda n_i \sum\limits_{j=1}^{k} t_j} \right)}{\sum\limits_{i=1}^{k} N_i \left(1 - e^{-\lambda n_i \sum\limits_{j=1}^{k} t_j} \right)} \right]$$

$$J(\lambda) = \frac{-d^2 \log L}{d\lambda^2}$$

$$= \frac{m}{\lambda^2} - \sum_{l=1}^{m} \left\{ \left(\frac{\sum\limits_{i=1}^{k} n_i^2 N_i e^{-\lambda n_i u_l}}{\sum\limits_{i=1}^{k} n_i N_i e^{-\lambda n_i u_l}} \right)^2 + \frac{\sum\limits_{i=1}^{k} n_i^3 N_i e^{-\lambda n_i u_l}}{\sum\limits_{i=1}^{k} n_i N_i e^{-\lambda n_i u_l}} \right\} +$$

$$m \left\{ \frac{\sum\limits_{i=1}^{k} N_i \left(1 - e^{-\lambda n_i \sum\limits_{j=1}^{k} t_j} \right) \left(n_i \sum\limits_{j=1}^{k} t_j \right)^2}{\sum\limits_{i=1}^{k} N_i \left(1 - e^{-\lambda n_i \sum\limits_{j=1}^{k} t_j} \right)} - \left[\frac{\sum\limits_{i=1}^{k} N_i \left(n_i \sum\limits_{j=1}^{k} t_j \right) \left(1 - e^{-\lambda n_i \sum\limits_{j=1}^{k} t_j} \right)}{\sum\limits_{i=1}^{k} N_i \left(1 - e^{-\lambda n_i \sum\limits_{j=1}^{k} t_j} \right)} \right]^2 \right\}$$

在下面的小节中,当每个子系统中的设备的数量都相同而且每个设备的寿命都是独立同分布时,求取参数 λ 的极大似然估计。

5.4.2　子系统由相同数量相同设备组成

此时对任意的 $i, l = 1, 2, \cdots, k$，都有 $n_i = n_l = n, \lambda_i = \lambda_l = \lambda$。因此，不同子系统中的设备数量相同，不同子系统中所有设备的寿命服从相同的分布。系统运行时间 T 的概率密度可表示为

$$f_T(t) = (c_k^{-1})(\lambda n)^k \left[e^{-\lambda n t} \frac{t^{k-1}}{(k-1)!} \right] \text{ for } \lambda > 0$$

对应的似然函数表示为

$$L = L(\lambda \mid u_1, \cdots, u_m) = (c_k^{-m}) \left[\frac{(\lambda n)^k}{(k-1)!} \right]^m \left[\prod_{l=1}^{m} u_l^{k-1} \right] e^{-\lambda n \sum_{l=1}^{m} u_l}$$

$$c_k = 1 - \sum_{i=0}^{k-1} \frac{\left(n\lambda \sum_{j=1}^{k} t_j \right)^i}{i!} e^{-\lambda n \sum_{j=1}^{k} t_j}$$

$$\frac{\mathrm{d}\log L}{\mathrm{d}\lambda} = \frac{km}{\lambda} - n \sum_{l=1}^{m} u_l + \frac{\left\{ \left[e^{-\lambda n \sum_{j=1}^{k} t_j} \right] \left[\sum_{i=0}^{k-1} \left(\frac{\lambda^{i-1} \left[n\left(\sum_{j=1}^{k} t_j \right) \right]^i}{(i-1)!} - \frac{\lambda^{-1} \left[n\left(\sum_{j=1}^{k} t_j \right) \right]^{i+1}}{(i)!} \right) \right] \right\}}{1 - \sum_{i=0}^{k-1} \frac{\left[\lambda n\left(\sum_{j=1}^{k} t_j \right) \right]^i}{i!} e^{-\lambda n \sum_{j=1}^{k} t_j}}$$

求解 $\dfrac{\mathrm{d}\log L}{\mathrm{d}\lambda} = 0$，可得到 λ 的极大似然估计。

$$J(\lambda) = \frac{-\mathrm{d}^2 \log L}{\mathrm{d}\lambda^2}$$

$$= \frac{km}{\lambda^2} - \frac{(A - B)}{1 - \sum_{i=0}^{k-1} \frac{\left(n\lambda \sum_{j=0}^{k} t_i \right)^i}{i!} e^{-\lambda n \sum_{j=1}^{k} t_j}} -$$

$$\frac{\left\{ \left[e^{-\lambda n \sum_{j=1}^{k} t_j} \right] \left[\sum_{i=0}^{k-1} \left(\frac{\left[n\left(\sum_{j=1}^{k} t_j \right) \right]^i (\lambda)^{i-1}}{(i-1)!} - \frac{\left[n\left(\sum_{j=1}^{k} t_j \right) \right]^{i+1} (\lambda)^i}{(i)!} \right) \right] \right\}^2}{1 - \sum_{i=0}^{k-1} \frac{\left(\left(n\lambda \sum_{j=1}^{k} t_j \right)^i \right)}{i!} e^{-\lambda n \sum_{j=1}^{k} t_j}}$$

$$A = e^{-\lambda n \sum_{j=1}^{k} t_j} \left[\sum_{i=0}^{k-1} \left(\frac{(\lambda)^{i-2}}{(i-2)!} \left(n \sum_{j=1}^{k} t_j \right)^i - \frac{(\lambda)^{i-1}}{(i-1)!} \left(n \sum_{j=1}^{k} t_j \right)^{i+1} \right) \right]$$

$$B = e^{-\lambda n \sum_{j=1}^{k} t_j} \left[\frac{n^{i+1} (\lambda)^{i-1}}{(i-1)!} \left(n \sum_{j=1}^{k} t_j \right)^i - \frac{(\lambda)^i}{i!} \left(n \sum_{j=1}^{k} t_j \right)^{i+2} \right]$$

在上述两种情况下,由于 $S(\lambda) = \dfrac{\mathrm{d}\log L}{\mathrm{d}\lambda} = 0$ 可以得到解析解。在第 5.5 节中,采用牛顿-拉夫逊数值计算方法,计算得到 λ 的极大似然估计值。在牛顿-拉夫逊数值计算方法中,假设 λ_0 为 λ 的初始值,在第 i 次迭代中 λ 的值可通过下面公式进行计算:

$$\lambda_i = \lambda_{i-1} + [S(\lambda_{i-1})][J^{-1}(\lambda_{i-1})]$$

通过上式对 λ 的值进行迭代修改,直到 $|S(\lambda_j)| < \varepsilon, \varepsilon > 0$。

5.5　λ 值的估计

本节针对子系统运行时间不可观测时参数 λ 的极大似然估计进行了仿真计算。设备的寿命付出指数分布 $\mathrm{Exp}(\lambda)$ $\lambda > 0$,因此可由指数分布随机生成每个设备的寿命值 X_{ij},$i = 1, 2, \cdots, k$,$j = 1, 2, \cdots, n_i$。不同子系统中的设备数量是不同的。$T_i = \min(X_{i1}, X_{i2}, \cdots, X_{in_i})$,$i = 1, 2, \cdots k$。

当每个子系统具有不同数量的设备,而且设备在不同的子系统中的寿命服从相同的分布时,表 5.1-5.3 列出了在不同的 k, n_i 和 λ 的参数下,λ 的极大似然估计和对应的均方误差值。考虑到实际系统的情况,在仿真计算过程中样本的大小分别为 $m = 15, 20$ 和 25。

表 5.1　系统中具有不同数量的相同设备时,$m = 15$ 的 λ 和 MSE 的估计

k	样本量	n_i	λ	$\hat{\lambda}$	MSE
2		$n_1 = 3, n_2 = 5$	0.5	0.466 5	0.070 6
		$n_1 = 3, n_2 = 7$	0.7	0.669 9	0.131 4
		$n_1 = 3, n_2 = 9$	0.7	0.668 8	0.121 5
		$n_1 = 5, n_2 = 7$	0.7	0.644 5	0.139 2
3	15	$n_1 = 2, n_2 = 3, n_3 = 4$	0.8	0.758 2	0.095 5
		$n_1 = 2, n_2 = 5, n_3 = 6$	0.8	0.761 3	0.087 3
		$n_1 = 2, n_2 = 3, n_3 = 6$	0.8	0.756 5	0.092 5
		$n_1 = 3, n_2 = 5, n_3 = 6$	0.8	0.761 8	0.091 7
		$n_1 = 4, n_2 = 5, n_3 = 7$	0.8	0.744 7	0.096 3
4		$n_1 = 2, n_2 = 4, n_3 = 5, n_4 = 6$	0.8	0.758 3	0.061 9
		$n_1 = 2, n_2 = 4, n_3 = 5, n_4 = 7$	0.8	0.762 1	0.062 9
		$n_1 = 2, n_2 = 4, n_3 = 7, n_4 = 9$	0.8	0.764 5	0.058 5
		$n_1 = 3, n_2 = 5, n_3 = 7, n_4 = 9$	0.8	0.764 1	0.061 7

表 5.2 系统中具有不同数量的相同设备时,$m=20$ 的 λ 和 MSE 的估计

k	样本量	n_i	λ	$\hat{\lambda}$	MSE
2		$n_1=3,n_2=5$	0.5	0.476 2	0.048 8
		$n_1=3,n_2=7$	0.7	0.666 5	0.095 8
		$n_1=3,n_2=9$	0.7	0.679 8	0.091 8
		$n_1=5,n_2=7$	0.7	0.651 6	0.101 9
3	20	$n_1=2,n_2=3,n_3=4$	0.8	0.767 7	0.071 9
		$n_1=2,n_2=5,n_3=6$	0.8	0.771 8	0.065 6
		$n_1=2,n_2=3,n_3=6$	0.8	0.765 1	0.069 2
		$n_1=3,n_2=5,n_3=6$	0.8	0.767 9	0.071 7
		$n_1=4,n_2=5,n_3=7$	0.8	0.758 5	0.069 6
4		$n_1=2,n_2=4,n_3=5,n_4=6$	0.8	0.772 9	0.045 8
		$n_1=2,n_2=4,n_3=5,n_4=7$	0.8	0.767 9	0.045 7
		$n_1=2,n_2=4,n_3=7,n_4=9$	0.8	0.765 0	0.046 7
		$n_1=3,n_2=5,n_3=7,n_4=9$	0.8	0.770 1	0.045 4

表 5.3 系统中具有不同数量的相同设备时,$m=25$ 的 λ 和 MSE 的估计

k	样本量	n_i	λ	$\hat{\lambda}$	MSE
2		$n_1=3,n_2=5$	0.5	0.477 5	0.039 7
		$n_1=3,n_2=7$	0.7	0.673 1	0.072 3
		$n_1=3,n_2=9$	0.7	0.683 5	0.071 8
		$n_1=5,n_2=7$	0.7	0.665 1	0.081 0
3	25	$n_1=2,n_2=3,n_3=4$	0.8	0.765 4	0.055 8
		$n_1=2,n_2=5,n_3=6$	0.8	0.773 5	0.051 9
		$n_1=2,n_2=3,n_3=6$	0.8	0.773 9	0.054 3
		$n_1=3,n_2=5,n_3=6$	0.8	0.769 1	0.055 9
		$n_1=4,n_2=5,n_3=7$	0.8	0.768 3	0.056 1
4		$n_1=2,n_2=4,n_3=5,n_4=6$	0.8	0.772 8	0.035 5
		$n_1=2,n_2=4,n_3=5,n_4=7$	0.8	0.778 1	0.035 6
		$n_1=2,n_2=4,n_3=7,n_4=9$	0.8	0.781 7	0.035 9
		$n_1=3,n_2=5,n_3=7,n_4=9$	0.8	0.777 9	0.036 5

根据表 5.1-5.3 总的计算结果,可得到如下的结论。

(1)随着系统中子系统数量和子系统中设备数量的增加,位置参数 λ 的估计值更接近 λ 的假设值。

(2)随着系统中子系统数量和子系统中设备数量的增加,均方误差将减小。

表 5.4　系统中具有相同数量的相同设备, $k = 2$ 的 λ 和 MSE 的估计

n	λ	$m = 10$		$m = 15$	
		$\hat{\lambda}$	MSE	$\hat{\lambda}$	MSE
2	0.9	0.909 8	0.008 0	0.897 9	0.005 1
2	0.6	0.634 2	0.002 4	0.599 8	0.002 5
2	0.5	0.489 9	0.002 2	0.502 5	0.001 6
3	0.7	0.731 5	0.003 9	0.686 9	0.004 1
3	0.5	0.498 6	0.004 4	0.506 9	0.002 6
4	0.6	0.589 7	0.001 7	0.603 3	0.004 3
4	0.5	0.495 7	0.002 7	0.496 5	0.001 3
4	0.4	0.383 5	0.002 0	0.402 2	0.002 3
4	0.3	0.312 6	0.001 2	0.294 9	8.083 4e-04
6	0.9	0.874 2	0.006 6	0.892 2	0.003 3
6	0.5	0.512 0	0.002 0	0.501 7	0.001 2
6	0.4	0.384 4	0.001 1	0.415 9	0.001 0
6	0.3	0.307 3	0.001 1	0.293 9	5.914 9e-04

表 5.4 列出了当所有子系统都具有相同数量的设备时,并且设备的寿命都服从独立同分布的参数为 λ 的指数分布时,未知参数 λ 的假定值和估计值及其对应的均方误差。在该表中, n 表示每个子系统中相同的设备的数量, k 表示子系统数量为 2。通过表 5.4 可以得到与表 5.1 至表 5.3 类似的结论。

5.6　小　　结

本章的研究及文献[24][25]的研究都假设系统中设备的寿命服从指数分布。指数分布表示的设备寿命没有考虑设备老化对设备寿命的影响。由于本研究是针对国防设备进行的,此类系统通常具有很短的运行时间,此时假设设备寿命服从指数分布是合理的。如果设备随时间发生劣化老化,则需假设设备寿命服从伽马分布或者是威布尔分布。因此需要研究在伽马分布和威布尔分布情况下,系统的可靠性估计表达式。同时还需要针对更复杂的子系统的结构进行研究,例如子系统具有串联和并联混合连接配置的情况。

参 考 文 献

1. Andrews J. D. and Beeson S. (2003). Birnbaum's measure of component importance for noncoherent systems, *IEEE Transactions on Reliability*, 52(2): pp. 213–219.

2. Alam M. and Al-Saggaf U. M. (1986). Quantitative reliability evaluation of repairable

phased-mission systems using Markov approach, *IEEE Transactions on Reliability*, 35(5): pp. 498-503.

3. Alam M., Song M., Hester S. L. and Seliga T. A. (2006). Reliability analysis of phased mission systems: A practical approach, *Proceedings of the 52nd Annual Reliability & Maintainability Symposium*, Newport Beach, CA.

4. Altschul R. E. and Nagel P. M. (1987). The efficient simulation of phased fault trees, *Proceedings of IEEE Annual Reliability and Maintainability Symposium*, Philadelphia, PA: pp. 292-296.

5. Dazhi X. and Xiaozhong W. (1989). A practical approach for phased mission analysis, *Reliability Engineering and System Safety*, 25: pp. 333-347.

6. Esary J. D. and Ziehms H. (1975). Reliability analysis of phased missions, Reliability and Fault Tree Analysis, 13: pp. 213-236.

7. He H. F., Li J., Zhang Q. H. and Sun G. (2014). A data-driven reliability estimation approach for phased-mission systems, *Mathematical Problems in Engineering*, 2014, Article ID 283740, http://dx.doi.org/10.1155/2014/283740.

8. Levitin G., Xing L., and Amari S. V. (2012). Recursive algorithm for reliability evaluation of non-repairable phased mission systems with binary elements. *IEEE Transactions on Reliability*, 61(2): pp. 533-542.

9. Levitin G., Xing L., Amari S. V and Dai Y. (2013a). Reliability of nonrepairable phased mission systems with common cause failures, *IEEE Transactions on Systems*, Man and Cybernatics: Systems, 43(4): pp. 967-978.

10. Lenvitin G., Xing L., Amari S. V. and Dai Y. (2013b). Reliability of non-repairable phased-mission systems with propagated failures, *Reliability Engineering and System Safety*, 119: pp. 218-228.

11. Levitin G., Xing L., Amari S. V. and Dai Y. (2014a). Cold vs. hot standby mission operation cost minimization for 1-out-of-N systems, *European Journal of Operational Research*, 234(1): pp. 155-162.

12. Levitin G., Xing L. and Yu S. (2014b). Optimal connecting elements allocation in linear consecutively-connected systems with phased mission and common cause failures, *Reliability Engineering & System Safety*, 130: pp. 85-94.

13. Kim K. and Park K. S. (1994). Phased mission system reliability under Markov environment, *IEEE Transactions on Reliability*, 43: pp. 301-309.

14. Kohda T., Wada M. and Inoue K. (1994). A simple method for phased mission analysis, *Reliability Engineering and System Safety*, 45: pp. 299-309.

15. La Band R. and Andrews J. D. (2004). Phased mission modelling using fault tree analysis, *Proceedings of the Institution of Mechanical Engineers*, *Part E: Journal of Process Mechanical Engineering*, 218: pp. 83-91.

16. Ma Y. and Trivedi K. S. (1999). An algorithm for reliability analysis of phased-mission systems, *Reliability Engineering and System Safety*, 66(2): pp. 157-170.

17. Meshkat L. (2000). Dependency modeling and phase analysis for embedded computer based systems. Ph. D Dissertation, Systems Engineering, University of Virginia.

18. Mo Y. (2009a). New insights into the BDD based reliability analysis of phased mission systems, *IEEE Transactions on Reliability*, 58: pp. 667-678.

19. Mo Y. (2009b). Variable ordering to improve BDD analysis of phased mission systems with multimode failures, *IEEE Transactions on Reliability*, 58: pp. 53-57.

20. Mokhtarpour B. and Stracener J. T. (2015). Mission reliability analysis of phased-mission systems-of-systems with data sharing capability, 2015 *Annual Reliability and Maintainability Symposium* (*RAMS*), Palm Harbor, FL.

21. Mura I. and Bondavalli A. (1999). Hierarchical modelling and evaluation of phased mission systems, *IEEE Transactions on Reliability*, 48: pp. 360-368.

22. Prescott D. R., Remenyte-Prescott R., Reed S., Andrews J. D. and Downes C. G. (2008). A reliability analysis method using BDDs in phased mission planning, *Proceeding of IMech E*, *Journal of Risk and Reliability*, 223: pp. 27-39.

23. Prescott D. R., Andrews J. D. and Downes C. G. (2009). Multiplatform phased mission reliability modelling for mission planning, *Proceeding of Institute of Mechanical Engineers*, *Part O: Journal of Risk and Reliability*, 223: pp. 27-39.

24. Rani M., Jain K. and Dewan I. (2015). Estimation of reliability for parallel networked phased mission systems with unobserved subsystem operational times, *International Journal of Reliability, Quality and Safety Engineering*, 22(3), 15 pages.

25. Rani M., Dewan I. and Jain K. (2014). Estimation of parameters for phased mission systems-parallel network, *Advances in Reliability*, 1(1): pp. 1-6.

26. Reay K. A. and Andrews J. D. (2002). A fault tree analysis strategy using binary decision diagrams, *Reliability Engineering and System Safety*, 78(1): pp. 45-56.

27. Reed S., Andrews J. D., and Dunnett S. J. (2011). Improved efficiency in the analysis of phased mission systems with multiple failure mode components, *IEEE Transactions on Reliability*, 60(1): pp. 70-79.

28. Remenyte-Prescott R., Andrews J. D. and Chung P. W. H. (2010). An efficient phased mission reliability analysis for autonomous vehicles, *Reliability Engineering and System Safety*, 95: pp. 226-235.

29. Somani A. K. and Trivedi K. S. (1994). Boolean algebraic methods for phased mission system analysis, *Proceedings of ACM Sigmetrics*, *Conference on Measurement and Modeling of Computer Systems*: pp. 98-107.

30. Tang Z. and Dugan J. B. (2006). BDD based reliability analysis of phased mission systems with multimode failures, *IEEE Transactions on Reliability*, 55: pp. 350-360.

31. Trivedi K. S. (2006). *Probability and Statistics with Reliability, Queuing, and Computer Science Applications*, John Wiley & Sons, New York.

32. Tillman F. A., Lie C. H. and Hwang C. L. (1978). Simulation model of mission effectiveness for military systems, *IEEE Transactions on Reliability*, R-27: pp. 191-194.

33. Xing L. and Dugan J. B. (2002). Analysis of generalised phased mission system reliability, performance and sensitivity, *IEEE Transactions on Reliability*, 51(2): pp. 199-211.

34. Xing L. (2002). Dependability modeling and analysis of hierarchical computer-based systems. Ph. D. Dissertation, Electrical and Computer Engineering, University of Virginia.

35. Xing L. (2007a). Reliability importance analysis of generalized phased-mission systems, *International Journal of Performability Engineering*, 3(3): pp. 303-318.

36. Xing L. (2007b). Reliability evaluation of phased mission systems with imperfect fault coverage and common-cause failures, *IEEE Transactions on Reliability*, 56: pp. 58-68.

37. Zang X., Sun H. and Trivedi K. S. (1999). A BDD based algorithm for reliability analysis of phased mission systems, *IEEE Transactions on Reliability*, 48: pp. 50-60.

6 广义次序统计模型的贝叶斯推理

6.1 简　介

假设有一大小为 N 的集合,研究如何根据 I 型截尾数据来估计集合的大小 N。设 $T_1, \cdots, T_N$ 为正随机变量的随机样本,其服从正概率密度函数为 $x = f(x;\delta)$。N 和 δ 都是未知的,δ 可能表示向量值。设 T^* 为预定义的固定时间,表示观察期。假设在观察期内 T^*,观察到的序列为 $0 < t_{(1)} < \cdots < t_{(r)} < T^*$。在 $t_{(r)}$ 到 T^* 期间内未观察到失效数据。此时,问题转化为根据上述 I 型截尾样本,对 N 和 δ 进行估计。

上述问题就是广义次序统计(GOS)模型,该模型在不同的领域中有多种应用。例如文献[9]所引用的人群的例子,其中给定人群中的某些成员在给定的时间内暴露于疾病或者辐射。设 N 是暴露在辐射中的人员的数量。假设这些个体从暴露到被检测出疾病的时间是随机的,这些检测时间都是独立同分布的变量,即 $T_1, \cdots, T_N$ 服从的概率密度为 $f(x;\delta)$。基于截止时间 T^* 内的 r 阶有序样本,来对 N 和 δ 进行估计。

类似的问题也可能出现在软件可靠性方面,例如文献[10]所述。此时,人们关注的问题是如何根据 T^* 内观察到的初始的软件故障时间序列 $t_{(1)} < \cdots < t_{(r)}$ 来估计软件中软件错误或者 bug 的数量。文献[1]研究的一个有趣的例子是针对公司产品在特定市场上的销售额进行估计。该研究的主要目的是根据产品进入市场后短时间内的销售信息,来预测未来产品的平均销售额。文献[20]也研究了同样的问题,根据已知的固定观测时间 $T^* > 0$ 内的观测信息来估计封闭种群的大小 N。该研究基于广义指数统计模型来估计 N 的值。

文献[14]和文献[9]在寿命可能服从的分布完全已知的情况下,分别基于似然比和序贯概率比检验来区分两个可能 N 的取值方法。文献[2]假设可能的概率分布为指数分布采用极大似然估计方法对 N 的值进行估计。文献[10]在软件可靠性背景下研究了该问题,对软件中的错误数 N 进行估计。他们提出的模型是对文献[10]所提出的模型的扩展,同时他们也假设寿命服从的是指数分布。文献[21]采用广义次序统计模型来估计未知种群的规模 N,并采用了经验贝叶斯方法。需注意的是文献[21]采用了单参数威布尔分布和 Pareto 次序统计模型,该模型属于指数分布模型的范畴。虽然该方法点估计的性能并不令人满意,但该方法能得到区间估计的结果,因此它们可能有实用价值。这个问题与二项分布随机变量 n 的估计非常类似。关于二项分布随机变量 n 已经做了大量的研究,参见文献[4]在该方面的论述。

文献[16]和[17]研究了类似的模型,他们在广义次序模型和非齐次泊松过程之间建立了有趣的联系。他们的研究也采用了贝叶斯推理方法,但是他们所关注的问题与我们的略有不同。他们更加关注贝叶斯模型的预测和模型的选择问题,而不是 N 的估计问题。

需要特别指出的是,N 的估计问题是一个非常重要的问题。通过极大似然函数得到的 N 的估计值 $\hat{N}_{MLE}$ 具有几个特点。$\hat{N}_{MLE}$ 满足 $P(\hat{N}_{MLE} = \infty) > 0$。极大似然估计中均值和中值都是有偏估计。$\hat{N}_{MLE}$ 很有可能得到一个比较大的值,但其值经常低于实际参数值。此外,$\hat{N}_{MLE}$ 估计值通常是非常不稳定的,当样本数据中有很小的变化时,可能会导致估计值有一个很大的变化。

本研究所提出的方法本质上是一种纯贝叶斯的方法,主要有两个目的。首先,本研究提出的方法避免了非有限估计的问题。其次,虽然很多的研究都已经对指数分布广义次序模型进行了广泛的研究,但对其他的分布没有太多的关注。据分析,如果寿命分布不是指数分布,从理论分析上讲,该问题是频率分析领域中很具有挑战性的问题。对于寿命分布问题,贝叶斯分析似乎是简单有效的方法。本研究中,考虑了多种寿命分布,分别是:指数分布、威布尔分布和广义指数分布。本研究针对 N 和其他位置参数的点估计和最高后验密度(HPD)可信区间估计进行了研究,建立了相关的理论和相关的实现流程。

在贝叶斯推理问题中,先验分布的选择起着至关重要的作用。针对三种不同的寿命分布,先验分布选择独立的泊松分布来估计 N 的值,对于其他位置参数的估计,先验分布选择的是 T 分布。基于先验分布和样本数据,得到了后验分布。所有的估计都是在平方误差损失(SEL)函数下得到的。基于平方误差损失函数,不能显式地得到贝叶斯估计。因此,蒙特卡罗马尔可夫链(MCMC)方法来计算贝叶斯估计和对应的可信区间。通过大量的模拟试验评估了所提出的方法的有效性。模拟试验得到的结果显示所提出方法的性能是非常令人满意的。最后通过对一个实际数据集的分析来说明所提出的方法的有效性。

第 6.2 节介绍了相关模型和先验知识。第 6.3 节对不同寿命分布下的后验概率分析进行了说明。第 6.4 节阐述了蒙特卡罗仿真的结果。第 6.5 节阐述了对一组真实数据集的分析。第 6.6 节进行了小结。

6.2　模型假设和先验概率的选择

6.2.1　模型假设

假设 $T_1, T_2, \cdots, T_N$ 为服从概率密度为 $f(x; \delta)$、概率分布为 $F(x; \delta)$ 的正随机变量的随机采样。观察期 T^* 内前 r 阶的次序统计观测为 $t_{(1)} < \cdots < t_{(r)} < T^*$。其似然函数可以表示为

$$L(N, \delta \mid \text{data}) = \frac{N!}{(N-r)!} \left(\prod_{i=1}^{r} f(t_{(i)}; \delta) \right) (1 - F(T^*; \delta))^{N-r}, \quad N = r, r+1, \cdots \quad (6.1)$$

此时问题为,在以下不同的 $f(x; \delta)$ 分布下,如何对 N 和 δ 的值进行估计。

指数分布:指数分布最常用的寿命分布函数,指数分布也是最容易进行解析分析的寿

命分布函数。指数分布函数可以表示以下函数,其中 $\lambda > 0$:

$$f_{EX}(t;\lambda) = \begin{cases} \lambda e^{-\lambda t} & \text{if} \quad t > 0 \\ 0 & \text{if} \quad t \leq 0 \end{cases} \tag{6.2}$$

威布尔分布:虽然指数分布函数广泛用于寿命分布,但指数分布具有概率密度递减和风险发生率恒定的特性。因此指数分布函数的应用受到了严重的限制。威布尔分布有两个参数:一个是形状参数,另一个是尺度参数。威布尔分布中的形状参数使其成为一个非常灵活的分布函数。威布尔分布概率密度具有递减特性和单峰特性。当形状参数小于或等于 1 时,威布尔分布概率密度函数具有递减特性;当形状参数大于 1 时,威布尔分布概率密度具有单峰特性。同时,威布尔分布描述的风险发生率可以是递增的、递减的,还可以是恒定的。威布尔分布可用于分析寿命数据。威布尔函数可以表示成如下形式,其中 $\alpha > 0,\lambda > 0$:

$$f_{WE}(t;\alpha,\lambda) = \begin{cases} \alpha \lambda t^{\alpha-1} e^{-\lambda t^{\alpha}}, & t > 0 \\ 0, & t \leq 0 \end{cases} \tag{6.3}$$

广义指数分布:文献[8]提出了广义指数分布函数,其特性与威布尔分布或者伽马分布非常相似。有关详细信息,可参阅文献[19]这篇综述文章。广义指数分布函数可表示成如下形式,其中 $\alpha > 0,\lambda > 0$:

$$f_{GE}(t;\alpha,\lambda) = \begin{cases} \alpha \lambda e^{-\lambda t}(1-e^{-\lambda t})^{\alpha-1}, & t > 0 \\ 0, & t \leq 0 \end{cases} \tag{6.4}$$

6.2.2 先验概率的选择

均值为 $\mu(\text{POI}(\mu))$ 的泊松随机变量 X 的概率质量函数(PMF)可以表示为:

$$P(X=i) = \frac{e^{-\mu}\mu^i}{i!}, i = 0,1,\cdots \tag{6.5}$$

服从伽马分布,且形状参数为 $a(a>0)$,尺度参数为 $b(b>0)$ 的随机变量的概率密度函数 $GA(a,b)$ 可以表示为:

$$f_{GA}(x;a,b) = \begin{cases} \dfrac{b^a}{\Gamma(a)} x^{a-1} e^{-bx}, & x > 0 \\ 0, & x \leq 0 \end{cases} \tag{6.6}$$

本研究中具有如下的先验假设:在这三种不同的分布中,N 都服从泊松随机分布过程即 $N \sim \text{POI}(\mu)$;在指数分布情况下,$\delta = \lambda$,且服从伽马分布,即 $\lambda \sim GA(c,d)$,N 和 λ 是独立分布的;对于两参数威布尔分布和两参数广义指数分布,$\delta = (\alpha,\lambda)$,此时 α 都服从伽马分布,即 $\alpha \sim GA(a,b)$。λ 的先验知识都是相同的,在不同的情况下是独立分布的。

6.3 不同广义次序模型的后验分布

6.3.1 指数分布的 GOS 模型

当 $N = r, r+1, \cdots$ 时,式(6.1)所示的似然函数可表示为:

$$L_{EX}(N,\lambda \,|\, data) = \frac{N!}{(N-r)!}\lambda^{r}\left[e^{-\lambda\left(\sum\limits_{i=1}^{r} t_{(i)} + (N-r)T^{*} \right)} \right] \tag{6.7}$$

基于 N 和 λ 的先验分布,其后验分布可表示为:

$$\pi_{EX}(N,\lambda \,|\, data) \propto \frac{\theta^{N}}{(N-r)!}\lambda^{c+r-1}\left[e^{-\lambda\left(\sum\limits_{i=1}^{r} t_{(i)} + (N-r)T^{*} + d \right)} \right] \tag{6.8}$$

令 $M = N-r$,M 和 λ 的联合后验概率分布可表示为:

$$\pi_{EX}(M,\lambda \,|\, data) \propto \frac{\theta^{M+r}}{M!}\lambda^{c+r-1}\left[e^{-\lambda\left(\sum\limits_{i=1}^{r} t_{(i)} + MT^{*} + d \right)} \right] \tag{6.9}$$

令 $g(M,\lambda)$ 表示 M 和 λ 的函数,其在平方误差损失函数下的贝叶斯估计可表示为:

$$\hat{g}_{B}(M,\lambda) = E(g(M,\lambda)) = \sum_{m=0}^{\infty}\int_{0}^{\infty} g(m,\lambda)\pi_{EX}(m,\lambda \,|\, data)\,\mathrm{d}\lambda \tag{6.10}$$

显然,式(6.10)无法得到其显式形式表达式,因此只能采用蒙特卡罗方法来对式(6.10)进行模拟计算。联合概率后验密度函数式(6.9)可表示为:

$$\pi_{EX}(M,\lambda \,|\, data) = \pi_{EX}(\lambda \,|\, M, data) \times \pi_{EX}(M \,|\, data) \tag{6.11}$$

$$\pi_{EX}(\lambda \,|\, M, data) \sim GA\left(c+r, \sum_{i=1}^{r} t_{(i)} + d + MT^{*} \right) \tag{6.12}$$

$$\pi_{EX}(M = m \,|\, data) = K\frac{\theta^{m+r}}{m!\left(\sum\limits_{i=1}^{r} t_{(i)} + d + mT^{*} \right)^{a+r}}, \quad m = 0, 1, \cdots \tag{6.13}$$

$$K^{-1} = \sum_{M=0}^{\infty} \frac{\theta^{m+r}}{m!\left(\sum\limits_{i=1}^{r} t_{(i)} + d + mT^{*} \right)^{a+r}}$$

当 $\theta > 0, K < \infty$ 时,$\pi_{EX}(M \,|\, data)$ 的值都是有限值。由于 $\{M \,|\, data\}$ 为离散分布,那么可由式(6.13)所示的概率质量函数进行随机采样得到。因此,根据式(6.9)生成随机样本的过程如下:首先,基于概率质量函数式(6.13)从离散分布随机生成 M 的值,然后对于给定的 $M = m$,由分布 $GA\left(a+r, \sum\limits_{i=1}^{r} t_{i} + b + mT^{*} \right)$ 随机生成 λ 的值。基于以上数据,通过贝叶斯推理可得到贝叶斯估计和最大后验概率密度置信区间。

由于此时已经得到完整条件概率分布,因此 Gibbs 抽样更便于计算贝叶斯估计和置信区间计算,可表示为:

$$\pi_{EX}(M|\lambda, data) \sim POI(\theta e^{-\lambda T^*}) \tag{6.14}$$

其中 $\pi_{EX}(\lambda|M, data)$ 已经由式(6.12)计算得到。以上估计可由以下算法进行计算:

算法 6.1

Step 1:选择 λ 和 M 的初始值 λ_0 和 M_0;

Step 2:当 $i = 1, \cdots, B$ 时,分别根据 $\pi_{EX}(\lambda|M_{i-1}, data)$ 和 $\pi_{EX}(M|\lambda_{i-1}, data)$ 计算 λ_i 和 m_i;

Step 3:选择适合的 B^*,并更新 B^* 对应的 λ_i 和 m_i;

Step 4:令 $g_i = g(m_i, \lambda_i)$, $i = B^* + 1, \cdots, B$, $g(m, \lambda)$ 可以近似为:

$$\hat{g}(M, \lambda) \approx \frac{1}{B - B^*} \sum_{i = B^* + 1}^{B} g_i$$

Step 5:构建 $g(m, \lambda)$ 的 $100(1-\beta)\%$ 最大后验概率密度置信区间,当 $g_{(B^*+1)} < \cdots < g_{(B)}$ 时,其一阶 g_i 为 $i = B^* + 1, \cdots, B$,然后构建 $g(M, \lambda)$ 的所有 $100(1-\beta)\%$ 置信区间:

$$(g_{(B^*+1)}, g_{(B^*+1+(1-\beta)B)}), \cdots, (g_{(\beta B)}, g_{(B)})$$

与文献[3]类似,选择最小的间隔区间。

6.3.2　威布尔 GOS 模型

式(6.1)的似然函数可以表示为

$$L_{WE}(N, \alpha, \lambda | data) = \frac{N!}{(N-r)!} \alpha^r \lambda^r \prod_{i=1}^{r} t_{(i)}^{\alpha-1} e^{-\lambda\left(\sum\limits_{i=1}^{r} t_{(i)}^{\alpha} + (N-r)(T^*)^{\alpha}\right)} \tag{6.15}$$

此时,N, α 和 λ 的联合后验概率密度函数可表示为

$$\pi_{WE}(N, \alpha, \lambda | data) \propto \frac{\theta^N}{(N-r)!} \alpha^{a+r-1} e^{-\alpha\left(b-\sum\limits_{i=1}^{r} \ln t_{(i)}\right)} \lambda^{c+r-1} e^{-\lambda\left(\sum\limits_{i=1}^{r} t_{(i)}^{\alpha} + (N-r)(T^*)^{\alpha} + d\right)} \tag{6.16}$$

类似的,$M = N - r$,α 和 λ 的联合后验概率密度函数可以表示为

$$\pi_{WE}(M, \alpha, \lambda | data) \propto \frac{\theta^M}{M!} \alpha^{a+r-1} e^{-\alpha\left(b-\sum\limits_{i=1}^{r} \ln t_{(i)}\right)} \lambda^{c+r-1} e^{-\lambda\left(\sum\limits_{i=1}^{r} t_{(i)}^{\alpha} + M(T^*)^{\alpha} + d\right)} \tag{6.17}$$

基于平方误差损失函数,$g(M, \alpha, \lambda)$ 的贝叶斯估计可表示为

$$\hat{g}_B(M, \alpha, \lambda) = E(g(M, \alpha, \lambda)) = \frac{\sum\limits_{m=0}^{\infty} \int_0^{\infty} \int_0^{\infty} g(m, \alpha, \lambda) \pi_{WE}(m, \alpha, \lambda | data) \, d\alpha d\lambda}{\sum\limits_{m=0}^{\infty} \int_0^{\infty} \int_0^{\infty} \pi_{WE}(m, \alpha, \lambda | data) \, d\alpha d\lambda} \tag{6.18}$$

通常情况下,式(6.18)没有紧凑表达形式,因此采用蒙特卡洛马尔科夫链方法来计算式(6.18)。

α 的全条件概率分布可表示为

$$\pi_{WE}(\alpha | M, \lambda, data) \propto \alpha^{a+r-1} e^{-\alpha\left(b-\sum\limits_{i=1}^{r} \ln t_{(i)}\right)} e^{-\lambda\left(\sum\limits_{i=1}^{r} t_{(i)}^{\alpha} + M(T^*)^{\alpha}\right)} \tag{6.19}$$

由式(6.19)可得到如下结果。

引理 6.1 式(6.19)表示的 α 的全条件概率表达式的形状式对数凹的。

该引理的证明请参考附录。

有式(6.19)可对 α 进行随机采样,可参考文献[5]和文献[15]。

λ 和 M 的全概率分布可表示为

$$\pi_{WE}(\lambda \mid \alpha, M, data) \sim GA\left(c + r, \sum_{i=1}^{r} t_{(i)}^{\alpha} + M(T^*)^{\alpha} + d\right) \tag{6.20}$$

$$\pi_{WE}(M \mid \alpha, \lambda, data) \sim POI(\theta e^{-\lambda(T^*)^{\alpha}}) \tag{6.21}$$

由此,可根据 α, λ 和 M 的全条件概率分布进行随机采样得到样本。Gibbs 采样过程见算法 6.1,然后得到贝叶斯估计和置信区间。

6.3.3 广义指数分布 GOS 模型

在广义指数分布下,$N=r, r+1, \cdots, \lambda > 0, \alpha > 0$,此时式(6.1)的似然函数可表示为

$$\pi_{GE}(N, \alpha, \lambda \mid data) = \frac{N!}{(N-r)!} \alpha^r \lambda^r e^{-\lambda \sum_{i=1}^{r} t_{(i)}} \prod_{i=1}^{r} (1 - e^{-\lambda t_{(i)}})^{\alpha-1} (1 - (1 - e^{-\lambda T^*})^{\alpha})^{N-r}$$

N, α 和 λ 的联合后验概率密度函数可表示为

$$\pi_{GE}(N, \alpha, \lambda \mid data) \propto \frac{\theta^N}{(N-r)!} \alpha^{a+r-1} e^{-b\alpha} e^{(\alpha-1) \sum_{i=1}^{r} \ln(1 - e^{-\lambda t_{(i)}})} \lambda^{c+r-1} e^{-\lambda(\sum_{i=1}^{r} t_{(i)} + d)} \times$$

$$\{1 - (1 - e^{-\lambda T^*})^{\alpha}\}^{N-r}$$

$M=N-r, \alpha$ 和 λ 的联合后验概率密度函数可以表示为

$$\pi_{GE}(M, \alpha, \lambda \mid data) \propto \frac{\theta^M}{M!} \alpha^{a+r-1} e^{-\alpha(b - \sum_{i=1}^{r} \ln(1 - e^{\lambda t_{(i)}}))} \lambda^{c+r-1} e^{-\lambda(d + \sum_{i=1}^{r} t_{(i)})} \times$$

$$e^{-\sum_{i=1}^{r} \ln(1 - e^{-\lambda t_{(i)}})} \{1 - (1 - e^{-\lambda T^*})^{\alpha}\}^M \tag{6.22}$$

基于平方误差损失函数,$g(M, \alpha, \lambda)$ 函数的贝叶斯估计无法得到显示形式表达式。此时可采用重要度抽样来构造 $g(M, \alpha, \lambda)$ 的贝叶斯估计和其对应的置信区间。

经过一系列结算,可得到:

$$\pi_{GE}(M, \alpha, \lambda \mid data) \propto \pi_{GE}(M \mid \alpha, \lambda, data) \times \pi_{GE}(\alpha \mid \lambda, data) \times \pi_{GE}(\lambda \mid data) \times h(m, \alpha, \lambda, data) \tag{6.23}$$

其中,

$$M \mid \alpha, \lambda, data \sim POI(\theta(1 - (1 - e^{-\lambda T^*})^{\alpha}))$$

$$\alpha \mid \lambda, data \sim GA\left(a + r, b - \sum_{i=1}^{r} \ln(1 - e^{-\lambda t_{(i)}})\right)$$

$$\lambda \mid data \sim GA\left(c + r, \sum_{i=1}^{r} t_{(i)} + d\right)$$

$$h(m,\alpha,\lambda,data) = \left[e^{\theta = \left(1 - \left(1 - e^{-\lambda T^*}\right)\right)^{\alpha} - \sum_{i=1}^{r} \ln\left(1 - e^{-\lambda t(i)}\right)} \right] \times \frac{1}{\left(b - \sum_{i=1}^{r} \ln\left(1 - e^{-\lambda t(i)}\right)\right)^{a+r}}$$

当 $b > 0$ 且 $c > 0$ 时,式(6.23)的右边是可积的。此外可以观察得到 $\left(b - \sum_{i=1}^{r} \ln\left(1 - e^{-\lambda t(i)}\right)\right)$ 是永远为正的。因此,可以采用如下的重要度采样流程。

算法 6.2

Step 1:生成 λ_1,α_1 和 m_1 的值,其中 $\lambda_1 \sim \pi_{GE}(\lambda \mid data)$,$\alpha_1 \sim \pi_{GE}(\alpha \mid \lambda_1, data)$,$m_1 \sim \pi_{GE}(m \mid \alpha_1, \lambda_1, data)$

Step 2:重复步骤 $1B$ 次,生成随机值 $(m_1, \alpha_1, \lambda_1) \cdots (m_B, \alpha_B, \lambda_B)$

Step 3:计算 $g(M, \alpha, \lambda)$ 的贝叶斯估计

$$E(g(M,\alpha,\lambda)) = \frac{\sum_{i=1}^{B} g_i h(m_i, \alpha_i, \lambda_i, data)}{\sum_{i=1}^{B} h(m_i, \alpha_i, \lambda_i, data)}, \quad 其中 g_i = g(m_i, \alpha_i, \lambda_i)$$

Step 4:计算 $g(M, \alpha, \lambda)$ 的最大后验概率密度置信区间,首先计算:

$$w_i = \frac{h(m_i, \alpha_i, \lambda_i, data)}{\sum_{i=1}^{B} h(m_i, \alpha_i, \lambda_i, data)}, \quad i = 1, 2, \cdots, B$$

并计算 $\{(g_1, w_1), \cdots, (g_B, w_B)\}$ 的均值得到 $\{(g_{(1)}, w_{(1)}), \cdots, (g_{(B)}, w_{(B)})\}$,其中 $g_{(1)} < g_{(B)}$,$w_{(i)}$ 为与 $g_{(i)}$ 对应的系数。

Step 5:$g(M, \alpha, \lambda)$ 的 $100(1-\beta)\%$ 置信区间为 $(g_{(L\gamma)}, g_{(Ur)})$,其中 $0 < \gamma < \beta$,满足:

$$\sum_{i=1}^{L_\gamma} w_{[i]} \leq \gamma < \sum_{i=1}^{L_\gamma+1} w_{[i]} \quad and \quad \sum_{i=1}^{U_\gamma} w_{[i]} \leq 1 + \gamma - \beta < \sum_{i=1}^{U_\gamma+1} w_{[i]}$$

Step 6:$g(M, \alpha, \lambda)$ 的 $100(1-\beta)\%$ 最大后验概率置信区间为 $(g_{(L\gamma)}, g_{(Ur)})$,而且此置信区间的长度最小。可参考文献[3]中的实例。

6.4 仿真分析

对所有提出的模型,采样不同的参数值和不同的截止时间 T^* 进行了大量的仿真计算。对于给定的采样样本数量 N 和对应的参数,为了由给定的分布函数生成样本,采用简单的逆变换方法从给定的分布来得到采用样本数量 N。然后对生成的样本进行排序,仅考虑那些小于等于截止时间 T^* 的样本,作为满足条件的样本。针对指数和威布尔广义次序统计模型,采用 Gibbs 采样算法,针对广义指数分布次序统计模型采用重要度采样算法。在 5 000 次重复实验后得到分析结果。对于 Gibbs 采样算法,在每次重复实验过程中,执行 2500 次迭代,而且前 500 次迭代视为初始实验磨合迭代。因此,对于每个特定的样本,基于 2 000 个样本值通过后验概率函数来得到贝叶斯估计和置信区间估计。对于重要度采样算法,每次迭代是基于 2 000 个样本值进行计算的。仿真分析结果见表 6.1 至表 6.6。其中每个参

数都给出了平均值、95%置信下限和置信上限、最大后验概率置信区间的平均区间长度和覆盖率。对于每个模型,分析结果有两个表格。在第一个表格中,T^*的值是可变的,其余参数的值保持不变;在第二个表格中,T^*的值保持不变,其余参数的值是可变的。在仿真分析过程中,考虑了信息性先验知识和非信息性先验知识两种情况。在非信息性先验知识情况下,令$a=b=c=d=0$,定义为非先验知识信息。

由仿真分析结果可看出,在所有的情况下,贝叶斯估计值都非常接近真实参考值。由表6.1,表6.3和表6.5可看出,随着T^*的增加,最大后验概率置信区间是减小的,这与实际相符。由表6.2、表6.4和表6.6可以看出,对于固定的N值,贝叶斯估计的性能与超参数是无关的。在非信息性先验知识的情况下,对于所有的模型都存在N的贝叶斯估计略小于N的真实值,而且平均最大后验概率置信区间也是略小的。在所有的情况下,仿真分析得到的覆盖率都非常接近相应的标称值。总体而言,所提出的方法的性能是令人满意的。

表6.1 广义次序统计结果(固定分布参数)

参数		$N=30,\theta=30,\lambda=2,a=5,b=2.5$				
		$T^*=0.25$	$T^*=0.5$	$T^*=0.75$	$T^*=1.0$	$T^*=5.0$
r	Observed(average)	11.43	18.87	23.42	26.11	30.01
N	Estimate	30.07	30.19	30.27	30.31	30.05
	HPD	(21.37, 40.23)	(22.63, 39.23)	(24.67, 37.56)	(26.25, 36.24)	(28.23, 31.89)
	(Av. length)	(18.86)	(16.60)	(12.89)	(9.99)	(3.66)
	(Cov. per.)	0.92	0.93	0.93	0.94	0.94
λ	Estimate	2.02	2.10	2.09	2.03	2.03
	HPD	(0.98, 3.18)	(1.06, 3.24)	(1.11, 3.16)	(1.13, 3.09)	(1.41, 2.75)
	(Av. length)	(2.20)	(2.18)	(2.05)	(1.96)	(1.34)
	(Cov. per.)	0.93	0.93	0.94	0.95	0.94

表6.2 广义次序统计结果(固定T^*)

参数		$T^*=0.75$				
		$N=30,\theta=r$ $\lambda=2,a=0$ $b=0$	$N=30=\theta$ $\lambda=3,a=15$ $b=5$	$N=30=\theta$ $\lambda=2,a=5$ $b=2.5$	$N=30=\theta$ $\lambda=2,a=10$ $b=5$	$N=100=\theta$ $\theta=100,\lambda=2$ $a=5,b=2.5$
r	Observed(average)	23.41	26.79	23.16	23.25	77.51
N	Estimate	27.18	30.39	30.25	30.22	100.17
	HPD	(23.47, 32.33)	(26.54, 34.75)	(24.62, 37.55)	(24.54, 37.12)	(87.54, 115.12)
	(Av. length)	(8.86)	(8.21)	(12.93)	(12.58)	(27.58)
	(Cov. per.)	0.93	0.92	0.92	0.93	0.94

表 6.2(续)

参数		$T^* = 0.75$				
		$N=30, \theta=r$ $\lambda=2, a=0$ $b=0$	$N=30=\theta$ $\lambda=3, a=15$ $b=5$	$N=30=\theta$ $\lambda=2, a=5$ $b=2.5$	$N=30=\theta$ $\lambda=2, a=10$ $b=5$	$N=100=\theta$ $\theta=100, \lambda=2$ $a=5, b=2.5$
λ	Estimate	2.67	3.06	2.03	2.03	2.06
	HPD	(1.27, 4.18)	(1.93, 4.18)	(1.09, 3.18)	(1.21, 2.99)	(1.40, 2.75)
	(Av. length)	(2.91)	(2.25)	(2.09)	(1.78)	(1.36)
	(Cov. per.)	0.94	0.95	0.94	0.94	0.95

表 6.3 威布尔分布下广义次序统计结果(固定分布参数)

参数		$N=30, \theta=30, \alpha=2$		$\lambda=1, a=5$	$b=2.5, c=2, d=2$	
		$T^*=0.5$	$T^*=1.0$	$T^*=1.25$	$T^*=1.5$	$T^*=2.0$
r	Observed(average)	6.77	18.98	23.19	26.89	29.51
N	Estimate	30.11	29.88	30.19	30.56	30.88
	HPD	(20.78, 40.96)	(21.80, 39.48)	(24.26, 37.89)	(26.56, 36.82)	(29.33, 33.97)
	(Av. length)	(20.19)	(17.67)	(13.63)	(10.26)	(4.64)
	(Cov. per.)	0.91	0.93	0.95	0.94	0.95
α	Estimate	2.03	2.14	2.09	2.15	2.01
	HPD	(1.03, 3.05)	(1.39, 2.91)	(1.36, 2.91)	(1.42, 2.81)	(1.39, 2.68)
	(Av. length)	(2.02)	(1.52)	(1.51)	(1.40)	(1.29)
	(Cov. per.)	0.92	0.92	0.94	0.94	0.95
λ	Estimate	1.11	1.07	1.07	1.03	0.99
	HPD	(0.25, 2.04)	(0.47, 1.88)	(0.48, 1.75)	(0.53, 1.58)	(0.55, 1.45)
	(Av. length)	(1.79)	(1.41)	(1.27)	(1.05)	(0.90)
	(Cov. per.)	0.92	0.94	0.94	0.95	0.95

表 6.4 威布尔分布下广义次序统计结果(固定 T^*)

参数		$T^* = 1.25$				
		$N=30, \theta=r$ $\alpha=2, \lambda=1$ $a=0, b=0$ $c=0, d=0$	$N=30=\theta$ $\alpha=1, \lambda=1$ $a=5, b=5$ $c=2, d=2$	$N=30=\theta$ $\alpha=2, \lambda=1$ $a=5, b=2.5$ $c=2, d=2$	$N=30=\theta$ $\alpha=2, \lambda=1$ $a=10, b=5$ $c=5, d=5$	$N=100=\theta$ $\alpha=2, \lambda=1$ $a=5, b=2.5$ $c=2, d=2$
r	Observed(average)	23.67	21.38	23.54	23.76	79.46

表 6.4(续)

参数		$T^* = 1.25$				
		$N=30,\theta=r$ $\alpha=2,\lambda=1$ $a=0,b=0$ $c=0,d=0$	$N=30=\theta$ $\alpha=1,\lambda=1$ $a=5,b=5$ $c=2,d=2$	$N=30=\theta$ $\alpha=2,\lambda=1$ $a=5,b=2.5$ $c=2,d=2$	$N=30=\theta$ $\alpha=2,\lambda=1$ $a=10,b=5$ $c=5,d=5$	$N=100=\theta$ $\alpha=2,\lambda=1$ $a=5,b=2.5$ $c=2,d=2$
N	Estimate	26.99	29.89	30.11	30.18	99.91
	HPD	(23.65, 32.23)	(22.69, 38.76)	(24.19, 37.97)	(24.51, 37.69)	(86.13, 116.24)
	(Av. length)	(8.58)	(16.07)	(13.78)	(13.18)	(30.11)
	(Cov. per.)	0.93	0.93	0.94	0.95	0.95
α	Estimate	2.24	1.09	2.08	2.11	2.05
	HPD	(1.48, 3.21)	(0.69, 1.45)	(1.43, 2.83)	(1.37, 2.71)	(1.63, 2.48)
	(Av. length)	(1.73)	(0.76)	(1.40)	(1.34)	(0.85)
	(Cov. per.)	0.91	0.95	0.94	0.92	0.95
λ	Estimate	1.45	1.09	1.07	1.06	1.03
	HPD	(0.67, 2.27)	(0.45, 1.86)	(0.50, 1.77)	(0.51, 1.62)	(0.66, 1.45)
	(Av. length)	(1.60)	(1.41)	(1.28)	(1.11)	(0.79)
	(Cov. per.)	0.93	0.93	0.94	0.94	0.94

表 6.5 指数分布下广义次序统计结果(固定分布参数)

参数		$N=30,\theta=30,\alpha=2$		$\lambda=1,a=5$	$b=2.5,c=2,d=2$	
		$T^*=0.5$	$T^*=1.0$	$T^*=1.5$	$T^*=2.0$	$T^*=5.0$
r	Observed(average)	4.39	12.15	18.27	22.11	29.76
N	Estimate	29.24	29.18	29.21	30.12	30.10
	HPD	(19.49, 38.51)	(20.15, 36.28)	(21.55, 37.75)	(23.59, 38.68)	(29.58, 33.10)
	(Av. length)	(18.02)	(16.13)	(16.20)	(15.09)	(3.52)
	(Cov. per.)	0.92	0.92	0.94	0.93	0.93
α	Estimate	2.08	2.10	2.08	2.08	2.02
	HPD	(1.05, 3.29)	(1.17, 3.20)	(1.20, 3.22)	(1.18, 3.22)	(1.22, 2.75)
	(Av. length)	(2.24)	(2.03)	(2.20)	(2.04)	(1.53)
	(Cov. per.)	0.93	0.94	0.95	0.95	0.94
λ	Estimate	1.01	1.07	1.07	1.06	0.97
	HPD	(0.41, 1.92)	(0.59, 1.84)	(0.58, 1.77)	(0.57, 1.67)	(0.60, 1.19)
	(Av. length)	(1.51)	(1.25)	(1.19)	(1.10)	(0.59)
	(Cov. per.)	0.93	0.94	0.94	0.95	0.95

表 6.6　指数分布下广义次序统计结果(固定 T^*)

参数		$T^*=1.25$				
		$N=30, \theta=r$ $\alpha=2, \lambda=1$ $a=0, b=0$ $c=0, d=0$	$N=30=\theta$ $\alpha=1, \lambda=1$ $a=5, b=5$ $c=2, d=2$	$N=30=\theta$ $\alpha=2, \lambda=1$ $a=5, b=2.5$ $c=2, d=2$	$N=30=\theta$ $\alpha=2, \lambda=1$ $a=10, b=5$ $c=5, d=5$	$N=100=\theta$ $\alpha=2, \lambda=1$ $a=5, b=2.5$ $c=2, d=2$
r	Observed(average)	18.18	23.11	18.23	18.17	60.51
	Estimate	22.57	29.31	29.78	29.88	94.12
N	HPD	(18.17, 27.43)	(24.19, 34.37)	(21.54, 37.74)	(21.56, 38.59)	(81.23, 104.45)
	(Av. length)	(9.26)	(10.18)	(16.20)	(16.03)	(23.22)
	(Cov. per.)	0.93	0.91	0.94	0.95	0.94
α	Estimate	2.91	1.03	2.10	2.06	2.05
	HPD	(1.33, 4.44)	(0.67, 1.61)	(1.18, 3.28)	(1.27, 2.94)	(1.53, 2.60)
	(Av. length)	(3.11)	(0.94)	(2.10)	(1.67)	(1.07)
	(Cov. per.)	0.93	0.94	0.94	0.92	0.95
λ	Estimate	1.75	1.12	1.11	1.01	1.04
	HPD	(0.84, 2.56)	(0.77, 2.03)	(0.68, 1.88)	(0.62, 1.62)	(0.88, 1.49)
	(Av. length)	(1.72)	(1.26)	(1.20)	(1.00)	(0.61)
	(Cov. per.)	0.94	0.93	0.94	0.94	0.95

6.5　数据分析

使用表 6.7 中的数据集,其中每个点表示软件开发过程中发现软件错误的时间,时间单位是天。关于数据的描述,详见文献[20]。有多项研究都是基于这一数据集的,例如文献[7]、文献[10]、文献[21]和文献[20]。它们采用的是指数分布广义次序统计模型。表 6.8 所示为文献[20]对不同点估计的结果和两个不同的置信区间。基于指数分布,通过不同的截断时间 T^* 可估计得到不同的 N 值。

基于以上所提到的三种广义次序统计分布,即指数广义次序统计分布 M_1,威布尔广义次序统计分布 M_2 和广义指数广义次序统计分布 M_3,由于没有可用的先验信息,因此都建设为非先验知识信息。此时,不同参数的点估计见表 6.9;不同参数的 95% 最大后验概率置信区间估计见表 6.10 和 6.11。

表 6.7　数据集

9	21	32	36	43	45	50	58	63	70	71	77
78	87	91	92	95	98	104	105	116	149	156	247
249	250	337	384	396	405	540	798	814	849		

表 6.8　文献[20]对 N 的估计

停止时间(T^*)	r	点数估算				95%Conf. Int.	
		$\hat{N}_{ML}$	$\hat{N}_{IR}$	$\hat{N}_{1/2}$	$\hat{N}_U$	LR	ILR
50	7	∞	25	17	17	$(8, \infty)$	$(7, 248)$
100	18	∞	116	82	65	$(30, \infty)$	$(24, 954)$
250	26	31	34	30	33	$(26, 94)$	$(27, 81)$
550	31	31	32	31	32	$(31,36)$	$(31, 38)$
800	32	32	32	32	32	$(32,33)$	$(32,34)$
850	34	34	35	34	34	$(34, 37)$	$(34, 39)$

$\hat{N}_{ML}$ 表示 N 的最大似然估计；

$\hat{N}_{JR}$ 表示由参考文献[13]得到的 N 的估计值；

$\hat{N}_{1/2}$ 表示积分似然估计(先验中值估计)，根据参考文献[20]的估计；

$\hat{N}_U$ 表示积分似然估计(先验均匀分布估计)，根据参考文献[20]的估计；

LR 表示似然比置信区间；ILR 表示积分似然比置信区间；

表 6.9　不同模型下参数的点估计

停止时间(T^*)	r	M_1		M_2			M_3		
		$\hat{N}$	$\hat{\lambda}$	$\hat{N}$	$\hat{\alpha}$	$\hat{\lambda}$	$\hat{N}$	$\hat{\alpha}$	$\hat{\lambda}$
50	7	9.84	0.020	10.25	1.233	0.025	9.17	3.79	0.046
100	18	24.6	0.010	25.87	1.412	0.022	23.50	3.24	0.024
250	26	30.59	0.007	37.25	1.319	0.017	27.38	2.80	0.016
550	31	32.55	0.006	44.55	1.278	0.011	32.02	1.37	0.007
800	32	32.54	0.0056	45.18	1.118	0.009	32.40	1.22	0.006
850	34	35.24	0.0043	48.89	1.178	0.007	35.05	1.02	0.004

表 6.10　95%最大后验概率密度情况下不同模型的 N 的区间估计

停止时间	r	M_1	M_2	M_3
50	7	$(7, 14)$	$(7, 14)$	$(7, 14)$
100	18	$(20, 32)$	$(21, 33)$	$(18, 30)$

表 6.10(续)

停止时间	r	M_1	M_2	M_3
250	26	(26, 36)	(31, 46)	(26, 33)
550	31	(31, 36)	(37, 53)	(31, 37)
800	32	(32, 34)	(38, 55)	(32, 34)
850	34	(34, 48)	(40, 56)	(34, 38)

表 6.11　95%最大后验概率密度情况下不同模型的其他参数的区间估计

停止时间(T^*)	r	M_1	M_2		M_3	
		$\hat{\lambda}$	$\hat{\alpha}$	$\hat{\lambda}$	$\hat{\alpha}$	$\hat{\lambda}$
50	7	(0.004, 0.038)	(0.56, 4.231)	(0.011, 0.068)	(0.79, 8.23)	(0.012, 0.084)
100	18	(0.005, 0.016)	(0.79, 3.891)	(0.009, 0.059)	(1.38, 4.64)	(0.009, 0.033)
250	26	(0.004, 0.012)	(0.82, 3.167)	(0.008, 0.045)	(1.11, 3.68)	(0.006, 0.020)
550	31	(0.003, 0.009)	(0.89, 2.671)	(0.003, 0.021)	(0.76, 2.18)	(0.004, 0.011)
800	32	(0.0035, 0.0079)	(0.91, 2.567)	(0.001, 0.018)	(0.69, 1.96)	(0.003, 0.009)
850	34	(0.0025, 0.0061)	(0.94, 1.789)	(0.001, 0.011)	(0.65, 1.52)	(0.003, 0.007)

接下来,研究如何从三个模型中选择合适的模型进行分析。此时用到了贝叶斯系数。假设对于两个模型 M_i 和 M_j,贝叶斯系数可以定义为 $2\ln B_{ij}$,其中:

$$B_{ij} = \frac{Prob(data \mid M_i)}{Prob(data \mid M_j)}$$

$Prob(data \mid M_i)$ 和 $Prob(data \mid M_j)$ 表示 data 在 M_i 和 M_j 条件下的边缘概率密度。通过以下方法来计算 $Prob(data \mid M_i)$

$$Prob(dataM) = \sum_{N=0}^{\infty} \int_0^{\infty} P(data, N, \lambda \mid M_1) d\lambda$$

$$= \sum_{N=r}^{\infty} \int_0^{\infty} P(data \mid N, \lambda, M_1) P(N, \lambda \mid M_1) d\lambda$$

$$= \frac{d^c}{\Gamma(c)} \sum_{N=r}^{\infty} \int_0^{\infty} \frac{e^{-\theta}\theta^N}{(N-r)!} \lambda^{r+c-1} e^{-\lambda(\sum_{i=1}^{r} t_{(i)} + (N-r)T^* + d)}$$

$$= \frac{d^c \theta^r}{\Gamma(c)} \sum_{M=0}^{\infty} \frac{e^{-\theta} \theta^M}{M!} \frac{\Gamma(r+c)}{\left(d + \sum_{i=1}^{r} t_{(i)} + MT^*\right)^{r+c}}$$

因此,对于非先验知识信息

$$Prob(data \mid M_1) = e^{-r} r^r \Gamma(r) \sum_{M=0}^{\infty} \frac{r^M}{M! \left(\sum_{i=1}^{r} t_{(i)} + MT^*\right)^{r+c}}$$

$$Prob(data \mid M_2) = e^{-r} r^r \Gamma(r) \sum_{M=0}^{\infty} \frac{r^M}{M!} \times \int_0^{\infty} \frac{\alpha^{r-1} \prod_{i=1}^{r} t_{(i)}^{\alpha-1}}{\left(\sum_{i=1}^{r} t_{(i)}^{\alpha} + M(T^*)^{\alpha}\right)^r} d\alpha$$

$$= e^{-r} r^r \Gamma(r) \sum_{M=0}^{\infty} \frac{r^M}{M!} \times A(M)$$

$$A(M) = \int_0^{\infty} \frac{\alpha^{r-1} \prod_{i=1}^{r} t_{(i)}^{\alpha-1}}{\left(\sum_{i=1}^{r} t_{(i)}^{\alpha} + M(T^*)^{\alpha}\right)^r} d\alpha$$

其中 $A(M)$ 可通过重要度采样算法来计算。同样地,$Prob(data \mid M_3)$ 也可以通过重要度采样算法进行计算。

采用给定的数据集,表 6.12 分别计算的贝叶斯参数有 $2\ln B_{12}$、$2\ln B_{13}$、$2\ln B_{23}$。从表 6.12 的计算结果可看出,对于所有的 T^*,指数分布比威布尔分布或广义指数分布更合适。此外,针对三种不同的模型分别计算了文献[17]所提出的对数预测似然值,用于对模型的选择比较。在计算过程中,采用前 26 个值作为训练样本,最后 5 个值作为预测样本。基于非先验知识信息,分别计算了指数分布,威布尔分布和广义指数分布的对数预测似然值,分别为:-37.15,-37.94 和 -38.13。对数预测似然值也表明指数分布模型是更合适的模型。显然,在非先验知识信息条件下,贝叶斯估计的行为与基于频率论方法得到的不同估计非常相似。同时,本章所提出的方法具有一个优点,即它的实现非常简单,即使对于很小的截断时间 T^*,也会估计出具有唯一可信区间的估计量。

6.6 小 结

本章研究了广义次序统计模型中 N 和其他未知参数的贝叶斯估计方法,分别研究了三种模型,即指数分布模型、威布尔分布模型和广义指数分布模型。基于一般的先验知识,对未知参数进行了贝叶斯推理。需要指出的是文献[21]针对同一问题进行了研究,并提出了一种贝叶斯解决方法。但是该研究主要局限于指数分布的函数族中。虽然也提出了非指数函数族的推广,但没有提出合适的方法来构造未知参数的置信区间。在本章的研究中,虽然研究了三个模型,但所提出的方法可以推广到其他分布模型。由于所提出的方法非常简单,因此非常方便地在实践中进行应用。

参 考 文 献

1. Anscombe, F. J. (1961). Estimating a mixed exponential response law. *Journal of the American Statistical Association*, vol. 56, 493-502.

2. Blumenthal, S. and Marcus, R. (1975). Estimating population size with exponential failure. *Journal of the American Statistical Association*, vol. 70, 913-922.

3. Chen, M. H. and Shao, Q. M. (1999). Monte Carlo estimation of Bayesian credible and HPD intervals. *Journal of Computational and Graphical Statistics*, vol. 8, 69-92.

4. DasGupta, A. and Herman, R. (2005). Estimation of binomial parameters when both n and p are unknown. *Journal of Statistical Planning and Inference*, vol. 130, 391-404.

5. Devroye, L. (1984). A simple algorithm for generating random variables with a logconcave density. *Computing*, vol. 33, 246-257.

6. Forman, E. H. and Singpurwalla, N. D. (1977). An empirical stopping rule for debugging and testing computer software. *Journal of the American Statistical Association*, vol. 72, 750-757.

7. Goel, A. L. and Okumoto, K. (1979). Time-dependent error detection model for software reliability and other performance measures. *IEEE Transactions on Reliability*, vol. 28, 206-211.

8. Gupta, R. D. and Kundu, D. (1999). Generalized exponential distributions. *Australian and New Zealand Journal of Statistics*, vol. 41, 173-188.

9. Blumenthal, D. G. (1968), Sequential testing of sample size. *Technometrics*, vol. 10, 331-341.

10. Jelinski, Z. and Moranda, P. B. (1972). Software reliability research. *Statistical Computer Performance Evaluation*, ed. W. Freiberger, London, Academic Press, 465-484.

11. Jewell, W. S. (1985). Bayesian extensions to basic model of software reliability. *IEEE Transactions on Software Reliability*, vol. 12, 1465-1471.

12. Joe, H. (1989), Statistical inference for general order statistics and NHPP software reliability models. *IEEE Transactions on Software Reliability*, vol. 16, 1485-1491.

13. Joe, H. and Reid, N. (1985). Estimating the number of faults in a system. *Journal of the American Statistical Association*, vol. 80, 222-226.

14. Johnson, N. L. (1962). Estimation of sample size. *Technometrics*, vol. 4, 59-67.

15. Kundu, D. (2008). Bayesian inference and life testing plan for the Weibull distribution in presence of progressive censoring. *Technometrics*, vol. 50, 144-154.

16. Kuo, L. and Yang, T. (1995). Bayesian computation of software reliability. *Journal of Computational and Graphical Statistics*, vol. 4, 65-82.

17. Kuo, L. and Yang, T. (1996). Bayesian computation for nonhomogeneous Poisson processes in software reliability. *Journal of the American Statistical Association*, vol. 91, 763–773.

18. Meinhold, R. J. and Singpurwalla, N. D. (1983). Bayesian analysis of common used model for describing software failures. *The Statistician*, vol. 32, 168–173.

19. Nadarajah, S. (2011). The exponentiated exponential distribution: A survey. *Advances in Statistical Analysis*, vol. 95, 219–251.

20. Osborne, J. A. and Severini, T. A. (2000). Inference for exponential order statistic models based on an integrated likelihood function. *Journal of the American Statistical Association*, vol. 95, 1220–1228.

21. Raftery, A. E. (1987). Inference and prediction of a general order statistic model with unknown population size. *Journal of the American Statistical Association*, vol. 82, 1163–1168.

7 大规模系统可靠性建模与冗余分配优化问题研究

7.1 简　介

工业系统在运行过程中会面临各种风险,不但包括传统风险,例如技术风险、经济风险和社会风险等,也面临一些新兴的风险,例如信息风险或者心理-社会风险等。根据国际标准组织 ISO 31010：2009-风险管理-原则和指南中,将"风险"一词定义为："不确定性对目标的影响"。对工程师而言,该定义可以修改为："风险是事件发生概率及其后果的乘积。"此外,对于工业系统而言通常应该具有较高的系统可靠性水平。系统的可靠性水平是系统可信性的属性之一。系统可信性主要评价和解决工业系统中的风险问题,系统可信性通常包括多个基本概念作为属性,这些概念的定义和解释日益完善。系统可信性所涉及的属性可总结为 RAMS+C,即可靠性(reliability)、可用性(availability)、可维护性(maintainability)、安全性(safety)和成本(cost)。现今,系统可信性也逐步囊括了其他的一些属性,例如耐用性(durability)、可测试性(testability)、可恢复性(resilience),等等。系统的可信性包含了越来越多的属性。总而言之,系统可信性反映了对系统功能的信任程度。国际电工委员会(International Electrotechnical Commission, IEC)-60050(2002)中对系统可信性提供了一个标准定义。

可靠性的定义可以表述为 E(E 可表示元件部件、元件或者系统)在规定的时间内在给定的条件下执行其所需功能的能力。可靠性可用概率函数 $R(t)$ 表示,它表示在 $[0, t]$ 时间内,在规定的条件下 E 能执行其功能的概率,在初始时刻 E 是能完全执行其功能。可靠性也可以由失效率进行描述,如图 7.1 所示的曲线称之为浴盆曲线,描述了失效率随时间的变化趋势。

在寿期内失效率恒定的系统的可靠性估计如下：

$$R(t) = e^{-\lambda t} \tag{7.1}$$

失效是指 E 部分或者完全丧失执行其所需功能的能力。失效率是指在给定的时间间隔中单位时间内故障发生的次数[13][29]。

可维护性是指 E 在给定的条件下采用规定的程序和资源进行维护是能够对 E 进行维护的水平,如果 E 发生故障那么维修后 E 能够执行故障前的功能。可维护性通常由 $M(t)$ 表示,它表示假设 E 在 0 时刻发生故障,那么在 t 时刻经过维护后, E 能执行其功能的概率。可维护性表征的是在发生故障后, E 能够迅速恢复其预期功能的能力。

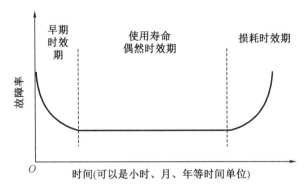

图 7.1 浴盆曲线

可用性 $A(t)$ 是指 E 在规定的条件下,所需的外部资源已经提供,在给定的时间 t 时刻或在给定的时间间隔内,执行其预定功能的能力。可用性综合了可靠性和可维护性属性,在给定的条件下,在一种状态下执行其功能所需的时间比例。对于一个不可修复的实体,可用性与可靠性是相同的。但对于可修复实体,当故障很少(可靠性更好)并且故障持续时间很短(可维护性)时,可用性是更适用。

安全性是指 E 在规定的条件下,避免引发对人员、环境和财产造成损害的重大事件或灾难性事件发生的能力。安全性由 $S(t)$ 表示,在规定的条件下,E 在时间间隔 $[0,t]$ 内不会发生任何重大事件或者灾难性事件的概率[7]。

从概率计算的角度可以计算出多个可靠性指标,以下指标定义了一些平均时间描述指标[33][50]。

(1)MTTF(平均故障时间):它是实体从初始时刻开始运行到第一次故障的平均运行时间。

(2)MUT(平均运行时间):维护后的平均运行时间。

(3)MTTR(平均维修时间):用于描述可维护性的最常用的指标。对于可修复部件,从失效(或者功能降级)到功能恢复所持续的平均时间。通常通过修复所有故障所需的时间除以故障总次数来计算。

(4)MDT(平均停机时间):故障发生后不可用的平均时间。

(5)MTBF(平均无故障时间):它是两次连续故障之间的平均时间。

(6)MTBM(平均维修间隔时间):它是可维修项目的平均维修间隔时间(预防性维修和修复)的度量。

通常工业系统中,如电力系统、机电系统或一般工业装置,系统由子系统和/或元件组成。这些子系统或元件以串联、并联或串并联相组合方式连接[13]。故障频率的单位与系统运行的单位相同,例如小时、天、月、年、千米等。单位的选择(或者组合、单位的转换)有助于准确分析给定时期内系统的行为规律。例如,对于飞机起落装置的描述,通常采用的是:气动系统(车轮)在停机坪上(起飞和着陆期间)行驶的距离和机械子系统的着陆次数。当系统的可靠性提升时,系统的故障频率和故障的严重程度都会降低,此时可以避免风险的发生。

本章研究的是基于遗传算法(GAs)、粒子群优化算法(PSO)和布谷鸟优化算法(COA),如何对大规模系统(例如设计 20 个子系统的大系统)进行可靠性冗余分配问题(RRAP)。本章研究如何采用上述三种方法进行大规模系统的可靠性冗余分配问题。本章的其余部分组织如下:第 7.2 节概述了系统可靠性分配问题;第 7.3 节进行大规模系统数值案例研究;第 7.4 节介绍了采用的方法;第 7.5 节给出了获得的结果和讨论;最后是本章的结论。

7.2　系统可靠性-冗余分配问题

可通过三种方法来提高系统的可靠性,即提高元件的可靠性(称为可靠性分配)、采用并行冗余元件(称为冗余分配)和混合提升可靠性(称为可靠性-冗余分配)。系统可靠性设计问题是一个约束为体积、重量和成本等设计约束的优化问题。系统可靠性-冗余分配是可靠性工程中最复杂的问题之一。系统设计的目标是通过提升子系统的可靠性和增加冗余元件配置来提高整个系统的可靠性水平。因此可靠性设计问题也是一个混合问题,因为系统或者子系统的可靠性范围应该在区间[0.5,1]内,冗余元件的数量应该在区间[1, n_{max}]内。

针对系统可靠性优化问题,已经采用了几种经典的数学方法,如精确法[16][23][31]和近似法[30][53]。

大多数情况下,学者们采用软计算方法来优化系统可靠性。文献[18]基于一种高效的基于生物地理学的优化算法,研究了五个串联子系统的可靠性-冗余分配最优化问题。对于相同的配置,文献[17]和文献[66]分别使用布谷鸟搜索(CS)和人工蜂群(ABC)进行了研究。针对串并联混合系统,研究了基于改进人工免疫(AI)算法[25]、差分进化(DE)算法[34]、改进的新型全局和谐搜索(INGHS)[12][48]、改进的帝国主义竞争算法(AR-ICA)[1]、布谷鸟搜索(CS)算法[17][62][63]、混合布谷鸟搜索和遗传算法混合(CS-GA)[27]、简化粒子群优化(SSO)算法[26]和新型人工鱼群算法(NAFSA)[22]。针对具有四个子系统组成的燃气轮机超速保护系统的整体系统可靠性优化,研究了 ABC 法[20]、惩罚引导随机分形搜索法[41]、粒子群优化算法[14]和人工智能算法[25]等多种方法。针对其他的系统结构配置,例如复杂桥梁网络、太空舱生命支持系统、M-单元架构系统和制药厂控制系统等进行了可靠性优化研究[19][20][44][3][47][54][68]。还有些研究将可靠性优化问题作为一个多目标优化问题进行研究[5][6][32][46][59]。

7.3　大规模系统可靠性-冗余分配

考虑包含有 20 个子系统,以串联方式连接的系统。整个系统的可靠性优化函数可表示为[44][67]

$$\text{Maximize } R_s(r,n) = \prod_{i=1}^{20} \left[1 - (1 - r_i)^{n_i} \right] \tag{7.2}$$

约束条件为

$$g_1(r,n) = \sum_{i=1}^{20} v_i n_i^2 \leqslant V \qquad (7.3)$$

$$g_2(r,n) = \sum_{i=1}^{20} \alpha_i (-T/\ln r_i)^{\beta_i} [n_i + \exp(n_i/4)] \leqslant C \qquad (7.4)$$

$$g_3(r,n) = \sum_{i=1}^{20} w_i n_i \exp(n_i/4) \leqslant W \qquad (7.5)$$

$0.5 \leqslant r_i \leqslant 1, r_i \in [0,1] \subset \mathbb{R}^+; 1 \leqslant n_i \leqslant 10, n_i \in \mathbb{Z}^+; i = 1,2,\cdots,20$

表 7.1 系统相关数据

子系统	$10^5 \alpha_i$	β_i	v_i	w_i	V	C	W	$T(h)$
1	0.6	1.5	2	8	500	600	800	1000
2	0.1	1.5	5	9				
3	1.2	1.5	5	6				
4	0.3	1.5	4	10				
5	2.9	1.5	4	8				
6	1.7	1.5	1	9				
7	2.6	1.5	1	9				
8	2.5	1.5	4	7				
9	1.3	1.5	4	9				
10	1.8	1.5	3	8				
11	2.4	1.5	3	9				
12	1.3	1.5	1	8				
13	1.2	1.5	1	7				
14	2.1	1.5	3	10				
15	0.9	1.5	4	6				
16	1.3	1.5	5	7				
17	1.9	1.5	1	7				
18	2.7	1.5	4	8				
19	2.8	1.5	2	9				
20	1.5	1.5	1	9				

其中，$R_s(r,n)$ 表示整个系统的可靠性，r 是系统中元件可靠性向量，n 是系统的冗余分配向量，$g(\cdot)$ 表示约束函数。V,C,W 分别表示体积、成本和重量限制条件。α_i 和 β_i 分别表示子系统 i 中每个元件的物理特性参数。表 7.1 所示为系统的参数[44]。本章考虑的限值分别为 500、600 和 800。

7.4　基于软计算方法的解决方案

当人类的专业知识有限或者问题的潜在解决方案存在于一个很大的范围时,软计算方法能够提供较好的解决方案。仿生软计算方法由于具有功能强大,可以在减少计算时间和成本的情况下找到好的解决方案的特性,因此在工程中得到广泛应用。

7.4.1　遗传算法

遗传算法是由文献[24]提出的,其灵感来源于人类和动物的进化。

遗传算法的主要步骤可以总结如下[10]。

(1)对可能的解决方案或染色体结构系统进行编码。

(2)设定一个解决方案的初始种群。

(3)确定用于评估解决方案的函数。

(4)一种选择用于产生新解决方案的方法。

(5)确定重组和变异算子,从现有的解决方案中创造新的解决方案。

(6)确定最佳解决方案。

图 7.2 所示为简化的遗传算法的流程图[55]。遗传算法显著优势是具有结果具有可信性和计算过程具有并行性。但遗传算法的缺点是它需要大量的评估函数,并且存在许多需要处理的超参数[57]。遗传算法已被广泛应用于机电系统设计[9]、更换旧元件[36][37]、选择冗余策略的多目标系统可靠性[56]、削减参数[51]、车间作业调度[11]、配电系统设计[60]和信号处理[21]等工程问题。

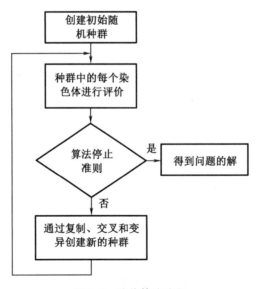

图 7.2　遗传算法流程

7.4.2　粒子群优化算法

另一种著名的优化问题的求解方法是粒子群优化算法[28]。其灵感来源于自然界中某些群体的移动行为,例如鸟类和鱼类,其中每个个体都被称为一个粒子。它基于每个粒子的位置和速度,进行优化求解。其主要步骤总结如下[43][58]。

(1)从解空间初始化粒子群。

(2)评估单个粒子的适合度。

(3)修改粒子位置、全局位置和速度。

(4)将每个粒子移动到新位置。

(5)转至步骤2,重复该步骤,直到满足收敛或停止条件。

粒子群优化算法的流程图如图7.3所示[57]。粒子群优化算法的主要优点是计算简单,执行速度快;其主要缺点是存在固定参数的值,在某些情况下可能会导致解的不收敛,并且难以解决离散问题[43][61]。使用粒子群优化算法解决了各种优化问题,例如加工参数优化[15]、电子电路设计[64]、机器人设计[4]、换热网综合设计[49]、供应链设计等问题[8]。

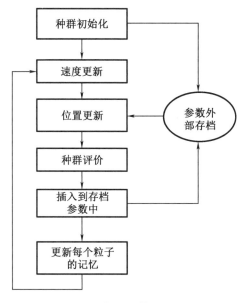

图7.3　粒子群算法流程

7.4.3　布谷鸟优化算法

布谷鸟优化算法(COA)由文献[52]最先提出,并成为一种广泛应用的优化算法。其灵感来自布谷鸟在其他鸟类的鸟巢中产卵寄生的生活方式。布谷鸟产的卵,能够模仿被寄生鸟类卵的颜色和图案。但是一些卵能被宿主鸟识别并破坏掉。另一方面,当蛋孵化成功时,一些布谷鸟的幼鸟会饿死,因为布谷鸟的幼鸟的饮食比宿主鸟的小鸟大得多。因此,布谷鸟会试图找到最好的生活区域[42][52]。

本章中使用的布谷鸟优化算法的主要步骤如下[41]。

(1)初始化。

(2)确定产卵半径。

(3)识别卵。

(4)孵化与评价。

(5)迁徙(将成熟的布谷鸟移到新区)。

(6)如果达到布谷鸟的代数,则停止;否则,请转至第二步。

布谷鸟优化算法的流程图如图 7.4 所示[41]。收敛性是布谷鸟优化算法的优点[43]。对于多目标问题,布谷鸟优化算法并不成熟。

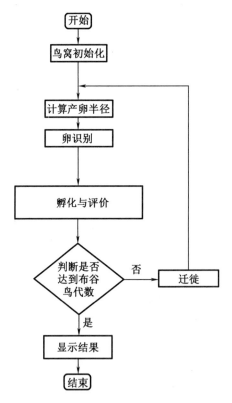

图 7.4　布谷鸟算法的流程

对于多目标问题,COA 的实现并不流畅。布谷鸟优化算法在解决强优化问题方面的有效性已被证明,例如加工参数优化、寿命预测、老旧部件的更换、电力系统设计、PID 控制参数优化、热电联产调度经济性优化和裂纹探测等。

7.5 结 果 分 析

针对这三种算法,使用 MATLAB 软件(2015)进行编程,并在个人计算机(G620 2.60 GHz,内存 4 GB)上运行。遗传算法、粒子群优化算法和布谷鸟优化算法的种群大小(个体数或者染色体数)、粒子群中粒子的数量和区域中的布谷鸟数量均为 40。表 7.2 所示为三种算法的计算结果和评价函数的数量(NFE)。

表 7.2 三种算法的计算结果和评价函数的数量

方法	$(n_1, n_2, \cdots, n_{20})$	$(r_1, r_2, \cdots, r_{20})$	R_s	NFE	CPU (s)
GA	(2, 2, 2, 2, 2, 1, 2, 3, 2, 3, 4, 1, 3, 2, 5, 3, 2, 3, 2, 3)	(0.886 81, 0.920 59, 0.885 49, 0.909 11, 0.832 91, 0.933 66, 0.851 13, 0.756 81, 0.874 42, 0.757 88, 0.712 54, 0.934 03, 0.773 69, 0.858 99, 0.649 68, 0.798 25, 0.855 95, 0.753 53, 0.847 06, 0.800 85)	0.675 17	30 000	512
PSO	(4, 2, 2, 2, 3, 3, 3, 2, 3, 3, 2, 2, 2, 2, 3, 2, 2, 3, 2, 3)	(0.744 37, 0.950 51, 0.884 86, 0.914 95, 0.782 48, 0.80 16, 0.736 05, 0.852 06, 0.828 68, 0.800 48, 0.855 68, 0.885 84, 0.879 91, 0.861 23, 0.839 58, 0.882 52, 0.861 21, 0.771 8, 0.851 38, 0.783 05)	0.779 26	17 000	371
COA	(3, 2, 3, 2, 3, 2, 3, 2, 2, 3, 2, 2, 3, 2, 3, 3, 3, 3, 3, 2)	(0.814 29, 0.935 83, 0.820 47, 0.927 84, 0.770 02, 0.875 3, 0.782 1, 0.859 52, 0.878 33, 0.803 36, 0.86, 0.878 24, 0.844 57, 0.861 3, 0.835 8, 0.822 66, 0.795 59, 0.778 57, 0.768 73, 0.873 27)	**0.803 77**	**10 000**	229

表中黑体表示最优结果。

从表 7.2 可以看出,遗传算法、粒子群优化算法和布谷鸟优化算法得到的系统可靠性分别为 0.675 17、0.779 26 和 0.803 77。布谷鸟算法得到了系统可靠性的最大值即 R_s = 0.803 77。此外,各算法所需的评估函数的数量分别为 30 000、17 000 和 10 000。另一方面,每种算法消耗的 CPU 时间分别为 512 秒(GA)、371 秒(PSO)和 229 秒(COA)。因此,可以说解决这个问题的最佳算法是 COA。图 7.5 显示了系统可靠性的对比。

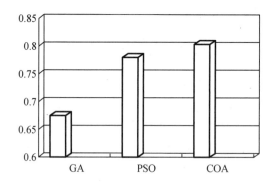

图 7.5 三种优化算法得到的系统可靠性结果

7.6 小 结

本章针对一个大型系统可靠性-冗余分配问题进行了研究,针对一个涉及 20 个串联的子系统组成的系统进行了优化分析。该问题包含 40 个决策变量,即混合实整数优化问题。系统可靠性的最大化受到三个设计约束,即体积、重量和成本。实现了三种软计算方法,即遗传算法、粒子群算法和布谷鸟优化算法。事实证明,与其他两种方法相比,布谷鸟优化算法提高了整个系统的可靠性,并且需要的评估函数更少。后续将开发一种混合方法来进一步改进系统的可靠性。同时也将考虑将案例作为多目标问题进行研究优化。

参 考 文 献

1. Afonso, L. D., Mariani, V. C., & Dos Santos Coelho, L. (2013). Modified imperialist competitive algorithm based on attraction and repulsion concepts for reliability-redundancy optimization. *Expert Systems with Applications*, 40(9), 3794-3802. doi:10. 1016/j. eswa. 2012. 12. 093.

2. Afzali, P., & Keynia, F. (2017). Lifetime efciency index model for optimal maintenance of power substation equipment based on cuckoo optimisation algorithm. *IET Generation, Transmission & Distribution*, 11(11), 2787-2795.

3. Agarwal, M., & Sharma, V. K. (2010). Ant colony approach to constrained redundancy optimization in binary systems. *Applied Mathematical Modelling*, 34(4), 992-1003. doi:10. 1016/j. apm. 2009. 07. 016.

4. Alici, G., Jagielski, R., Ahmet Şekercioglu, Y., & Shirinzadeh, B. (2006). Prediction of geometric errors of robot manipulators with Particle Swarm Optimisation method. *Robotics and Autonomous Systems*, 54(12), 956-966. doi:10. 1016/j. robot. 2006. 06. 002.

5. Ardakan, M. A. , & Rezvan, M. T. (2018). Multi−objective optimization of reliability−redundancy allocation problem with cold−standby strategy using NSGA−II. *Reliability Engineering and System Safety*, 172, 225−238. doi: 10.1016/j. ress. 2017.12.019.

6. Ashraf, Z. , Muhuri, P. K. , Lohani, Q. M. D. , & Nath, R. (2014). Fuzzy multi−objective reliability−redundancy allocation problem. In *IEEE International Conference on Fuzzy Systems*, 6−11 *July* 2014, *Beijing*, *China* (pp. 2580−2587). doi:10.1109/FUZZ−IEEE. 2014. 6891889.

7. Avizienis, A. , Villemeur, J. C. , & Randell, B. (2004). Dependability and its threats: Ataxonomy. In 18*th World Computer Congress*. Toulouse, France.

8. Baris, Y. , & Ernesto, M. (2016). Supply chain network design using an enhanced hybrid swarm−based optimization algorithm. In V. N. D. Pandian Vasant, G. W. Weber (Ed.), *Handbook of Research on Modern Optimization Algorithms and Applications in Engineering and Economics* (IGI Global, USA, pp. 95−112).

9. Behbahani, S. , & de Silva, C. W. (2013). Mechatronic design evolution using bond graphs and hybrid genetic algorithm with genetic programming. *IEEE/ASME Transactions on Mechatronics*, 18(1), 190−199.

10. Chambers, L. D. (1999). *Practical Handbook of Genetic Algorithms: Complex Coding Systems* (*CRC Press*). Boca Raton, FL, USA.

11. Chan, F. T. S. , Choy, K. L. , & Bibhushan. I. (2011). A genetic algorithm−based scheduler for multiproduct parallel machine sheet metal job shop. *Expert Systems with Applications*, 38(7), 8703−8715. doi:10.1016/j. eswa. 2011. 01. 078.

12. Chen, T. C. (2006). IAs based approach for reliability redundancy allocation problems. *Applied Mathematics and Computation*, 182(2), 1556−1567. doi:10.1016/j. amc. 2006. 05. 044.

13. Chowdhury, A. A. , & Koval, D. O. (2009). *Power Distribution System Reliability: Practical Methods and Applications* (John Wiley). NJ, USA.

14. Coelho, L. dos S. (2009). An efcient particle swarm approach for mixed−integer programming in reliability-redundancy optimization applications. *Reliability Engineering and System Safety*, 94(4), 830−837. doi:10.1016/j. ress. 2008. 09. 001.

15. Costa, A. , Celano, G. , & Fichera, S. (2011). Optimization of multi−pass turning economies through a hybrid particle swarm optimization technique. *The International Journal of Advanced Manufacturing Technology*, 53, 421−433. doi:10.1007/s00170−010−2861−6.

16. Djerdjour, M. , & Rekab, K. (2001). A branch and bound algorithm for designing reliable systems at a minimum cost. *Applied Mathematics and Computation*, 118(2−3), 247−259. doi:10.1016/S0096−3003(99)00217−9.

17. Garg, H. (2015a). An approach for solving constrained reliability−redundancy allocation problems using cuckoo search algorithm. *Beni−Suef University Journal of Basic and*

Applied Sciences, 4(1), 14-25. doi:10. 1016/j. bjbas. 2015.02. 003.

18. Garg, H. (2015b). An efcient biogeography based optimization algorithm for solving reliability optimization problems. *Swarm and Evolutionary Computation*, 24, 1 – 10. doi:10. 1016/j. swevo. 2015. 05. 001.

19. Garg, H., Rani, M., & Sharma, S. P. (2013). An efficient two phase approach for solving reliability-redundancy allocation problem using artificial bee colony technique. *Computers and Operations Research*, 40(12), 2961-2969.

20. Garg, H., & Sharma, S. P. (2013). Reliability-redundancy allocation problem of pharmaceutical plant. *Journal of Engineering Science and Technology*, 8(2), 190-198.

21. Han, X., & Chang, X. (2013). An intelligent noise reduction method for chaotic signals based on genetic algorithms and lifting wavelet transforms. *Information Sciences*, 218, 103-118. doi:10. 1016/j. ins. 2012. 06. 033.

22. He, Q., Hu, X., Ren, H., & Zhang, H. (2015). A novel artificial fish swarm algorithm for solving large-scale reliability-redundancy application problem. *ISA Transactions*, 59, 105-113. doi:10. 1016/j. isatra. 2015. 09. 015.

23. Hikita, M., Nakagawa, Y., Nakashima, K., & Narihisa, H. (1992). Reliability optimization of systems by a surrogate-constraints algorithm. *IEEE Transactions on Reliability*, 41 (3), 413-480.

24. Holland, J. H. (1975). *Adaptation in Natural and Artificial Systems* (University of Michigan Press). Ann Arbor, MI, USA. doi:10. 1137/1018105.

25. Hsieh, Y. C., & You, P. S. (2011). An effective immune based two-phase approach for the optimal reliability-redundancy allocation problem. *Applied Mathematics and Computation*, 218(4), 1297-1307.

26. Huang, C. -L. (2015). A particle-based simplied swarm optimization algorithm for reliability redundancy allocation problems. *Reliability Engineering & System Safety*, 142, 221-230. doi:10. 1016/j. ress. 2015. 06. 002.

27. Kanagaraj, G., Ponnambalam, S. G., & Jawahar, N. (2013). A hybrid cuckoo search and genetic algorithm for reliability – redundancy allocation problems. *Computers and Industrial Engineering*, 66(4), 1115-1124. doi:10. 1016/j. cie. 2013. 08. 003.

28. Kennedy, J., & Eberhart, R. (1995). Particle swarm optimization. Neural Networks, 4, 1942 – 1948. doi:10. 1109/ICNN. 1995. 488968, 1995. Proceedings., *IEEE International Conference*.

29. Klyatis, L. M. (2011). *Accelerated Reliability and Durability Testing Technology* (John Wiley). NJ, USA.

30. Kolesar, P. J. (1967). Linear programming and the reliability of multi – component systems. *Naval Research Logistics Quarterly*, 15, 317-327.

31. Kulshrestha, D. K., & Gupta, M. C. (1973). Use of dynamic programming for

reliability engineers. *IEEE Transactions on Reliability*, R-22, 240-241.

32. Kumar, A., Pant, S., Ram, M., & Singh, S. B. (2017). On solving complex reliability optimization problem using multi-objective particle swarm optimization. In *Mathematics Applied to Engineering*(Academic P, Chichester, UK, pp. 115-131).

33. Levin, M. A., & Kalal, T. T. (2003). Reliability concepts. *In Improving Product Reliability*: *Strategies and Implementation* (John Wiley, pp. 47-63). Chichester.

34. Liu, Y., & Qin, G. (2015). A DE algorithm combined with Lévy flight for reliability redundancy allocation problems. *International Journal of Hybrid Information Technology*, 8(5), 113-118.

35. Mellal, M. A., Adjerid, S., Williams, E. J., & Benazzouz, D. (2012). Optimal replacement policy for obsolete components using cuckoo optimization algorithm based-approach: Dependability context. *Journal of Scientific and Industrial Research*, 71(11), 715-721.

36. Mellal, M. A., Adjerid, S., Benazzouz, D., Berrazouane, S., & Williams, E. J. (2013a). Obsolescence optimization of electronic and mechatronic components by considering dependability and energy consumption. *Journal of Central South University*, 20(5), 1221-1225. doi:10.1007/s11771-013-1605-9.

37. Mellal, M. A., Adjerid, S., Benazzouz, D., Berrazouane, S., & Williams, E. J. (2013b). Optimal policy for the replacement of industrial systems subject to technological obsolescence - Using genetic algorithm. *Acta Polytechnica Hungarica*, 10(1), 197-208.

38. Mellal, M. A., Adjerid, S., & Williams, E. J. (2017). Replacement optimization of industrial components subject to technological obsolescence using artificial intelligence. In 2017 *6th International Conference on Systems and Control*, ICSC 2017, *Batna*, *Algeria*. doi:10.1109/ICoSC.2017.7958637.

39. Mellal, M. A., & Williams, E. J. (2015a). Cuckoo optimization algorithm for unit production cost in multi - pass turning operations. *The International Journal of Advanced Manufacturing Technology*, 76(1-4), 647-656. doi:10.1007/s00170-014-6309-2.

40. Mellal, M. A., & Williams, E. J. (2015b). Cuckoo optimization algorithm with penalty function for combined heat and power economic dispatch problem. *Energy*, 93, 1711-1718. doi:10.1016/j. energy. 2015. 10. 006.

41. Mellal, M. A., & Williams, E. J. (2016). Total production time minimization of a multipass milling process via cuckoo optimization algorithm. *International Journal of Advanced Manufacturing Technology*. doi:10.1007/s00170-016-8498-3.

42. Mellal, M. A., & Williams, E. J. (2017). The cuckoo optimization algorithm and its applications. In Samui, P., Roy, S. S., & Balas, V. E (Eds.), In *Handbook of Neural Computation*(Elsevier, pp. 269-277).

43. Mellal, M. A., & Williams, E. J. (2018). A survey on ant colony optimization, particle swarm optimization, and cuckoo algorithms. Vasant, P., Alparslan-Gok, S. Z., &

Weber, G. W (Eds.), In *Handbook of Research on Emergent Applications of Optimization Algorithms* (IGI Global, USA, 37-51). USA.

44. Mellal, M. A., & Zio, E. (2016). A penalty guided stochastic fractal search approach for system reliability optimization. *Reliability Engineering and System Safety*, 152, 213-227.

45. Moezi, S. A., Zakeri, E., & Zare, A. (2018). Structural single and multiple crack detection in cantilever beams using a hybrid Cuckoo - Nelder - Mead optimization method. *Mechanical Systems and Signal Processing*, 99. doi:10.1016/j.ymssp.2017.07.013.

46. Muhuri, P. K., Ashraf, Z., & Lohani, Q. M. D. (2017). Multi - objective Reliability - Redundancy Allocation Problem with Interval Type - 2 Fuzzy Uncertainty. *IEEE Transactions on Fuzzy Systems*. doi:10.1109/TFUZZ.2017.2722422.

47. Murty, B. S. N., & Reddy, P. J. (1999). Reliability optimization of complex systems using modied random-to-pattern search (MRPS) algorithm. *Quality and Reliability Engineering International*, 15(3), 239-243.

48. Ouyang, H., Gao, L., Li, S., & Kong, X. (2015). Improved novel global harmony search with a new relaxation method for reliability optimization problems. *Information Sciences*, 305, 14-55. doi:10.1016/j.ins.2015.01.020.

49. Pavao, L. V., Costa, C. B. B., & Ravagnani, M. A. S. S. (2017). Heat Exchanger Network Synthesis without stream splits using parallelized and simplified simulated Annealing and Particle Swarm Optimization. *Chemical Engineering Science*, 158, 96-107. doi:10.1016/j.ces.2016.09.030.

50. Pham, H. (2006). Basic statistical concepts. *In Springer Handbook of Engineering Statistics* (Springer L, pp. 3-48). London.

51. Rai, J. K., Brand, D., Slama, M., & Xirouchakis, P. (2011). Optimal selection of cutting parameters in multi - tool milling operations using a genetic algorithm. *International Journal of Production Research*, 49(10), 3045-3068. doi:10.1080/00207540903382873.

52. Rajabioun, R. (2011). Cuckoo optimization algorithm. *Applied Soft Computing*, 11(8), 5508-5518.

53. Ramirez-Marquez, J. E., Coit, D. W., & Konak, A. (2004). Redundancy allocation for series-parallel systems using a max-min approach. *IIE Transactions*, 36(9), 891-898.

54. Ravi, V., Murty, B. S. N., & Reddy, P. J. (1997). Nonequilibrium simulated annealing-algorithm applied to reliability optimization of complex systems. *IEEE Transactions on Reliability*, 46(2), 233-239. doi:10.1109/24.589951.

55. Renner, G., & Ekart, A. (2003). Genetic algorithms in computer aided design. *Computer-Aided Design*, 35(8), 709-726.

56. Safari, J. (2012). Multi - objective reliability optimization of series - parallel systems with a choice of redundancy strategies. *Reliability Engineering and System Safety*, 108, 10-20. doi:10.1016/j.ress.2012.06.001.

57. Sivanandam, S. N., & Deepa, S. N. (2008a). *Introduction to Genetic Algorithms* (Springer B). Berlin.

58. Sivanandam, S. N., & Deepa, S. N. (2008b). Introduction to particle swarm optimization and ant colony optimization. In *Introduction to Genetic Algorithms* (Springer, Germany, pp. 403–424).

59. Sudeng, S., & Wattanapongsakorn, N. (2014). A preference–based multi–objective evolutionary algorithm for redundancy allocation problem. In 2014 *International Conference on IT Convergence and Security*, *ICITCS* 2014. doi:10.1109/ICITCS.2014.7021714.

60. Torres, J., Guardado, J. L., Rivas–Dávalos, F., Maximov, S., & Melgoza, E. (2013). A genetic algorithm based on the edge window decoder technique to optimize power distribution systems reconfiguration. *International Journal of Electrical Power and Energy Systems*, 45(1), 28–34. doi:10.1016/j.ijepes.2012.08.075.

61. Selvi, V., & Umarani, R. (2010). Comparative analysis of ant colony and particle swarm optimization techniques. *International Journal of Computer Applications*, 5(4), 975–8887. doi:10.5120/908–1286.

62. Valia, E. (2014). Solving reliability optimization problems by cuckoo search. Yang, X. S (Ed.), In *Cuckoo Search and Firefly Algorithm – Theory and Applications* (Springer I, Switzerland, pp. 195–215).

63. Valian, E., Tavakoli, S., Mohanna, S., & Haghi, A. (2013). Improved cuckoo search for reliability optimization problems. *Computers and Industrial Engineering*, 64(1), 459–468. doi:10.1016/j.cie.2012.07.011.

64. Vural, R. A., Der, O., & Yildirim, T. (2011). Investigation of particle swarm optimization for switching characterization of inverter design. *Expert Systems with Applications*, 38(5), 5696–5703. doi:10.1016/j.eswa.2010.10.064.

65. Xiao, L., Shao, W., Yu, M., Ma, J., & Jin, C. (2017). Research and application of a hybrid wavelet neural network model with the improved cuckoo search algorithm for electrical power system forecasting. *Applied Energy*, 198, 203–222. doi:10.1016/j.apenergy.2017.04.039.

66. Yeh, W.–C., & Hsieh, T.–J. (2011). Solving reliability redundancy allocation problems using an artificial bee colony algorithm. *Computers & Operations Research*, 38(11), 1465–1473. doi:10.1016/j.cor.2010.10.028.

67. Zhang, H., Hu, X., Shao, X., Li, Z., & Wang, Y. (2013). IPSO–based hybrid approaches for reliability–redundancy allocation problems. *Science China Technological Sciences*, 56(11), 2854–2864.

68. Zou, D., Liu, H., Gao, L., & Li, S. (2011). A novel modified differential evolution algorithm for constrained optimization problems. *Computers and Mathematics with Applications*, 61(6), 1608–1623. doi:10.1016/j.camwa.2011.01.029.

8　一种无分布约束的可靠性监测方案

8.1　简　介

控制框图主要用于制造业的过程监控。然而,其在常规用途以外的领域的应用也在逐步增加。同时值得注意的是,统计过程控制被证实也有助于提高元件或者结构的可靠性水平。休哈特型控制框图,尤其是用于监测缺陷数量的控制图,可用于监测每个固定时间间隔内的故障数量。

一般来说,故障过程监测是复杂系统或可修复系统的一个重要问题。统计控制图可用于此类故障过程监控,以达到理想的元件性能水平。通常通过绘制单位时间内的故障数量或者损坏数量来实现这一目的。系统故障的发生通常包含有关系统稳定性的关键信息。尤其是对于高度可靠的结构,利用这些信息来检测可能的不稳定性是至关重要的。系统中的不稳定性可视为故障间隔时间分布的畸变:分布可能发生改变或者平移。这种变化可以通过统计控制图进行监控。有关基于控制图的可靠性监控的更多详细信息,感兴趣的读者请参阅文献[11]和文献[9]。

控制图是一种统计技术,用于检测生产过程中与目标规范的可能偏差。文献[12]研究了指数控制图的设计,使用次序抽样方案监测部件或结构的失效过程。文献[11]提出了一种基于两个缺陷观察之间累积产量的控制方案,以监控失效过程。该研究考虑了具有已知参数的指数分布和威布尔分布,来对故障间隔时间进行建模,从而得到精确分布函数并构造控制极限。实际上,文献[11]研究了使用控制图技术来监测部件的故障,可证明该方法适用于可靠性监测。

文献中已经提出了大量的监测方案,这些方案都是基于这样的假设,即过程遵循特定的概率分布。然而,这种假设在实践中并不总是正确的,因此导致得出的控制图可能不可靠。为了解决这个问题,同时保持传统监测方案的结构,文献中又提出了几种非参数控制图。例如,文献[4]提出了一种新的无分布约束的 Shewhart-型控制图,该控制图基于单个观察点的位置和位于控制限之间的总体观测样本。此外,文献[10]提出了一种基于测试样本二阶统计量位置的改进控制方案。文献[8]提出了一种基于 Lepage 统计的位置和规模联合监测控制方案。在类似的方案中,文献[6]利用 Cucconi 统计量建立了一个非参数控制图。文献[3]提出通过测试样本观察数据定义的基于秩的统计数据,以确定该过程是否处于可控状态。关于这一研究的最新进展可参考文献[7]和文献[2]。关于无分布约束的可靠性监控方案的详细内容,可参阅文献[5]。

在本章中,提出一种新的无分布约束监控方案,该方案基于从参考样本中获取的特定次序统计信息。在确定过程的状态时,将考虑介于参考样本和特定次序样本之间的观测结果。第8.2节详细描述了上述无分布约束控制图系列。在第8.3节中,研究了上述无分布约束的主要特征,在第8.4节中,进行了数值实验,说明所提方案检测过程分布变化的能力。最后,在第8.5节中,阐述了新的非参数控制图在可靠性监控中的实现。

8.2　可靠性监测方案

令 $X_1, X_2, \cdots X_m$ 表示潜在分布 $F_X(x) = F(x)$ 过程中采样得到的参考样本。然后指定二阶统计为:$X_{a:m}, X_{b:m}, 1 \leqslant a < b \leqslant m$。整数 a, b 表示设计参数,并经过适当的选择能够满足预定的性能水平。

下一步假设样本是独立获取的,并关注该过程是否仍在控制之中。具体而言,令 $Y_1,$ $Y_2, \cdots, Y_n$ 表示测试样本,$F_Y(x) = G(x)$ 表示累计分布函数。此时,主要目标是找出潜在分布从 $F(x)$ 到 $G(x)$ 可能发生的变化,即验证假设检验 $H_0 : F(x) = G(x)$ 和备选假设 $H_1 : F(x) \neq G(x)$ 哪个是正确命题。

基于以上描述,利用从过程中采样提取得到的三个测试样观测值的位置,提出非参数控制方案。具体而言就是分别选择第 i,第 j 和第 k 阶次序统计样本 $Y_{i:n}, Y_{j:n}, Y_{k:n}$,并与测试数据一起使用:

$$R = R(Y_1, Y_2, \cdots, Y_n; X_{a:m}, X_{b:m}) = \{t \in \{1, 2, \cdots, n\} : X_{a:m} \leqslant Y_t \leqslant X_{b:m}\} \quad (8.1)$$

R 只是介于控制上限和控制下限之间的测试样本观察样本集。

本章提出的无分布约束控制图采用了一个控制内规则,该规则包含以下条件:

条件1:观测样本 $Y_{i:n}, Y_{j:n}, Y_{k:n}$ 应位于参考样本次序统计量 $X_{a:m}$ 和 $X_{b:m}$ 之间,即 $X_{a:m} \leqslant Y_{i:n} \leqslant Y_{j:n} \leqslant Y_{k:n} \leqslant X_{b:m}$。

条件2:位于次序统计量 $X_{a:m}$ 和 $X_{b:m}$ 之间的 Y 样本的个数应大于等于 r,即 $R \geqslant r$。

上述条件定义了四个独立的绘图统计信息。即所提出的无分布约束监测方案需要构建四个不同的控制图。第一个控制图,定义为控制图1,是基于条件1描述了测试统计 $Y_{i:n}$。控制图2和3分别为观测值 $Y_{j:n}$ 和 $Y_{k:n}$。控制图4为单边控制图,来得到统计量 R 的信息。常数 a, b, r 为所提出的监测方案中的设计参数,应该确定其适当值,用于计算上述控制图的相应限值。也就是,观测值 $X_{a:m}$ 和 $X_{b:m}$ 起着计算双边控制图极限的作用,参数 r 与控制图4的单边控制限值一致。

如果以下条件成立,则认为过程处于控制状态:

$$X_{a:m} \leqslant Y_{i:n}, Y_{j:n}, Y_{k:n} \leqslant X_{b:m}, R \geqslant r, i < j < k \quad (8.2)$$

该监测方案中存在着大量的设计参数,例如 m, n, a, b, i, j, k, r。这些参数的存在使得该监测方案具备一定的可行性,通过选择不同的参数可实现预期水平的可控制和不可控制性能。显然可以在不激活式(8.1)中所述的统计数据的附加规则的情况下应用所提出的控制图。因为通过选择适当的设计参数可以有效地确定介于 $X_{a:m}$ 和 $X_{b:m}$ 之间的观测样本数量。

此时,只要至少 $Y_{i:n}$、$Y_{j:n}$、$Y_{k:n}$ 中的一个观测值超出对应的控制极限,则改进的控制图就会产生一个控制信号。参数 r 为设计者提供了构建更加灵活的控制图的途径。因此本章通过参数 r 来设计控制图。

8.3   监测方案的主要特点

根据第 8.2 节所建立的控制图可知所提出的监测方案中无信号发出的概率表示为:

$$p=p(m,n,a,b,i,j,k,r;F,G)=P(X_{a:m}\leq Y_{i:n}\leq Y_{j:n}\leq Y_{k:n}\leq X_{b:m} \text{ 且}$$
$$R(Y_1,Y_2,\cdots,Y_n;X_{a:m},X_{b:m})\geq r) \tag{8.3}$$

式(8.3)中所定义的概率表示新控制方案的运行特性函数。此时原假设检验可定义为:$H_0:F=G$。则其备选假设对应的互补概率表示该控制方案的虚警率(FAR)。

$$FAR=1-p(m,n,a,b,i,j,k,r;F,F)$$

接下来推导出一个封闭公式来计算式(8.3)中的 $p=p(m,n,a,b,i,j,k,r;F,G)$。下面的命题提供了一个更一般的分布结果,后继将证明该命题是非常有用的。

定理 8.1   令 $U_1,U_2,\cdots,U_n$ 表示在区间 $(0,1)$ 上均匀分布的随机采样样本,$U_{i:n}$、$U_{j:n}$、$U_{k:n}$ 分别表示其第 i 阶、第 j 阶和第 k 阶次序统计。则如下的概率公式:

$$q(v,w;r)=P(v\leq U_{i:n}\leq U_{j:n}\leq U_{k:n}\leq w \text{ and } |\{i\in\{1,2,\cdots,n\}:v\leq U_i\leq w\}|\geq r)$$
$$0\leq v<w\leq 1$$

可通过:

$$q_{c_1,c_2,c_3,c_4}(v,w)=\frac{n!}{(i-c_1-1)!\ (n-k-c_4)!\ (c_1+c_2+c_3+c_4+3)!}\times v^{i-c_1-1}(w-v)^{c_1+c_2+c_3+c_4+3}(1-w)^{n-k-c_4} \tag{8.4}$$

表示为:

$$q(v,w;r)=\sum_{c_1=0}^{n-3}\sum_{c_4=\max(0,r-c_1-c_2-c_3-3)}^{n-c_1-c_2-c_3-3}q_{c_1,c_2,c_3,c_4}(v,w),\quad 0\leq v<w\leq 1 \tag{8.5}$$

证明:事件 $\{v\leq U_{i:n}\leq U_{j:n}\leq U_{k:n}\leq w \mid i\in\{1,2,\cdots,n\}:v\leq U_i\leq w \mid\geq r\}$ 发生时,$U_1,U_2,\cdots,U_n$ 中的三个随机变量的值为 $u_1,u_2,u_3\in[v,w]$,$u_1\leq u_2\leq u_3$ 且 $c_1+c_2+c_3+c_4\geq r-3$ 个剩余的随机变量服从均匀分布且值在区间 $[v,w]$ 中,且满足如下条件:

$U_1,U_2,\cdots,U_n$ 中 $i-c_1-1$ 个随机变量小于等于 v;

$U_1,U_2,\cdots,U_n$ 中 c_1 个随机变量大于等于 v 且小于 u_1;

$U_1,U_2,\cdots,U_n$ 中 c_2 个随机变量大于等于 u_1 且小于 u_1;

$U_1,U_2,\cdots,U_n$ 中 c_3 个随机变量大于等于 u_2 且小于 u_3;

$U_1,U_2,\cdots,U_n$ 中 c_4 个随机变量大于等于 u_3 且小于 w;

$U_1,U_2,\cdots,U_n$ 中 $n-k-c_4$ 个随机变量大于等于 w;

存在以上情况的概率可以表示为多项式：

$$\frac{n!}{(i-c_1-1)!\ c_1!\ c_2!\ c_3!\ c_4!\ (n-k-c_4)!}v^{i-c_1-1}(u_1-v)^{c_1}(u_2-u_1)^{c_2}\times$$

$$(u_3-u_2)^{c_3}(w-u_3)^{c_4}(1-w)^{n-k-c_4}$$

关于 u_1,u_2,u_3 满足 $v\leqslant u_1\leqslant u_2\leqslant u_3\leqslant w$，可推导出：

$$q_{c_1,c_2,c_3,c_4}(v,w)=\int_v^w\int_v^{u_3}\int_v^{u_2}\frac{n!}{(i-c_1-1)!\ c_1!\ c_2!\ c_3!\ c_4!\ (n-k-c_4)!}v^{i-c_1-1}(u_1-v)^{c_1}\times$$

$$(u_2-u_1)^{c_2}(u_3-u_2)^{c_3}(w-u_3)^{c_4}(1-w)^{n-k-c_4}du_1du_2du_3$$

因此，结果可通过将 c_1、c_2、c_3、c_4 的所有可能值相加得到，即对于 c_1、c_2、c_3、c_4 所有非负整数值，满足如下条件：

$$c_1+c_2+c_3+c_4+3\geqslant r$$

$$c_1+c_2+c_3+c_4+3\leqslant n$$

其中：

$$c_2=j-i-1$$

$$c_3=k-j-1$$

令 $t_1=u_1-v/u_2-v$，可得到：

$$q_{c_1,c_2,c_3,c_4}(v,w)=B(c_1+1,c_2+1)\int_v^w\int_v^{u_3}\frac{n!}{(i-c_1-1)!\ c_1!\ c_2!\ c_3!\ c_4!\ (n-k-c_4)!}\times$$

$$v^{i-c_1-1}(u_2-v)^{c_1+c_2+1}(u_3-u_2)^{c_3}(w-u_3)^{c_4}(1-w)^{n-k-c_4}du_2du_3$$

其中：

$$B(c+1,d+1)=\int_0^1 t^c(1-t)^d dt$$

表示 Beta 函数。

然后，令 $t_2=u_3-u_2/u_3-v$，可推导出如下表达式：

$$q_{c_1,c_2,c_3,c_4}(v,w)=\frac{n!}{(i-c_1-1)!\ c_1!\ c_2!\ c_3!\ c_4!\ (n-k-c_4)!}B(c_1+1,c_2+1)\times$$

$$B(c_3+1,c_1+c_2+2)v^{i-c_1-1}(1-w)^{n-k-c_4}\times$$

$$\int_v^w(u_3-v)^{c_1+c_2+c_3+2}(w-u_3)^{c_4}du_3$$

将积分变量 u_3 变为 $t_3=\dfrac{u_3-v}{w-v}$，则定理得证。

然后建立一种直接计算新监测方案中运行特性函数(8.3)的方法。由于

$$p = E_{X_{a:m}, X_{b:m}} \left[P(X_{a:m} \leq Y_{i:n} \leq Y_{j:n} \leq Y_{k:n} \leq X_{b:m} \text{ and } R(Y_1, Y_2, \cdots, Y_n; X_{a:m}, X_{b:m}) \geq r) \right]$$

采用文献[4]和文献[10]所提出的类似方法,新的监测方案中的运行特性函数可表示为

$$p = p(m, n, a, b, i, j, k, r; F, G) = \int_0^1 \int_0^t q(GF^{-1}(s), GF^{-1}(t); r) f(s, t) \, ds \, dt$$

其中:

$$f(s, t) = \frac{m!}{(a-1)!\,(b-a-1)!\,(m-b)!} s^{a-1}(t-s)^{b-a-1}(1-t)^{m-b}, 0 < s < t < 1$$

表示区间$(0,1)$内均匀分布随机样本的次序统计量$U_{a:m}$,$U_{b:m}$的联合概率密度函数[1]。$q(v, w; r)$已由定理8.1给出。在等式(8.6)中令$F = G$,可推导出用于计算所提出的监测方案的虚警率的闭合计算公式。

定理8.2 式(8.2)中定义的监测方案的虚警率可由下式进行计算:

$$FAR = 1 - \sum_{c_1=0}^{n-3} \sum_{c_4=\max(0, r-c_1-c_2-c_3-3)}^{n-c_1-c_2-c_3-3}$$

$$\frac{\binom{a+i-c_1-2}{a-1}\binom{m-b+n-k+c_4}{m-b}\binom{b+c_1+c_2+c_3+c_4-a+2}{b-a-1}}{\binom{m+n}{n}} \quad (8.6)$$

证明:当过程处于控制状态时,方程(8.6)可以写成:

$$p = p(m, n, a, b, i, j, k, r; F, F)$$

$$= \int_0^1 \int_0^t q(s, t; r) f(s, t) \, ds \, dt$$

$$= \sum_{c_1=0}^{n-3} \sum_{c_4=\max(0, r-c_1-c_2-c_3-3)}^{n-c_1-c_2-3} \int_0^1 \int_0^t q_{c_1, c_2, c_3, c_4}(s, t) f(s, t) \, ds \, dt$$

调用方程(8.4),并采用二重积分,

$$\int_0^1 \int_0^t s^{a+i-c_1-2}(t-s)^{b+c_1+c_2+c_3+c_4-a+2}(1-t)^{m+n-b-k-c_4} \, ds \, dt$$

可以写作:

$$B(i + b + c_2 + c_3 + c_4 + 2, m - b + n - k - c_4 + 1) \times \int_0^1 t^{i+b+c_2+c_3+c_4+1}(1-t)^{m-b+n-k-c_4} \, dt$$

由此定理得证。

一般来说,当采用无分布约束监测方案时,信号事件是相关的。因此,控制方案的平均运行长度(ARL)不能按照信令概率的倒数进行计算。但是,可以利用有条件-无条件技术来推导精确的运行长度分布的表达式(参考文献[4])。本章中的非参数图的平均运行长度表达式可以写为

$$ARL = \sum_{k=0}^{\infty} \int_0^1 \int_0^t q^k \left(G \circ F^{-1}(s), G \circ F^{-1}(t); r \right) f(s,t) \, \mathrm{d}s \mathrm{d}t$$

也可以等价表示为

$$ARL = \int_0^1 \int_0^t \frac{1}{1 - q\left(G \circ F^{-1}(s), G \circ F^{-1}(t); r \right)} f(s,t) \, \mathrm{d}s \mathrm{d}t \tag{8.7}$$

显然,当 $G = F$ 时,方程式(8.7)简化为

$$ARL_{in} = \int_0^1 \int_0^t \frac{1}{1 - q(s,t;r)} f(s,t) \, \mathrm{d}s \mathrm{d}t \tag{8.8}$$

其中,$q(v,w;r)$ 的定义见式(8.5)。

评估非参数控制图失控性能的典型程序要求指定失控分布函数。例如,考虑一个具有控制分布函数为 $N(0,1)$ 且失控分布函数为 $G_\theta = N(\theta,1)$。则 ARL_{out} 的表达式为:

$$ARL_{out} = \int_0^1 \int_0^t \frac{1}{1 - q\left(G \circ \Phi^{-1}(s), G \circ \Phi^{-1}(t); r \right)} f(s,t) \, \mathrm{d}s \mathrm{d}t$$

8.4 数值计算结果

本节将通过一些数值计算来说明应用所提出的监测方案来检测潜在分布可能发生变化时的检测能力。本节依据第 8.3 节中推导出的理论结果进行数值计算。

表 8.1 给出了在不同的 m、n、a、b、i、j、k、r 值的情况下所设计的控制方案的不同虚警率值(FAR)。该计算由定理 8.2 的结果下计算得出的。表 8.1 的计算结果可用于非参数设计方案,以达到预期的控制性能效果。由于该监测方案中存在八个不同的参数,因此在设计过程中可以将其中某些参数固定,然后从其余参数中选择最优参数方案。同时,也可以设计一个能够满足多项需求的设计方案。如果我们的参考采用样本数量 $m = 100$,测试样本集数量为 $n = 5$,虚警率约为 0.05,针对这一需求,可以设计 $(a,b,i,j,k,r) = (5,96,2,3,4,3)$,此时的虚警率为 0.0505。

表 8.2 中给出了不同设计情况下的 ARL_0 值,在这些设计中都满足所提出的监测方案的控制性能的预期指标水平。如果参考样本数量为 $m = 200$,测试样本集数量为 $n = 25$,ARL_{in} 约等于 370,针对这一需求,可以设计 $(a,b,i,j,k,r) = (24,158,8,9,10,7)$,此时的 ARL_{in} 为 370.5。

表8.1 误报率计算结果

n	参考样本量(m)							
	40		60		100		200	
	(a, i, j, k, r)	FAR	(a, i, j, k, r)	FAR	(a, i, j, k, r)	FAR	(a, i, j, k, r)	FAR
5	(2, 2, 3, 4, 3)	0.0575	(3, 2, 3, 4, 3)	0.0538	(5, 2, 3, 4, 3)	0.0505	(10, 2, 3, 4, 3)	0.0479
	(3, 2, 3, 4, 3)	0.1090	(4, 2, 3, 4, 3)	0.0870	(6, 2, 3, 4, 4)	0.1145	(15, 2, 3, 4, 3)	0.0988
11	(3, 3, 4, 5, 4)	0.6072	(2, 2, 3, 5, 4)	0.0606	(6, 3, 4, 5, 8)	0.0566	(14, 3, 4, 8, 6)	0.0475
	(4, 3, 4, 6, 4)	0.1074	(3, 2, 3, 5, 4)	0.1107	(5, 3, 4, 5, 9)	0.0972	(19, 3, 4, 8, 6)	0.1009
25	(5, 7, 8, 11, 6)	0.0630	(3, 4, 6, 8, 6)	0.0589	(13, 7, 8, 9, 11)	0.0523	(6, 3, 4, 6, 5)	0.0468
	(6, 7, 8, 11, 6)	0.1088	(4, 4, 6, 8, 6)	0.1090	(16, 7, 8, 9, 6)	0.1113	(9, 3, 4, 5, 7)	0.1098

接下来,将对比所提出的非参数监测方案与文献所提方案的指标(T-chart hereafter)。表8.3和表8.4所示分别为正态分布 $N(\theta, \delta)$ 和拉普拉斯分布 $Laplace(\theta, \delta)$ 下的非参数控制图的 ARL 值。表8.3和表8.4的数值计算结果证实了无分布约束控制方案中 ARL 的无偏估计特性。此外,在所有的情况下,所提出的无分布约束控制方案的性能都优于文献[8],文献[6]和文献[10]等三个竞争性图表控制方案。在数值计算过程中,每种情况下的参考样本都是从 $\theta = 0, \delta = 1$ 的标准分布中进行提取得到的,同时对参数 θ, δ 的几种不同的组合进行了检验。当假定的潜在分布为正态分布时(见表8.3),对于位置参数 θ 和尺度参数 δ 的所有变化,所提出的控制方案的性能均优于其他控制方案。此外,表8.4所示,在拉普拉斯分布下,所提出的监测方案优于对抗图监测方案。

表8.2 不同设计情况下的 ARL_0 值

ARL_0	m	n	(LCL, UCL)	(i, j, k, r)	Exact ARL_{in}
370	200	10	(6, 173)	(3, 4, 5, 4)	377.2
		15	(10, 182)	(4, 5, 6, 8)	376.1
		25	(24, 158)	(8, 9, 10, 7)	370.5
	300	10	(10, 280)	(3, 4, 6, 4)	365.9
		15	(20, 253)	(5, 7, 8, 5)	371.6
		25	(27, 229)	(7, 8, 9, 8)	369.1
	400	10	(21, 361)	(4, 5, 6, 4)	375.7
		15	(26, 325)	(6, 7, 8, 5)	367.9
		25	(44, 317)	(8, 9, 10, 9)	369.4
	500	10	(16, 444)	(4, 5, 6, 4)	367.6
		15	(53, 441)	(6, 7, 8, 6)	369.3
		25	(34, 330)	(8, 9, 10, 8)	372.1
500	200	10	(7, 184)	(3, 4, 5, 4)	501.6
		15	(10, 196)	(4, 5, 6, 8)	495.2
		25	(18, 153)	(7, 9, 10, 6)	505.5
	300	10	(10, 290)	(3, 4, 5, 4)	499.6
		15	(18, 253)	(5, 7, 8, 5)	494.0
		25	(26, 240)	(7, 8, 9, 8)	501.7
	400	10	(16, 360)	(4, 5, 6, 4)	498.0
		15	(20, 327)	(6, 7, 8, 5)	500.9
		25	(42, 316)	(8, 9, 10, 9)	498.5
	500	10	(16, 448)	(4, 5, 6, 4)	498.2
		15	(21, 413)	(4, 5, 6, 4)	500.5
		25	(26, 330)	(8, 9, 10, 8)	500.7

表 8.3　正态分布 $N(\theta,\delta)$ 下的四种控制图的 ARL 值

θ	δ	New chart	T-chart	Shewhart-Cucconi Chart	Shewhart-Lepage Chart
0	1	465.2	446.6	509.4	513.0
0.25	1	153.3	163.9	253.6	257.6
0.5	1	32.0	51.64	68.6	66.5
1	1	3.3	7.4	7.7	7.7
1.5	1	1.3	2.1	2.1	2.1
2	1	1.1	1.2	1.2	1.2
0	1.25	50.3	61.4	74.5	102.9
0.25	1.25	28.2	35.7	54.9	70.6
0.5	1.25	11.4	17.9	26.2	30.9
1	1.25	2.6	5.0	6.2	6.7
1.5	1.25	1.3	2.1	2.4	2.5
2	1.25	1.1	1.3	1.3	1.4
0	1.5	14.9	20.2	24.3	37.5
0.25	1.5	11.1	15.0	20.4	29.9
0.5	1.5	6.4	9.8	13.4	17.8
1	1.5	2.3	4.1	5.3	6.1
1.5	1.5	1.3	2.1	2.4	2.7
2	1.5	1.1	1.4	1.5	1.6
0	1.75	7.0	10.0	11.7	19.1
0.25	1.75	6.0	8.5	10.7	16.4
0.5	1.75	4.4	6.5	8.4	12.1
1	1.75	2.1	3.5	4.4	5.5
1.5	1.75	1.4	2.1	2.4	2.8
2	1.75	1.1	1.5	1.6	1.8
0	2	4.2	6.2	7.1	11.5
0.25	2	4.0	5.7	6.8	10.8
0.5	2	3.3	4.8	5.8	8.6
1	2	2.0	3.1	3.8	4.8
1.5	2	1.4	2.0	2.4	2.9
2	2	1.1	1.5	1.7	1.9

表 8.4 拉普拉斯分布 *Laplace*(θ,δ) 下的四种控制图的 *ARL* 值

θ	δ	New Chart	T-chart	Shewhart-Cucconi Chart	Shewhart-Lepage Chart
0	1	465.2	446.6	509.6	508.3
0.25	1	273.4	276.9	381.6	366.9
0.5	1	124.4	159.2	191.0	159.2
1	1	17.9	45.7	26.5	19.9
1.5	1	3.1	12.2	4.8	4.1
2	1	1.2	3.6	1.8	1.7
0	1.25	87.7	107.5	124.5	153.2
0.25	1.25	60.4	75.9	100.6	121.5
0.5	1.25	34.1	50.4	61.7	66.2
1	1.25	8.33	19.6	14.6	14.0
1.5	1.25	2.4	7.2	4.4	4.2
2	1.25	1.2	2.9	2.0	2.0
0	1.5	30.8	43.1	47.8	66.8
0.25	1.5	23.7	33.2	42.1	55.2
0.5	1.5	15.6	24.3	29.6	36.8
1	1.5	5.4	11.7	10.7	11.1
1.5	1.5	2.1	5.3	4.0	4.1
2	1.5	1.2	2.6	2.1	2.2
0	1.75	15.0	22.8	24.4	36.4
0.25	1.75	12.5	18.7	22.0	32.7
0.5	1.75	9.2	14.7	16.9	23.2
1	1.75	4.1	8.2	7.9	9.2
1.5	1.75	2.0	4.4	3.7	4.0
2	1.75	1.3	2.4	2.1	2.3
0	2	8.9	14.3	14.5	22.9
0.25	2	7.8	12.2	13.6	21.1
0.5	2	6.2	10.0	11.3	16.6
1	2	3.4	6.3	6.3	7.9
1.5	2	1.9	3.8	3.5	3.9
2	2	1.3	2.3	2.1	2.3

8.5 说明性示例

为了便于说明,将所提出的控制方案用于故障过程监控。此示例中采用文献[11]表1中的数据。此示例中,采用的数据时故障间隔时间(单位是小时)。前20个数据服从以参数$\lambda = 0.1$的指数分布。这些数据作为所提出的控制方案的参考样本,样本容量为$m=20$。其余样本用于模拟过程平均值平移0.01的情况。通过从过程中独立抽取样本容量为$n=5$的测试样本来监测上述失效过程。所建立的控制方案为式(8.2),其虚警率为10%。为满足所提出的监测方案的预定的性能,其设计为$(a,b,i,j,k,r)=(1,20,2,3,4,4)$,虚警率为$FAR=0.0913$。因此,集中关注参考样本的第1阶和第20阶次序观测之间的观测样本上。如果测试样本的统计图$Y_{2;5},Y_{3;5},Y_{4;5}$介于次序统计$X_{1;20}=0.47,X_{20;20}=30.02$之间,且每个测试样本中至少存在四个观测值同时位于上述控制限值之间,则称该过程为受控过程。

图8.1至图8.4所示为所有可观测样本的统计图($Y_{2;5},Y_{3;5},Y_{4;5}$和R)。不难看出,虽然第一阶段样本没有产生失控信号(符合预期),在预期阶段(第二阶段)或整个第五和第六个样本上,两个测试样本上的非参数方案信号(统计图$Y_{3;5},Y_{4;5}$超过相应图的上限,而统计R超过下限)。

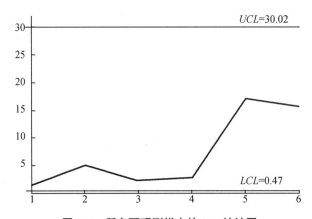

图 8.1　所有可观测样本的 $Y_{2;5}$ 统计图

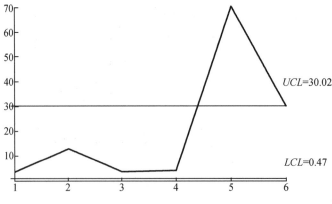

图 8.2　所有可观测样本的 $Y_{3;5}$ 统计图

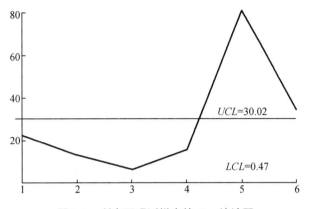

图8.3   所有可观测样本的 $Y_{4:5}$ 统计图

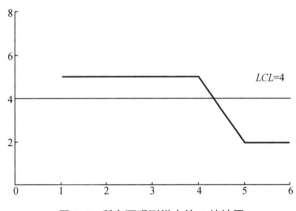

图8.4   所有可观测样本的 R 统计图

8.6   小   结

本章提出基于次序统计的可靠性监控方案。所提出的控制图的实用性源于这样一个事实,即不需要对过程的潜在分布进行假设。此外,新的控制方案为故障过程监测提供了一个强大的统计工具。本章的数值计算结果证实所提出的非参数控制图相对于其他的方案具有更好的性能。综上所述,构建无分布约束的可靠性监测方案已经引起了一些关注进行研究,但该方案仍有许多需要改进的地方。

参 考 文 献

1. Balakrishnan, N. & Ng, H. K. T. (2006). *Precedence-Type Tests and Applications*, Wiley Series in Probability and Statistics, John Wiley & Sons, Hoboken, NJ.

2. Balakrishnan, N., Paroissin, C. & Turlot, J.-C. (2015). One-sided control charts

based on precedence and weighted precedence statistics, *Quality and Reliability Engineering International*, 31, 113–134.

3. Balakrishnan, N., Triantafyllou, I. S. & Koutras, M. V. (2009). Nonparametric control charts based on runs and Wilcoxon-type rank-sum statistics, *Journal of Statistical Planning and Inference*, 139, 3177–3192.

4. Balakrishnan, N., Triantafyllou, I. S. & Koutras, M. V. (2010). A distribution-free control chart based on order statistics, *Communication in Statistics: Theory & Methods*, 39, 3652–3677.

5. Chakraborti, S. (2014). *Nonparametric (Distribution-Free) Quality Control Charts*, Wiley StatsRef: Statistics Reference Online.

6. Chowdhury, S., Mukherjee, A. & Chakraborti, S. (2014). A new distribution-free control chart for joint monitoring of unknown location and scale parameters of continuous distributions, *Quality and Reliability Engineering International*, 30, 191–2014.

7. Koutras, M. V. & Sofikitou, E. (2017). A bivariate semiparametric control chart based on order statistics, *Quality and Reliability Engineering International*, 33, 183–202.

8. Mukherjee, A. & Chakraborti, S. (2012). A distribution-free control chart for the joint monitoring of location and scale, *Quality and Reliability Engineering International*, 28, 335–352.

9. Surucu, B. & Sazak, H. S. (2009). Monitoring reliability for a three-parameter Weibull distribution, *Reliability Engineering and System Safety*, 94, 503–508.

10. Triantafyllou, I. S. (2017). Nonparametric control charts based on order statistics: some advances, *Communication in Statistics: Simulation & Computation*, accepted for publication, doi:10.1080/03610918.2017.1359283.

11. Xie, M., Goh, T. N. & Ranjan, P. (2002). Some effective control chart procedures for reliability monitoring, *Reliability Engineering and System Safety*, 77, 143–150.

12. Zhang, C. W., Xie, M. & Goh, T. N. (2006). Design of exponential control charts using a sequential sampling scheme. *IIE Transactions*, 38, 1105–1116.

9 用户端电力可靠性指标变化下的可持续混合能源系统建模与仿真

9.1 简 介

如果当前的煤炭、石油和天然气使用政策保持不变,一直持续下去,那么到2020年,全球气温预计将上升约2℃。全球气温升高将导致低海拔地区洪水泛滥,干旱地区沙漠化进程加剧,以及全球性的气候变化。因此,需要找到合适的可持续性的石化能源的替代能源。可再生能源发电不消耗石化能源,因此对环境的负面影响最小。再生能源发电可以采用公用电网模式供电也可以采用独立离网供电模式[1-10]。

文献[11]针对三相四线制光伏并网发电系统组成的混合储能系统,提出了一种新的能量管理算法。该系统包括电池和超级电容储能装置,能用于太阳能发电系统的能源可持续性利用。该研究针对八种不同的运行案例进行了实验和分析,发现所提出的算法能够以更低的运行成本和更高的系统运行效率为负载提供所需的能源。

文献[12]对农村地区独立离网供电、并网供电和混合可再生能源系统的性能进行了全面的调研和概述。该综述调研了独立光伏系统、并网光伏系统、混合能源系统、混合动力系统优化和插电式混合动力电动汽车相关的问题。

文献[13]对农村地区基于光伏/生物质/柴油的并网混合系统进行了优化。该研究考虑了不同的负载配置,以优化系统配置的大小。该研究发现,在相同的负荷模式下,并网混合系统的发电成本低于离网混合系统。此外,该研究还估算了电网和离网系统之间的经济距离与经济性限制关系。

文献[14]研究了基于光伏/燃料电池/电池的混合系统以及上游电网系统,以满足电力和热负荷要求。该研究提出了一种信息差距决策理论(IGDT)技术来对电力负荷的不确定性进行建模。此外,还建立了不确定性模型、鲁棒性函数和机会函数。最后,通过考虑电力负荷的不确定性,基于信息距离决策理论最小化了混合系统的风险约束运行成本。

文献[15]提出了一种粒子群优化(PSO)算法,用于并网模式下光伏−风能混合系统的优化设计。以发电负荷平衡和负荷损失概率作为电力可靠性指标,使混合系统的总投资成本最小化。该研究还研究了光伏阵列和风力涡轮机系统的最大功率点跟踪(MPPT)技术。通过每小时一次的仿真模拟,该研究发现,需在25年后,从连接到电网的混合系统供应电力的成本才低于从电网供应能源的成本。

文献[16]研究了光伏电池、风力电池和光伏−风力−电池系统三种方案的体积优化问题。该研究考虑了负荷的季节性变化和风力涡轮机的停机率,将系统总成本降至最低。此外,还对布谷鸟搜索算法、粒子群优化算法和遗传算法(GA)的结果进行了比较。文献[17]在设计基于风能-光伏-电池的混合电力系统时,考虑了社会人口负载曲线。根据分析,该研究发现系统成本受到峰值需求的大小和时间的显著影响。

文献[18]将由风能-光伏阵列组成的混合系统的年资本成本降至最低。该研究在10%负荷、50%风力涡轮机输出和25%光伏输出的运行储备约束下优化了系统成本。该研究发现,电池组存储补偿了可再生能源的波动。文献[19]对可再生能源的不同组合进行了尺寸优化,如混合光伏-风力涡轮机-燃料电池、光伏-燃料电池系统和风力涡轮机-燃料电池。该研究将风力涡轮机和光伏板的面积以及储罐的数量作为决策变量。通过填补供电概率的最大允许损失,将生命周期成本(LCC)降至最低。

本章介绍了针对用户端不同电力可靠性指标值的可持续混合能源系统的建模和仿真。第9.2节讨论了所研究系统的数学建模;第9.3节对目标函数和约束进行了建模;第9.4节给出并解释了本研究所需的技术和经济数据;第9.5节讨论了用于优化系统的算法;最后,第9.6节总结了不同功率可靠性值的结果和讨论;本研究的主要研究结论在第9.7节进行阐述。

9.2　研究所处地域

本章所研究的地域,位于印度北方邦比约诺尔区的一个小型非电气化村庄。研究地域位于北纬29.47°,东经78.11°。该村人口421人,共84户[20]。这个村庄拥有丰富的太阳能和生物质能。每天接收约5.14 kWh/m² 的太阳辐射,有300多个晴天。此外,研究区域被森林包围。因此,在森林树叶和作物残渣方面,有大量的生物质可用于生物质发电机组的运行。在并网环境中利用这些资源被认为是满足该村庄能源需求的一个有吸引力的选择。

9.3　数　学　模　型

如图9.1所示,考虑混合系统结构配置,以便为农村家庭提供能源。除了光伏阵列和生物质发电机组外,该系统还包括电网,可以提供可用资源无法实现的赤字负荷。此外,如果可用发电量超过负荷需求,多余的电力可以出售给电网。因此该系统中包括了逆变器,以便将直流电源转换为交流电源。

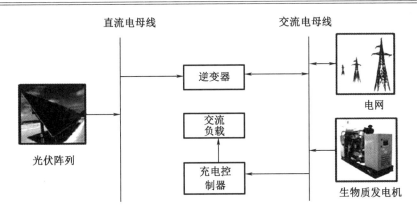

图 9.1　并网光伏-生物质混合能源系统示意图

9.3.1　生物质发电机

生物质发电机的功率输出取决于生物质的可用性、热值和每天的工作小时数。生物质发电机功率输出的数学模型如下所示:

$$P_B = \frac{Q_B \times CV_B \times \eta_B \times 1\ 000}{365 \times 860 \times H} \tag{9.1}$$

其中 Q_B 表示森林生物质的可用率(吨/年), η_B 表示转换效率(20%), CV_B 表示生物质的热值(kcal/kg), H 表示日工作小时数。通过系数 1/860 将 kcal 转换为 kWh。

9.3.2　光伏阵列

光伏系统的功率取决于不同的参数,如入射太阳辐射和大气温度。光伏阵列的数学模型可表示为

$$P_{PV}(t) = \left[N_{PV} \times V_{OC}(t) \times I_{SC}(t) \times FF \right] / 1\ 000 \tag{9.2}$$

其中, $P_{PV}(t)$ 表示光伏阵列在第 t h 的功率输出, N_{PV} 表示光伏组件的数量, V_{OC} 表示开路电压, I_{SC} 表示短路电流, FF 表示转换因子。

t 时刻的短路电流和开路电压可表示为

$$I_{SC}(t) = \left[I_{SC,STC} + K_I \{ T_C(t) - 25 \} \right] \frac{\beta(t)}{1\ 000} \tag{9.3}$$

$$V_{OC}(t) = V_{OC,STC} - K_V T_C(t) \tag{9.4}$$

其中 $I_{SC,STC}$ 表示标准测试条件下的短路电流, K_I 表示短路电流温度系数, T_C 表示电池的温度, β 表示每小时的平均太阳辐射(W/m²), $V_{OC,STC}$ 表示标准测试条件下的开路电压, K_V 表示开路电压温度系数。

光伏组件的电池温度可计算为:

$$T_C(t) = T_A(t) + \left(\frac{NCOT - 20}{800} \right) \beta(t) \tag{9.5}$$

式中，$NCOT$ 表示电池的标称工作温度（43 ℃），T_A 表示环境温度。

9.3.3　电网

本章的混合系统中集成了共用电网来确保用户的电力可靠性。在第 t 小时，当可用发电量超过负荷需求时，剩余电量可出售给电网，其数学模型如下：

$$E_{EE}(t) = \left[\left(E_{PV}(t) \times \eta_I \right) + E_{BM}(t) - E_{Load}(t) \right] \tag{9.6}$$

$$E_{GS}(t) = E_{EE}(t) \tag{9.7}$$

其中 E_{GS} 表示出售到电网的电量，E_{EE} 表示多余的电量，η_I 表示逆变系数，E_{PV}，E_{BM}，E_{Load} 分别表示每小时光伏阵列发电量、生物质每小时发电量和每小时的负荷需求。

当光伏阵列和生物质发电机的可用发电量无法满足需求时，其余所需的电量由公用电网供给：

$$E_{DE}(t) = E_{Load}(t) - \left[\left(E_{PV}(t) \times \eta_I \right) + E_{BM}(t) \right] \tag{9.8}$$

$$E_{GP}(t) = E_{DE}(t) \tag{9.9}$$

其中，E_{DE} 表示每小时额外所需的电量，E_{GP} 表示从电网购电量。

9.4　研究问题

所有项目的技术经济性都取决于项目所需的总成本。因此，将并网混合能源系统的总成本（TC）最小化作为目标函数。系统总成本在技术、社会和环境约束下进行优化。

9.4.1　目标函数

混合电力系统的总成本是系统生命周期内各个系统元件的成本之和，可以计算为

$$TC = C_{PV} + C_{BM} + C_{Conv} + C_{grid,sale} - C_{grid,pur} \tag{9.10}$$

其中，C_{PV}、C_{BM}、C_{Conv} 分别表示光伏阵列的成本、生物质系统的成本和逆变器成本，$C_{grid,sale}$ 表示电网售电总收入，$C_{grid,pur}$ 表示电网购电总成本。

光伏阵列、生物质系统和逆变器的总成本可通过以下公式计算：

$$C_{PV} = \sum_{i=1}^{N_{PV}} (A_i P_i \times CRF) + OM(P_i) + REP(P_i) \tag{9.11}$$

$$C_{BM} = \sum_{j=1}^{N_{BC}} (A_j P_j \times CRF) + OM(P_j) + REP(P_j) \tag{9.12}$$

$$C_{Conv} = \sum_{k=1}^{N_{Conv}} (A_k P_k \times CRF) + OM(P_k) + REP(P_k) \tag{9.13}$$

其中，CRF 表示资本回收系数，N_{PV}、N_{BG} 和 N_{Conv} 分别是光伏板、生物质发电机和逆变器的数量；A_i，A_j，A_k 分别表示单位成本（印度卢比/千瓦时，INR/kW）；P_i、P_j、P_k 表示额定功率

（kW）；$REP(P_i)$、$REP(P_j)$、$REP(P_k)$ 表示更换成本；$OM(P_i)$、$OM(P_j)$、$OM(P_k)$ 表示运行和维护成本。

资本回收系数（CRF）可表示为

$$CRF = \frac{R_0(1+R_0)^n}{(1+R_0)^n - 1} \tag{9.14}$$

其中 n 表示系统寿命，R_0 表示利率。

多余的电力可以出售给电网，以取得收入，收入估计为：

$$C_{grid,sale} = \sum_{d=1}^{365} \sum_{t=1}^{24} \left[E_{gs}(d,t) \times c_{gs} \right] \tag{9.15}$$

$E_{gs}(d,t)$ 表示第 d 天内第 t h 售给电网的电量，c_{gs} 表示电网销售价格（印度卢比/千瓦时）。

缺少的电量可从电网购买，电网购电的总成本计算如下：

$$C_{grid,pur} = \sum_{d=1}^{365} \sum_{t=1}^{24} \left[E_{gp}(d,t) \times c_{gp} \right] \tag{9.16}$$

式中，$E_{gp}(d,t)$ 在第 d 天的第 t h 购电，c_{gp} 表示购电价格（印度卢比/千瓦时）。

系统的单位发电成本（COEG）可估算为：

$$COEG = \frac{TC}{E_D + E_{GS}} \tag{9.17}$$

其中 E_D 表示每年的电力需求量（kWh），E_{GS} 每年向电网出售的电力（kWh）。

9.4.2　约束条件

混合电力系统的总成本在以下约束条件下优化：

输出功率上下限

系统每种电力元件的功率输出取决于单元的数量。因此，光伏阵列、生物质发电机和逆变器的功率输出限制由以下约束条件描述：

$$0 \leqslant N_{PV} \leqslant N_{PV,max} \tag{9.18}$$

$$0 \leqslant N_{BG} \leqslant N_{BG,max} \tag{9.19}$$

$$0 \leqslant N_{Conv} \leqslant N_{Conv,max} \tag{9.20}$$

其中 $N_{PV,max}$，$N_{BG,max}$，$N_{Conv,max}$ 分别表示光伏组件、生物质发电机组和逆变器机组的最大数量。

电网销售和电网购买约束

混合系统售电和购电的上限，可以表示为

$$E_{gs}(t) \leqslant E_{gs,max} \tag{9.21}$$

$$E_{gp}(t) \leqslant E_{gp,max} \tag{9.22}$$

$E_{gs,max}$，$E_{gp,max}$ 表示售电上限和购电上限。

电力可靠性约束

在本研究中，该系统的设计必须通过本地发电和公用电网满足该地区每小时的负荷需

求。因此,未满足负荷(UL)已被纳入电力可靠性约束。可以表示为

$$UL = \left(\frac{\text{Non-served load for a year}}{\text{Total load for a year}} \right) \tag{9.23}$$

温室气体排放量

混合电力系统在电网环境中产生的温室气体排放已被纳入环境约束。在本研究中,考虑了太阳能光伏、生物气化炉和电网电力的使用产生的温室气体排放。

9.5 优 化 算 法

在文献中,研究了许多元启发式算法,由于这些算法可以处理系统的线性和非线性变化,因此常用于混合电力系统的规模优化。遗传算法(GA)、粒子群优化算法(PSO)、蚁群优化算法(ACO)、模拟退火算法(SA)和声搜索算法(HS)等元启发式算法被广泛使用。在所有的算法中,粒子群优化算法(PSO)以较少的时间获得了较高的收敛速度。

因此,在本研究中采用粒子群(PSO)算法对并网混合电力系统进行优化设计。PSO 算法最初是由肯尼迪和埃伯哈特在 1995 年提出的。PSO 算法基于鸟群鱼群等种群社会行为的概念,搜索问题的全局最优解向量。

PSO 算法的实现步骤描述如下[21,22]:

Step 1:根据随机变量特性确定不同粒子的位置和速度。生成的这些值分布在决策向量的上限和下限之间。

Step 2:设单个粒子的初始位置作为其 pbest,gbest 为算法中粒子群的最优位置。

Step 3:在每次迭代中,单个粒子的速度更新公式为

$$v_k^{(t+1)} = \gamma \times (w \times v_k^{(t)}) + c_1 \times rand(\ ) \times (pbest - x_k^{(t)}) + c_2 \times rand(\ ) \times (gbest - x_k^{(t)})$$

此外,单个粒子的更新公式为

$$x_k^{(t+1)} = x_k^{(t)} + v_k^{(t+1)}, \quad k = 1,2,3,\cdots,N$$

其中 rand( )表示 0 和 1 之间的均匀分布的随机值,t 表示迭代次数,$\gamma \in [0,1]$,$v_k^{(t)}$ 表示第 t 代第 k 个粒子在的速度,$x_k^{(t)}$ 表示第 t 代第 k 个粒子的当前位置,w 表示惯性权重因子,N 表示粒子群中的粒子数,c_1 和 c_2 分别表示加速度常数。

Step 4:如果粒子超过了允许范围的下限和上限,该粒子将被以前的值替换。

Step 5:估计每个粒子的目标函数值。在每次迭代中,pbest 和 gbest 都会更新。

Step 6:最后,当达到停止标准时,终止更新。

基于上述步骤的 PSO 算法流程图,如图 9.2 所示。

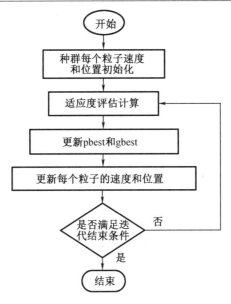

图 9.2　粒子群算法流程图

9.6　数　　据

9.6.1　研究地域的每小时负荷需求

研究地域的每小时负荷需求如图 9.3 所示。第一季度、第二季度和第三季度的峰值需求估计分别为 44.57 kW、36.07 kW 和 22.63 kW。该地区的年总需求量为 209 295 kWh/年。在所有季节中，研究地域在第 1 季度的能源需求最高，第 3 季度的能源需求最低。据估计，该地区第一季、第二季和第三季的日能源需求分别为 755 kWh、640 kWh 和 320 kWh。

9.6.2　研究地域的每小时太阳能

图 9.4 所示为研究地域在不同季节的每小时太阳辐射分布。据观察，第一季、第二季和第三季的最高辐射分别为 800 W/m²、700 W/m² 和 600 W/m²。该地区的每小时平均温度如图 9.5 所示。研究发现，第一季、第二季和第三季的最高温度分别为 36.3 ℃、33.8 ℃ 和 24 ℃。季平均温度分别记录为 36.3 ℃、33.8 ℃ 和 24 ℃，分别为 27.9 ℃、28.4 ℃ 和 15.9 ℃[23]。

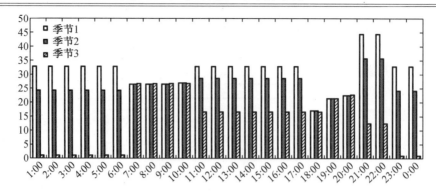

图9.3　研究目标区域的每小时负荷概况

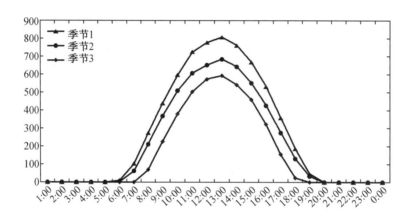

图9.4　研究目标区域的每小时平均太阳辐射可用量[23]

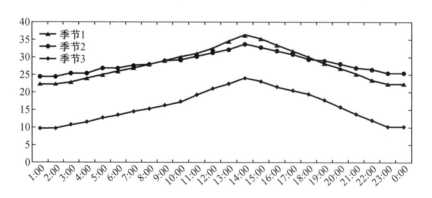

图9.5　研究目标区域的每小时平均温度[23]

9.6.3　研究地域生物质能储备

生物量能储备取决于研究地域的生物量可用性和运行时间。在本研究中,总生物量可用性和每天的运行小时数分别为100吨/天和10小时/天。据此,估算了基于生物质气化炉的发电机的尺寸。

9.6.4 系统元件的技术和经济数据

表9.1至9.3给出了不同系统元件的技术和经济数据。经济数据包括系统元件的资本成本、置换成本和运维成本。技术数据包括系统元件的额定值、寿命和其他规格参数。在仿真分析过程中,针对300瓦光伏组件、1千瓦的生物质气化炉系统和1千瓦的逆变器进行了仿真计算。如表9.4所示,售电和购电价格分别为每千瓦时6.50卢比和3.25卢比。本研究考虑了6%的年实际利率和25年的设计寿命。

表9.1 光伏阵列技术投资与经济效益统计数据[24]

序号	指标	单位	值
1	资本成本	卢比	80 000
2	维护成本	卢比	1 600
3	更换成本	卢比	80 000
4	额定前出功率	W_p	300
5	开路电压	V	44.80
6	短路电流	A	8.71
7	短路电流温度系数	%	0.044 2
8	开路电压温度系数	%	−0.293 1
9	填充因子	–	0.77
10	寿命	年	25

表9.2 生物质气化炉系统技术投资与经济效益数据[25]

序号	指标	单位	值
1	资本成本	卢比/kW	45 000
2	维护成本	卢比/kW	2 250
3	更换成本	卢比/kW	45 000
4	寿命	年	5

表9.3 变换器技术投资与经济效益数据[26]

序号	指标	单位	值
1	资本成本	卢比/kW	3 000
2	维护成本	卢比/kW	0
3	更换成本	卢比/kW	3 000
4	寿命	年	10

表 9.4　电网售电和电网购电价格

序号	指标	单位	值
1	电网售电价格	卢比/kW	6.50
2	电网购电价格	卢比/kW	3.25

9.6.5　二氧化碳排放率

表 9.5 所示为阳能光伏发电、生物质气化炉和电网采购发电产生的二氧化碳排放。由于该地区电网电力高度依赖燃煤发电厂,因此电网购电的二氧化碳排放率在系统中所有的技术中是最高的。

表 9.5　不同技术的二氧化碳排放率

序号	发电技术	CO_2 排放/(g/kWh)
1	光伏阵列系统	130
2	生物质气化炉系统	20
3	电网电力	955

9.7　结 果 分 析

针对不同的电力可靠性指标,采用粒子群优化算法对混合电力系统的配置进行优化。在 MATLAB 环境下进行开发,以获得系统元件的最佳容量。基于每小时模拟仿真计算,不同电力可靠性指标的最佳容量如表 9.6 所示。

表 9.6　系统的最佳容量

电力可靠性指标	PPV /kW	PBMG /kW	PConv /kW	TC (in Million INR)	COEG (INR/kWh)
0% UL	48.90	24	40	1.1933	5.28
5% UL	46.50	23	38	1.1362	5.04
10% UL	44.10	22	36	1.0763	4.79
15% UL	41.70	20	34	1.0167	4.56
20% UL	39.30	19	32	0.9568	4.30

9.7.1 系统的最佳容量

在混合电力系统中,光伏阵列和生物质资源以及公用电网都是来满足最终用户的能源需求。在仿真分析过程中,每小时的负荷需求、每小时太阳辐射、温度和生物质发电机输出的每小时数据都作为输入数据。在混合电力系统能满足用户负荷时(即 0%UL),系统最佳总成本计算为 119.33 万卢比,混合电力系统的单位发电成本为 5.28 卢比/kWh。混合系统中,光伏阵列的最佳容量为 48.90 kW,生物质气化系统最佳容量为 24 kW,逆变器的最佳容量为 40 kW。据估算,每年的购电和售电量分别为 55 168 千瓦时和 16 644 千瓦时。当电力系统的可靠性指标从 0%UL 提高到 20%UL。此时该混合系统的电力成本从 5.28 卢比/千瓦时变化为 4.30 卢比/千瓦时。针对不同的电力可靠性指标,混合系统的最佳容量值见表 9.6。

9.7.2 总成本明细表

表 9.7 显示了 0%UL 的总成本明细。可发现,此时电网销售收入最高,每年为 54 092 卢比。所考虑的系统从电网购买电量的成本为 358 593 卢比。生物质气化炉在总成本中的占比最高,为 476 420 卢比,其次是光伏阵列 384 260 卢比,电网采购 358 593 卢比,电网销售 54 092 卢比,转换器 28 162 卢比。

表 9.7 0%UL 时的总成本明细

电力可靠性指标	PV 数组(INR)	生物质气化炉系统(INR)	转换器(INR)	电网销售(INR)	电网采购(INR)	总成本(INR)
0% UL	384 260	476 420	28 162	54 092	358 593	1 193 344

9.7.3 系统元件占总成本的百分比

图 9.6 所示为 0%UL 时,不同系统在总成本中的百分比。研究发现,生物质气化炉系统的占比最大,占总成本的 37%,其次是光伏阵列系统,占比为 29%,电网采购占比为 28%,电网销售占比 4%,逆变器占 2%。生物质气化炉系统的置换成本最高,在总成本中占有较大份额。

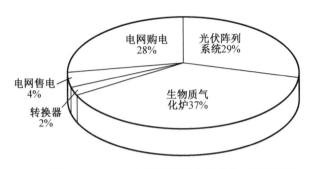

图9.6 0%UL时,不同系统在总成本中的百分比

9.7.4 发电、电网售电、电网购电的季节性统计

图9.7所示为混合电力系统不同季节发电、电网售电、电网购电统计。可以看出,光伏阵列系统在第一季产生的电量最高,为37 996 kWh。而由于太阳辐射的低可用性,第三季发电量最低为22 965 kWh。生物质气化炉的发电量全年基本保持一致。第一季、第二季和第三季的电量分别为29 280 kWh、29 520 kWh和28 800 kWh。每个季节的电网销售和电网购买情况也如图9.6所示。

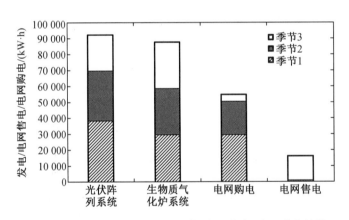

图9.7 混合电力系统不同季节发电、电网售电、电网购电统计

9.8 小   结

本章主要针对印度一个未通电的村庄,对基于光伏、生物质的并网混合系统进行建模和仿真。详细介绍了各系统元件的数学模型。该系统的总成本由资本成本、维护成本、置换成本、电网销售价格和电网购买价格组成。在技术、环境和电力可靠性约束条件下,对总成本进行了优化。

研究中考虑了太阳辐射、温度和负荷需求的季节变化。此外,所考虑的系统针对不同的电力可靠性指标进行了优化。研究发现,发电成本随着为满足负荷值的增加而降低。此外,还计算了不同季节的电网售电和电网购电情况。

最优化系统由 48.90 kWp 光伏阵列系统、24 kW 生物质发电机和 40 kW 逆变组成。按每千瓦时 5.28 卢比的单位发电成本计算,该混合系统的总成本为 119.33 万卢比。该模型的总购电和售电量分别为 55 168 kWh/年和 16 644 kWh/年。因此,建议将此配置用于该地域的电力供给系统。本研究的结果可能有助于为其他类似的非电气化农村家庭设计和建造混合电力系统。

参 考 文 献

1. Rahman MM, Khan MMUH, Ullah MA, Zhang X, Kumar A. (2016) A hybrid renewable energy system for a North American off-grid community. *Energy* 97:151-160.

2. Shams MB, Haji S, Salman A, Abdali H, Alsaffar A. (2016) Time series analysis of Bahrain's first hybrid renewable energy system. *Energy* 103:1-15.

3. Chauhan A, Saini RP. (2016) Techno-economic optimization based approach for energy management of a stand-alone integrated renewable energy system for remote areas of India. *Energy* 94:138-156.

4. Kanase-Patil AB, Saini RP, Sharma MP. (2011) Development of IREOM model based on seasonally varying load profile for hilly remote areas of Uttarakhand state in India. *Energy* 36:5690-5702.

5. Chauhan A, Saini RP. (2015) Renewable energy based off-grid rural electrification in Uttarakhand state of India: Technology options, modelling method, barriers and recommendations. *Renewable and Sustainable Energy Reviews* 51:662-681.

6. Chauhan A, Saini RP. (2014) A review on integrated renewable energy system based power generation for stand-alone applications: Configurations, storage options, sizing methodologies and control. *Renewable and Sustainable Energy Reviews* 38:99-120.

7. Bajpai P, Dash V. (2012) Hybrid renewable energy systems for power generation in stand-alone applications: A review. *Renewable and Sustainable Energy Reviews* 16:2926-36.

8. Chauhan A, Saini RP. (2013) Renewable energy based power generation for standalone applications: A review. In: Proceedings of the International Conference on Energy Efficient Technologies for Sustainability (ICEETS) 1:424-8.

9. Kanase-Patil AB, Saini RP, Sharma MP. (2010) Integrated renewable energy systems for off grid rural electrification of remote area. *Renewable* Energy 35:342-1349.

10. Maleki A, Pourfayaz F, Rosen MA. (2016) A novel framework for optimal design of hybrid renewable energy based autonomous energy systems: A case study for Namin, Iran. *Energy* 98:168-180.

11. Aktas A, Erhan K, Ozdemir S, Ozdemir E. (2017) Experimental investigation of a new smart energy management algorithm for a hybrid energy storage system in smart grid applications. *Electric Power Systems Research* 144:185-196.

12. Goel S, Sharma R. (2017) Performance evaluation of standalone, grid connected and hybrid renewable energy systems for rural application: A comparative review. *Renewable and Sustainable Energy Reviews* 78:1378-1389.

13. Rajbongshi R, Borgohain D, Mahapatra S. (2017) Optimization of PV-biomass-diesel and grid base hybrid energy systems for rural electrification by using HOMER. *Energy* 126:461-474.

14. Nojavan S, Majidi M, Zare K. (2017) Performance improvement of a battery/PV/fuel cell/grid hybrid energy system considering load uncertainty modeling using IGDT. *Energy Conversion and Management* 147:29-39.

15. Mohamed MA, Eltamaly AM, Alolah AI. (2017) Swarm intelligence - based optimization of grid-dependent hybrid renewable energy systems. *Renewable and Sustainable Energy Reviews* 77: 515-524.

16. Sanajaoba S, Fernandez E. (2016) Maiden application of Cuckoo Search algorithm for optimal sizing of a remote hybrid renewable energy system. *Renewable* Energy 96:1-10.

17. Tito SR, Lie TT, Anderson TN. (2016), Optimal sizing of a wind-photovoltaic-battery hybrid renewable energy system considering socio-demographic factors. *Solar Energy* 136:525-532.

18. Ahadi A, Kang S-K, Lee J-H. (2016) A novel approach for optimal combinations of wind, PV, and energy storage system in diesel-free isolated communities. *Applied Energy* 170: 101-115.

19. Maleki A, Pourfayaz F, Rosen MA. (2016) A novel framework for optimal design of hybrid renewable energy based autonomous energy systems: A case study for Namin, Iran. *Energy* 98:168-180.

20. Thukral RK, Rahman S (2017) Uttar Pradesh District Factbook Bijnor District. Datanet India Pvt. Ltd. New Delhi.

21. Maleki A, Askarzadeh A. (2014) Comparative study of artificial intelligence techniques for sizing of a hydrogen-based stand-alone photovoltaic/wind hybrid system. *International Journal of Hydrogen Energy* 39:9973-9984.

22. Upadhyay S, Sharma MP. (2015) Development of hybrid energy system with cycle charging strategy using particle swarm optimization for a remote area in India. Renewable *Energy* 77:586-598.

23. NASA. Surface meteorology and solar energy: A renewable energy resource website. Available from: https://eosweb.larc.nasa.gov/sse/ [accessed 7.08.17].

24. PV Module Data. (2017) Data collected from solar modules manufacturers and utilities. Tata Power Solar Systems Catalogue, Noida, India.

25. Biomass Gasifier Data. （2017）Data collected from biomass gasifier manufacturers and utilities. Ankur Scientific Energy Technologies Catalogue，Vadodara，India.

26. Converter Data. （2017）Data collected from battery manufacturers and utilities. Luminous Renewable Energy Solutions Catalogue，Pune，India.

10 系统的 Signature 可靠性

10.1 简　　介

滑动窗口系统(SWS)是 n 取 k 故障(k-out-of-n：F)系统的一种通用形式,它具有 n 个有序的多状态元件直列顺序连接而成。每个窗口可以有两种状态:完全正常工作和完全失效。滑动窗口系统可以应用于质量控制系统、服务系统、制造系统、雷达系统和军事系统。文献[1]研究了 n 取连续 k 故障系统的可靠性,并计算了系统可靠性上下限的计算公式。文献[2]研究了一个线性多状态滑动窗口系统。该系统是连续 k-out-of-r-from-n(以下简记为 $C(k,r,n:F)$ 系统)的通用形式,在多重故障情况下利用通用生成函数(UGF)对所考虑系统的可靠性进行了评估。文献[3]研究了包含失效元件的 n 取 k 系统的可靠性,并得出结论为元件不用必须满足独立同分布(i.i.d.)条件。文献[4]在文献[2]的研究基础上进行了深入的研究,同样也基于通用生成函数计算了系统的可靠性。文献[5]研究了基于总体概率定量理论来计算 $C(k,r,n:F)$ 系统的可靠性。文献[6]研究了共因失效情况下的复杂系统的可靠性,系统中每个元件的失效率都是常数。该研究基于补充变量法计算了系统的可靠性和成本。文献[7]采用基于 UGF 法的算法来计算滑动窗口系统的可靠性;该研究中通过判断性能指标之和是否低于总分配权重来确定是否失效,如果低于总分配权重,则判定系统失效。文献[8]研究了线性 m-连续 $C(k,r,n:F)$ 系统在多个失效元件时系统的可靠性问题。文献[9]针对多故障情况下 n 取 k 的滑动窗口系统,采用 UGF 法计算了该系统的可靠性。文献[10]推广了由 n 个线性多状态窗口组成的线性多状态滑动窗口系统。该研究采用 UGF 方法评估了 m-连续且 n 取 k 滑动窗口系统的可靠性。文献[11]研究了使用补充变量法、拉普拉斯变换法和 Gumbel-Hougaard 族 copula 函数对具有两个独立可修子系统组成的系统进行了可靠性分析、可用性分析和成本分析。文献[12]调研和回顾了工程系统和物理科学,并总结了计算系统可靠性的不同方法。文献[13]研究复杂系统的硬件和软件建模问题,并计算了系统的可靠性。文献[14]研究了具有两个二元子系统的不可修复复杂系统,即加权 A-out-of-G：G 和加权 l-out-of-b：G 所组成的系统,并用 UGF 法计算了其可靠性和分析了灵敏度。文献[15]采用应用于概率和非概率安全评估的新计算方法,评估了多状态系统的可靠性、对多状态系统和连续多状态系统进行了优化。

针对基于 signature 的方法,文献[16-18]研究了基于随机变量的博弈论,并通过扩展博弈论来评估概率问题。文献[19]提出了关联系统的 signature 的概念。关联系统具有单调性,而且组成系统的元件之间是相互关联的。Signature 概念广泛应用于通信网络、可靠性评估等领域。文献[20]比较了具有独立同分布的关联系统并计算了系统对应的 signature 特征值和系统的预期寿命。文献[21]描述了复杂系统 signature 可靠性的特性,并比较了不同系统的 signature 特性。该文献调研了 signature 在可靠性领域和通信网络领域的应用情况。文献[22]研究了关联系统在 signature 方面的性质。该研究提出了一种关联系统的新方法,并研究了其在网络和通信中的应用。文献[23]基于元件独立同分布用概念,推导了可靠性函数的上下限表达式,并计算了关联系统的预期寿命。文献[24]针对具有独立同分布元件组成的系统基于 signature 性质推导了系统可靠性函数。该研究基于关联系统的随机排序性质计算了系统 signature 特征。文献[25]基于有序统计方法研究了基于动态 signature 的系统特性。文献[26]研究了目标系统和冗余系统的 signature 特征。该研究针对具有大量元件组成的关联系统,计算了其 signature 特征。文献[27]根据可靠性函数确定系统 signature 特征。该研究提出了基于独立同分布特性的计算公式来计算 signature 特征。文献[28]基于结构函数研究了 signature 的性质,并描述了 signature 的定义、性质和应用。文献[29-31]确定了滑动窗口关联系统、n 中取 k 系统和具有独立同分布元件的线性多状态滑动窗口系统的 signature 特征,并计算了不同的指标值,如 signature 特征、预期寿命、成本和 Barlow-Proschan 指标。

　　从以上的调研可以看出,针对二元系统和多状态滑动窗口系统,提出了许多不同的系统可靠性的计算方法。本章还研究了具有独立同分布元件的 n 取 k 滑动窗口系统的可靠性特性,基于 Owen 方法和 UGF 方法计算了多个可靠性指标,例如 signature 特征、预期寿命和 Barlow-Proschan 指标等。

10.2　通用生成函数(UGF)算法

Step 1:计算通用生成函数 $U_{1-r}(z)$

$$U_{1-r}(z) = z^{x_0} \quad (x_0 \text{ consists of } r \text{ zeros}) \tag{10.1}$$

Step 2:由 $\underset{\leftarrow}{\otimes}$ 算子,计算每个多状态元件的通用生成函数 $u(z)$:

$$u_a(z) \underset{\leftarrow}{\otimes} u_j(z) = \sum_{l=1}^{A_l} q_{a,l} z^{x_{a,l}} \underset{\leftarrow}{\otimes} \sum_{b=1}^{B_l} P_{l,b} z^{g_{i,l}} = \sum_{l=1}^{A_l} \sum_{b=1}^{B_l} q_{a,l} P_{i,b} z^{\varphi(x_{a,l}, g_{i,b})} \tag{10.2}$$

其中,φ 表示由 x 组成的向量,g 将所有矢量元素向左移动一个位置。

Step 3:由 $\underset{\leftarrow}{\otimes}$ 算子,顺序计算 $U_{i+1-r}(z)$:

$$U_{i+1-r}(z) = U_{i-r}(z) \underset{\leftarrow}{\otimes} u_i(z) \text{ for } i = 1, 2, \cdots, n$$

Step 4:由 $\underset{\leftarrow}{\otimes}$ 算子,多状态元件评估所有可能的 r 连续组:

$$U_i(z) = U_1(z), \cdots, U_{n+1-r}(z)$$

10.3　n 取 k 滑动窗口中 m 个连续失效组计算

n 取 k 滑动窗口中 m 个连续失效组通用生成函数可表示为

$$U_a(z) = \sum_{a=1}^{A_a} q_{a,l} z^{y_{a,l}}$$

将 $U_a(z)$ 表示为整数 $C_{a,l}$ 的函数可表示为

$$U_a(z) = \sum_{l=1}^{A_a} q_{a,l} z^{C_{a,l}, y_{a,y}}$$

其中，m_a 表示 $C_{a,l}$ 和 $x_{a,l}$ 总的组合总数。

令初始值为 0 则式(10.1)和式(10.2)可表示为

$$U_{1-r}(z) = z^{0, y_0}$$

$$U_a(z) \otimes u_i(z) = \sum_{l=1}^{A_a} q_{a,l} z^{x_{a,l}, x_{a,l}} \underset{\leftarrow}{\otimes} \sum_{b=1}^{B_i} P_{i,b} z^{g,b}$$

$$U_a(z) = \sum_{l=1}^{A_a} \sum_{b=1}^{B_e} q_{a,l} P_{i,b} z^{\rho(C_{a,l}, \sigma(\varphi(y_{i,l}, g_{i,b})), \varphi(y_{a,l}, g_{i,b}))}$$

其中，

$$\rho(C_g, x) = \begin{cases} C_{g+1}, & x < w \\ 0, & x \geqslant w \end{cases}$$

失效概率的通用生成函数可表示为：

$$\partial(U_a(z)) = \sum_{l=1}^{m_a} q_{a,l} 1(C_{a,l} = m)$$

系统的失效概率(E_i)可计算为互斥事件的概率之和，如下所示：

$$E = E_1 + E_2(1 - E_1) + \cdots + E_{n-r-M+2} \prod_{i=1}^{n-r-M+1} (1 - E_i)$$

为了计算概率 $E_e \prod_{i=1}^{e=1} (1 - E_i)$，可以从 $U_{m+e-1}(z)$ 中去掉所有带 $C_{m+e-1,l} = m$ 的项，得到：

$$U_{m+e}(z) = U_{m+e-1}(z) \otimes u_{m+r+e-1}(z)$$

此外，$U_a(z)$ 中的任何带计数器值的项 l 都可以通过下式计算[9]：

$$C_{a,l} < m - n + a + r - 1 \tag{10.3}$$

D 个连续多状态元件 $E_1, E_2, \cdots, E_{g-D+B+2}$ 的 B 个连续窗口组的系统可靠性可以表示为：

$$R = P\left\{ \prod_{l=1}^{g-D-B+2} \left[I\left(\sum_{i=l}^{l+B-1} \left[I\left(\sum_{j=i}^{i+D-1} b_j < w \right) \right] < A \right) \right] = 1 \right\} \tag{10.4}$$

在式(10.4)的基础上，可以评估具有独立同分布元件的系统的 signature 特征为：$s_A = p_D$（$T_s = T_{A:g}$），其中 T 表示系统的寿命，s_A 表示系统的失效概率。　　　　　·

文献[32]推导得到了具有独立同分布元件的系统的结构函数为 R 的函数，如下所示：

$$s_A = \frac{1}{\binom{g}{g-A+1}} \sum_{l \subseteq [g]} \varphi(R) - \frac{1}{\binom{g}{g-A}} \sum \varphi(R) \tag{10.5}$$

10.4 算 法 流 程

10.4.1 系统可靠性评估算法

Step 1:算法初始化

$$F = 0; U_{1-r}(z) = z^{0, x_0}$$

Step 2:计算 $U_{j+1-r}(z) = U_{j-r}(z) \otimes u_j(z)$,并合并得到的 u-函数中的类似项。

Step 3:如果 $j \geqslant k+r-1$,那么将 $\delta(U_{j+1-r}(z))$ 项添加到 F,并从 $U_{j+1-r}(z)$ 中去除带有 $c_{j-r+1,t} = k$ 的所有 t 项。

Step 4:从 $U_{j+1-r}(z)$ 去除符合 $c_{j-r+1,t} < k-m+j$ 的所有项。

Step 5:n 取 k 滑动窗口系统的可靠性可表示为:$R = 1-F$。

10.4.2 signature 特征计算算法

Step 1:计算系统结构函数的 signature 特征[32]:

$$B_l = \frac{1}{\binom{m}{m-n+1}} \sum_{\substack{H \subseteq [m] \\ |H| = m-n+1}} \phi(H) - \frac{1}{\binom{m}{m-n}} \sum_{\substack{H \subseteq [m] \\ |H| = m-n}} \phi(H) \tag{10.6}$$

计算 n 取 k 滑动窗口系统的可靠性多项式:

$$H(P) = \sum_{\varepsilon=1}^{m} C_e \binom{m}{e} P^{\varepsilon} q^{n-\varepsilon}$$

其中,

$$C_j = \sum_{j=m-\varepsilon+1}^{m} B_j, e = 1, 2, \cdots, m$$

Step 2:计算 n 取 k 滑动窗口系统的尾 signature 特征,例如 $(m+1)$ 维 $B = (B_0, B_1, \cdots, B_m)$ 的计算公式为

$$B_l = \sum_{j=a+1}^{m} b_j = \frac{1}{\binom{m}{m-a}} \sum_{|H|=m-a} \phi(H) \tag{10.7}$$

Step 3:在 $x=1$ 处进行泰勒展开,并用泰勒展开的多项式表达式计算可靠性函数:

$$P(x) = y^m h\left(\frac{1}{y}\right) \tag{10.8}$$

Step 4:用式(10.6)评估 n 取 k 滑动窗口系统的可靠性函数的尾 signature 特征[27]:

$$B_a = \frac{(m-a)!}{m!} D^a P(1), a = 0,1,\cdots,m \qquad (10.9)$$

Step 5:用式(10.8)得到 n 取 k 滑动窗口系统的 signature 特征,如下所示:

$$b = B_{a-1} - B_a, a = 1,2,\cdots,m \qquad (10.10)$$

10.4.3　最小 signature 特征的 n 取 k 滑动窗口系统预期寿命评估算法

Step 1:确定由独立同分布元件组成的滑动窗口系统的预期寿命。该系统的预期寿命服从均值 $\mu=1$ 的指数分布。

Step 2:采用以下公式计算具有可靠性函数预期寿命的 n 取 k 滑动窗口系统的最小 signature 特征:

$$\bar{h}_T(t) = \sum_{j=1}^{n} C_j h_{1,j}(t) \qquad (10.11)$$

其中,$h_{1,j}(t) = \Pr(Z_{1,j} > t)$,$h_{j,j}(t) = \Pr(Z_{j,j} > t)$,$j = 1,2,\cdots,n$。

Step 3:通过以下公式计算独立同分布元件组成的 n 取 k 滑动窗口系统的 $E(T)$ 的值[33]:

$$E(T) = \mu \sum_{j=1}^{n} \frac{C_j}{j} \qquad (10.12)$$

其中 $C_j(j = 1,2,\cdots,n)$ 表示最小 signature 特征的系数向量。

10.4.4　元件预期寿命和预期成本的估计算法

Step 1:通过 signature 特征,计算系统故障时的故障元件数量[34]:

$$E(X) = \sum_{j=1}^{n} j \cdot b_j, j = 1,2,\cdots,n \qquad (10.13)$$

Step 2:计算具有最小 signature 特征的 n 取 k 滑动窗口系统的 $E(X)$ 值,$E(X)/E(T)$ 的值。

10.5　计 算 示 例

针对一个考虑 $m=4, r=2, w=3$ 的 3 取 2 滑动窗口系统,每个窗口具有两个状态:完全工作和完全失效,以及一些性能指标分别为 1,2,2 和 2。该系统的示意图如图 10.1 所示。

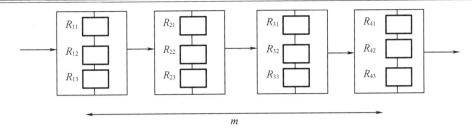

图 10.1 k-out-of-n 系统的框图($k=2,n=3,m=4$ 且 $r=2$)

窗口内部并行元件的正常概率可表示为

$$P_e = 1 - \prod_{m=1}^{n} (1 - R_{em})$$

其中,$e=1,2,3,4,m=1,2$。

概率 $P_e,e=1,2,3,4$,可表示为

$$P_e = R_{e1} + R_{e2} - R_{e1}R_{e2} \tag{10.14}$$

那么,n 取 k 滑动窗口系统的 u 函数由下式表示:

$$U_e(z) = P_e z^e + (1-P_e) z^0$$

其中 $e=1,2,3,4,z^e$ 表示性能指标,z^0 失效情况。

n 取 k 滑动窗口系统中元件 u 函数 $u_i(z)$ 可表示为

$$u_e(z) = P_e z^a + (1-P_e) z^0$$

其中,$a=1,2,2,2$。

在算法的初始化过程中,将 F 置为 0,初始化 u 函数表示为

$$U_{-1}(z) = z^{0,(0,0)}$$

基于算法 10.4.1,可得到 n 取 k 滑动窗口系统的 u 函数,如下所示:

当 $j=1$ 时,

$$
\begin{aligned}
U_0(z) &= (U_{-1}(z) \otimes u_1(z)) \\
&= z^{0,0} \otimes P_1 z^1 + (1-P_1) z^0 \\
&= P_1 z^{0,(0,1)} + (1-P_1) z^{0,(0,0)}
\end{aligned}
$$

当 $j=2$ 时,

$$
\begin{aligned}
U_1(z) &= U_0(z) \otimes u_2(z) \\
&= P_1 z^{0,(0,1)} + (1-P_1) z^{0,(0,0)} \otimes P_2 z^2 + (1-P_2) z^0
\end{aligned}
$$

$$U_1(z) = P_1 P_2 z^{0,(1,2)} + P_1(1-P_2) z^{1,(1,0)} + P_2(1-P_1) z^{1,(0,2)} + (1-P_1)(1-P_2) z^{1,(0,0)}$$

当 $j=3$ 时,

$$
\begin{aligned}
U_2(z) &= U_1(z) \otimes u_3(z) \\
&= P_1 P_2 z^{0,(1,2)} + P_1(1-P_2) z^{1,(1,0)} + P_2(1-P_1) z^{1,(0,2)} + (1-P_1)(1-P_2) z^{1,(0,0)} \otimes \\
&\quad P_3 z^2 + (1-P_3) z^0
\end{aligned}
$$

$$
\begin{aligned}
U_3(z) &= P_1 P_2 P_3 z^{0,(2,2)} + P_1(1-P_2) P_3 z^{2,(0,2)} + (1-P_1) P_2 P_3 z^{1,(2,2)} + \\
&\quad (1-P_1)(1-P_2) P_3 z^{2,(0,2)} + P_1 P_2(1-P_3) z^{1,(2,0)} + P_1(1-P_2)(1-P_3) z^{2,(0,0)} + \\
&\quad (1-P_1) P_2(1-P_3) z^{2,(2,0)} + (1-P_1)(1-P_2)(1-P_3) z^{2,(0,0)}
\end{aligned}
$$

合并 $U_2(z)$ 中的类似项，不可靠度 F 可以表示为

$$F=(1-P_2)P_3+(1-P_1)P_2(1-P_3)+(1-P_2)(1-P_3) \qquad (10.15)$$

去掉

去掉 $k=2$ 的项后，$U_2(z)$ 可以表示：

$$U_2(z)=P_1P_2P_3z^{0,(2,2)}+(1-P_1)P_2P_3z^{1,(2,2)}+P_1P_2(1-P_3)z^{1,(2,0)}$$

当 $k=2,m=4$ 且 $j=3$ 时移除满足条件（10.3）的项之后，$U_2(z)$ 可表示为

$$U_2(z)=(1-P_1)P_2P_3z^{1,(2,2)}+P_1P_2(1-P_3)z^{1,(2,0)}$$

当 $j=4$ 时，

$$U_3(z)=U_2(z)\otimes u_4(z)$$
$$=(1-P_1)P_2P_3z^{1,(2,2)}+P_1P_2(1-P_3)z^{1,(2,0)}\otimes P_4z^2+(1-P_4)z^0$$
$$U_3(z)=(1-P_1)P_2P_3P_4z^{1,(2,2)}+P_1P_2(1-P_3)P_4z^{2,(0,2)}+(1-P_1)P_2P_3(1-P_4)z^{2,(2,0)}+$$
$$P_1P_2(1-P_3)(1-P_4)z^{2,(0,0)}$$

合并 $U_3(z)$ 中的类似项，不可靠度 F 可以表示为

$$F=P_1P_2(1-P_3)P_4+(1-P_1)P_2P_3(1-P_4)+P_1P_2(1-P_3)(1-P_4) \qquad (10.16)$$

将式（10.15）和式（10.16）相加，得到系统的不可靠度函数为

$$F=1-P_1P_2P_3-P_2P_3P_4+P_1P_2P_3P_4$$

n 取 k 滑动窗口系统的可靠性函数表示为：

$$R=1-F=P_1P_2P_3+P_2P_3P_4-P_1P_2P_3P_4 \qquad (10.17)$$

将式（10.14）代入到式（10.17）中的 $P_e(e=1,2,3,4)$，则可以得到 n 取 k 滑动窗口系统的可靠性函数 R：

$$R=(R_{11}+R_{12}-R_{11}R_{12})(R_{21}+R_{22}-R_{21}R_{22})(R_{31}+R_{32}-R_{31}R_{32})+$$
$$(R_{21}+R_{22}-R_{21}R_{22})(R_{31}+R_{32}-R_{31}R_{32})(R_{41}+R_{42}-R_{41}R_{42})-$$
$$(R_{11}+R_{12}-R_{11}R_{12})(R_{21}+R_{22}-R_{21}R_{22})(R_{31}+R_{32}-R_{31}R_{32})\times(R_{41}+R_{42}-R_{41}R_{42}) \qquad (10.18)$$

当系统中元件是独立同分布（$R_{em}\equiv R$）时，n 取 k 滑动窗口系统的可靠性函数 $R(R_1,R_2,\cdots R_8)$ 和系统的机构函数 h 可表示为

$$R(R_1,R_2,\cdots,R_8)=16R^3-40R^4+44R^5-26R^6+8R^7-R^8$$
$$H(P_1,P_2,\cdots,P_8)=16P^3-40P^4+44P^5-26P^6+8P^7-P^8$$

10.5.1 系统的 signature 特征

对 n 取 k 滑动窗口系统中的元件采用 Owen 方法，可得到基于 $H(y)$ 的系统可靠性函数为

$$H(y)=16y^3-40y^4+44y^5-26y^6+8y^7-y^8 \qquad (10.19)$$

由方程式（10.8）和（10.19），系统结构函数可以表示为

$$P(y)=y^8H\left(\frac{1}{y}\right)=-1+8y-26y^2+44y^3-40y^4+16y^5$$

基于算法 10.4.2 的步骤 4，可以得到 n 取 k 滑动窗口系统中单个元件的尾 signature 特

征 B,如下所示：

$$B_0 = 1, B_1 = 1, B_2 = \frac{13}{14}, B_3 = \frac{11}{14}, B_4 = \frac{4}{7},$$

$$B_5 = \frac{2}{7}, B_6 = 0, B_7 = 0, B_8 = 0$$

因此,系统的尾 signature 特征为

$$B = \left(1, 1, \frac{13}{14}, \frac{11}{14}, \frac{4}{7}, \frac{2}{7}, 0, 0, 0\right)$$

基于算法 10.4.2 的步骤 5,可以得到 n 取 k 滑动窗口系统的 signature 特征,如下所示：

$$b = \left(0, \frac{1}{14}, \frac{1}{7}, \frac{3}{14}, \frac{2}{7}, \frac{2}{7}, 0, 0\right)$$

10.5.2 系统的平均故障间隔时间

由式(10.19),可以得到 n 取 k 滑动窗口系统元件的一个最小 signature 特征 M,如下所示：

$$M = (0, 0, 16, -40, 44, -26, 8, -1)$$

由算法 10.4.3 的步骤 2 和步骤 3,可以得到系统的平均故障间隔时间：

$$E(t) = 0.818$$

10.5.3 成本估计

由算法 10.4.4 的步骤 1,n 取 k 滑动窗口系统的期望 X 值可表示如下：

$$E(X) = \sum_{j=1}^{8} j \cdot B_j, j = 1, 2, \cdots, 8$$

因此,X 的值为：

$$E(X) = 4.57$$

基于算法 10.4.4 的步骤 2,可以计算 n 取 k 滑动窗口系统的预期成本,如下所示：

$$\text{Expected cost} = \frac{E(X)}{E(T)} = 5.5867$$

10.6 小 结

在本章中,考虑了由 n 个线性有序的多状态元件和 m 个并行元件组成的 k-out-n 滑动窗口系统。本章研究了如何技术 signature 特征、尾 signature 特征、预期寿命和预期成本等可靠性指标。随着并行组件的增加,signature 特征增加,系统预期寿命为 0.818,系统预期成本为 5.5867。

参 考 文 献

1. Chiang, D. T. & Niu, S. C. (1981). Reliability of consecutive k-out-of-n: F system. *IEEE Transactions on Reliability*, 30(1), 87–89.

2. Levitin, G. (2003). Linear multi-state sliding-window systems. *IEEE Transactions on Reliability*, 52(2), 263–269.

3. Koucký, M. (2003). Exact reliability formula and bounds for general k-out-of-n systems. *Reliability Engineering & System Safety*, 82(2), 229–231.

4. Levitin, G. (2005). Reliability of linear multistate multiple sliding window systems. *Naval Research Logistics (NRL)*, 52(3), 212–223.

5. Habib, A., Al-Seedy, R. O., & Radwan, T. (2007). Reliability evaluation of multistate consecutive k-out-of-r-from-n: G system. *Applied Mathematical Modelling*, 31 (11), 2412–2423.

6. Ram, M. & Singh, S. B. (2009). Analysis of reliability characteristics of a complex engineering system under copula. *Journal of Reliability and Statistical Studies*, 2(1), 91–102.

7. Levitin, G. & Ben-Haim, H. (2011). Consecutive sliding window systems. *Reliability Engineering & System Safety*, 96(10), 1367–1374.

8. Levitin, G. & Dai, Y. (2011). Linear *m*-consecutive *k*-out-of-*r*-From-*n*: F systems. IEEE Transactions on *Reliability*, 60(3), 640–646.

9. Levitin, G. & Dai, Y. (2012). k-out-of-n sliding window systems. *IEEE Transactions on Systems*, Man, and Cybernetics-Part A: Systems and Humans, 42(3), 707–714.

10. Xiang, Y. & Levitin, G. (2012). Combined m-consecutive and k-out-of-n sliding window systems. *European Journal of Operational Research*, 219(1), 105–113.

11. Ram, M. & Singh, S. B. (2012). Cost benefit analysis of a system under head-of-line repair approach using Gumbel-Hougaard family copula. *Journal of Reliability and Statistical Studies*, 5(2), 105–118.

12. Ram, M. (2013). On system reliability approaches: A brief survey. *International Journal of System Assurance Engineering and Management*, 4(2), 101–117.

13. Pham, H. (2014, October). Computing the reliability of complex systems. In 2014 3rd *International Conference on Reliability, Infocom Technologies and Optimization (ICRITO) (Trends and Future Directions)*, IEEE, Noida, p. 1.

14. Negi, S. & Singh, S. B. (2015). Reliability analysis of non-repairable complex system with weighted subsystems connected in series. *Applied Mathematics and Computation*, 262, 79–89.

15. Ram, M. & Davim, J. P. (Eds). (2017). *Advances in Reliability and System*

Engineering. Springer International Publishing, Cham, Switzerland.

16. Shapley, L. S. (1953). A value for n-person games. In H. W. Kuhn and A. W. Tucker (Eds.), In *Contributions to the Theory of Games*, *Vol. 2. Annals of Mathematics Studies*, Vol. 28. Princeton University Press, Princeton, NJ, pp. 307-317.

17. Owen, G. (1972). Multilinear extensions and the Banzhaf value. *Naval Research Logistics Quarterly*, 22(4), 741-750.

18. Owen, G. (1988). Multilinear extensions of games. In A. E. Roth, In The Shapley Value. Essays in Honor of Lloyd S. Shapley, Cambridge University Press, Cambridge, pp. 139-151.

19. Samaniego, F. J. (1985). On closure of the IFR class under formation of coherent systems. *IEEE Transactions on Reliability*, 34(1), 69-72.

20. Kochar, S., Mukerjee, H., & Samaniego, F. J. (1999). The signature of a coherent system and its application to comparisons among systems. *Naval Research Logistics*, 46(5), 507-523.

21. Boland P. J., Samaniego F. J. (2004) The Signature of a Coherent System and Its Applications in Reliability. In: Soyer R., Mazzuchi T. A., Singpurwalla N. D. (eds) Mathematical Reliability: An Expository Perspective. International Series in Operations Research & Management Science, vol 67. Springer, Boston, MA.

22. Samaniego, F. J. (2007). *System Signatures and Their Applications in Engineering Reliability*, Vol. 110. Springer Science & Business Media, USA.

23. Navarro, J. & Rychlik, T. (2007). Reliability and expectation bounds for coherent systems with exchangeable components. *Journal of Multivariate Analysis*, 98(1), 102-113.

24. Navarro, J., Samaniego, F. J., Balakrishnan, N., & Bhattacharya, D. (2008). On the application and extension of system signatures in engineering reliability. *Naval Research Logistics (NRL)*, 55(4), 313-327.

25. Samaniego, F. J., Balakrishnan, N., & Navarro, J. (2009). Dynamic signatures and their use in comparing the reliability of new and used systems. *Naval Research Logistics (NRL)*, 56(6), 577-591.

26. Da, G., Zheng, B., & Hu, T. (2012). On computing signatures of coherent systems. *Journal of Multivariate Analysis*, 103(1), 142-150.

27. Marichal, J. L. & Mathonet, P. (2013). Computing system signatures through reliability functions. *Statistics & Probability Letters*, 83(3), 710-717.

28. Coolen, F. (2013). System reliability using the survival signature. *Survival*, 1, 31. 29. Kumar, A. & Singh, S. B. (2017). Computations of signature reliability of coherent system. *International Journal of Quality & Reliability Management*, 34(6), 785-797.

30. Kumar, A. & Singh, S. B. (2017). Signature reliability of sliding window coherent system. In Mangey Ram and J. P. Davim (Eds.), In Mathematics Applied to *Engineering*,

Elsevier International Publisher, London, pp. 83-95.

31. Kumar, A. & Singh, S. B. (2017). Signature reliability of linear multi-state sliding window system. *International Journal of Quality & Reliability Management*, (Accepted).

32. Boland, P. J. (2001). Signatures of indirect majority systems. *Journal of Applied Probability*, 38(2), 597-603.

33. Navarro, J. & Rubio, R. (2009). Computations of signatures of coherent systems with five components. *Communications in Statistics-Simulation and Computation*, 39(1), 68-84.

34. Eryilmaz, S. (2012). The number of failed components in a coherent system with exchangeable components. *IEEE Transactions on Reliability*, 61(1), 203-207.

11　基于组件的软件系统可靠性建模

11.1　简　　介

"系统可靠性水平是对系统信任程度的决定性条件。"——Wolfgang Schauble

随着基础设施的转型、合作或战略合并等重新评估、所有权和收购的变更,这些可能成为导致某些特定软件同质化和需求变更持续的因素。这已经成为所有业务应用程序软件系统向前发展演化的驱动力。这些应用程序被称为"遗留性应用程序",人们预计并期待它们将前所未有地彻底改变软件设计和软件体系结构。在计算领域,遗留性系统采用的是一种旧版本的方法,并以遗留性系统作为桥梁,通过它与过时的前代计算机相关联。遗留性系统升级后的可靠性评估是信息技术领域软件基础设施设计和开发的一个重要问题。原系统中最初设计的部分代码,到现在有些已经不再使用。因此在维护遗留性系统时,就需要升级此类软件组件。升级应用程序后一个必须的要求是保障软件的可靠性。可靠性测试是保障软件可靠性的一类方法,其中最著名应用最广泛的是贝叶斯方法。

先前的研究都是在预先假设的条件下,采用贝叶斯推理方法。在全面分析了贝叶斯方法的预先假定条件之后,就会发现一些新的研究问题和研究内容。软件工程是一种关联的、可评估的、可测量的、有条理的方法集合,应用于软件应用程序的演化发展、永久化应用、性能评估和工作情况评估。软件工程现在已经成为一种不可或缺的职业,致力于开发具有经济性、易于维护、速度更快、质量更高的软件。由于与其他工程领域相比,软件工程领域还相对年轻,因此关于软件工程(SE)到底是什么,以及它是否值得被称为"工程"这个术语,仍然存在很多争论,也有很多的工作要做。软件工程已经成为一个系统性的有机的领域,不能仅仅将软件简单看作编程。软件开发已经成为一个专用术语,而且业界的从业者更喜欢这个术语,他们认为软件工程用来描述创建软件的整个过程,还是过于严苛了。软件开发生命周期(software development life cycle,SDLC)是软件工程中使用的一个通用术语,它包括软件规划、创建、测试、部署和维护等信息系统所涉及的五项软件开发活动。

计算机编程语言的好坏可以通过度量计算机程序的复杂性与程序代码量大小之间的关系来评价。看待编程语言演变的另一种方式是能否让计算机完成越来越复杂的任务。对程序的整体结构和功能缺乏了解将导致无法检测程序中的错误。这类错误可以通过使用更好的编程语言来避免,这样可以通过更易于理解来减少错误的数量。软件设计发展的目标和趋势是将问题进行更高层次上的抽象。子程序、语句、文件、类、模板和其他此类组件的定义可以对程序的某些部分进行抽象。分层设计、层次结构和模块化编程有助于提高代码的可读性。此外,编程语言的进步为工程师提供了更多控制和操作,来实现对形状和数据元素抽象类型进行使用。这些数据类型都已经非常精确地进行了定义和规定。

软件在现代世界中起着重要的作用。软件应用可以提高生产率和效率、可以提高抵御攻击的能力,以及在异常紧急和正常操作期间都能按要求执行相应操作的能力。软件应用程序的开发需要一种工程方法来保障。这种软件开发工程方法可以根据科学理论、方法、模型和标准的应用分成不同的类型,都能保障软件的管理、规划、分析、建模、设计、实施、维护、测量和软件系统更新升级。软件可靠性的一个比较著名的定义是:"软件可靠性是软件在给定时间段内无故障的概率"[1]。

虽然软件可靠性也可以表示为时间的函数,随时间的变化而发生变化,但必须注意的是,软件可靠性与传统的硬件可靠性完全不同。硬件可靠性与软件可靠性是两种可靠性完全不同的概念,一种是有形的,另一种是无形的。硬件系统由各种电子和机械部件组成,经过一段时间后可能会"老化",并随着时间的推移而磨损。当涉及软件的可靠性时,软件在其整个生命周期内不会生锈或磨损。软件系统将保持不变,直到软件进行升级更改时才会发生改变。软件可靠性是软件质量的基本特征之一,软件质量还包括其他的重要元素,例如软件性能、软件可服务性、软件功能性、软件可用性和软件文档。由于软件系统高度复杂,很难实现软件可靠性估计;但是软件可靠性已经成为软件系统最重要的质量特征。软件系统,或任何具有高度复杂性和卷积特性的系统,必须达到既定的功能和可靠性水平。因此,系统开发人员倾向于将复杂的功能在软件层进行实现。这样,由于系统的快速发展以及软件的升级和增强,软件实现过程变得更加容易[2-4]。

软件复杂性取决于软件质量特性例如软件设计能力、软件功能等因素。而软件复杂性与软件可靠性呈负相关。如今,软件可靠性工程已经变得非常重要[5]。用于计算软件可靠性的模型多种多样。可靠性工程中的一个主要问题是评估软件应用程序的可靠性。然而,软件可靠性评估并不是一个简单的问题。其中,最大的困难是软件设计故障,软件故障的处理方法与传统硬件理论不同。软件错误表现出来只不过是程序员的代码错误或设计师在软件规格方面的错误。如果一个输入激活了一个错误,软件会有错误的输出,一旦发生这种情况,就会导致软件故障。软件故障是通常采用随机处理的随机模型来进行分析,软件故障通常会遵循随机过程规律[6,7]。

11.2 软件失效机理

代码中的歧义、错误、疏忽、误解、粗心大意和不完整会导致软件的错误或意外情况,或其他不可预见的问题。尽管总是强调软件和硬件的不同之处,软件可靠性和硬件可靠性都有完全不同的失效过程。与硬件相关的故障总是物理或有形的,而与软件相关的所有故障都与设计相关[8-10]。所有与软件相关的故障都很难预想、检测和纠正。硬件故障中也可能存在设计故障,但仍然主要表现为物理故障。表11.1对比了软件与硬件相比的不同特征。

表 11.1　软件与硬件可靠性特性对比

1	可靠性预测方法不同
2	导致故障原因分析不同
3	环境影响因素不同
4	损耗失效方式不同
5	时间依赖特性与生命周期特性不同
6	空闲特性不同

11.3　软硬件可靠性对比

硬件失效和软件失效之间的根本区别已经有文献[11]进行了阐述和分析。关于硬件失效,故障通常是由与环境相关的外力所导致的物理过程失效。一般情况,硬件故障是由于元件退化、故障或受到环境应力作用引起的。对于软件失效,软件在运行过程中不会发生磨损。如果软件不使用,那么软件系统故障永远不会发生。对于硬件系统而言,情况并非如此,因为即使系统未被使用,材料老化也会导致故障。软件可靠性模型通常是基于系统的假设推导出的解析模型,并用解析模型参数对模型假设进行解释说明。通过对历史故障数据的分析和利用,可以设计出更加可靠的硬件系统。而针对软件系统,在某一特定领域可以通过仔细审查、分析和利用经验,来设计更加可靠的软件系统。当排除软件系统中存在的故障后,将得到软件系统的一个新的版本。而对于硬件系统,当故障修复后硬件系统通常是回复到系统的原始状态。硬件系统与软件系统最重要的一个区别是,硬件系统的可靠性在其整个生命周期内动态变化,而软件系统可靠性在交付之前会不断升级和完善。硬件系统的故障率和软件系统的故障率变化趋势分别如图 11.1 和 11.2 所示。

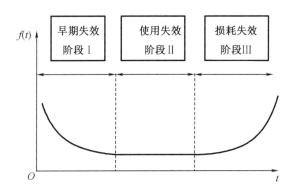

图 11.1　硬件失效率变化趋势

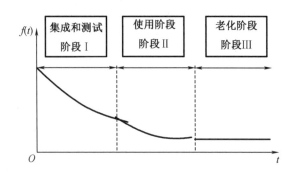

图 11.2　软件失效率变化趋势

可靠性建模分析时需要考虑的四个要素包括：

(1)目标功能；

(2)时间；

(3)运行条件；

(4)发生概率。

假设在 T 时间之前系统没有发生故障,则在时间 t 时刻,系统失效的概率为

$$R(t)=P(T>t) \tag{11.1}$$

其中 $R(t)$ 表示系统的可靠性函数。

因此,可靠性可以表示为时间的函数。系统所依赖的条件可能随时间而变化,也可能不随时间而变化。可靠性的数值总是在 0 到 1 之间。也就是说,$R(t)$ 是一个非递增函数,其极限为 0 到 1。

IEEE 不同的版本对软件可靠性的定义为：

- IEEE 1998 将软件可靠性定义为系统或元件在规定条件下在特定时间段内执行其所需功能的能力。
- IEEE 1988 将软件可靠性定义为一个程序化的优化软件可靠性的过程,该程序强调软件错误预防、故障检测和排除,以及采用不同的措施来最大化系统的可靠性,主要优化目标包括所需的资源、软件性能和项目进度等方面。

通过这些定义可总结出软件可靠性的三个主要因素,包括：

(1)预防错误；

(2)检测和排除错误；

(3)软件可靠性最大化措施。

11.4　基于组件的软件开发

基于组件的软件开发(CBSD)方法旨在使用现有组件开发软件系统,将现有组件在设计好的软件体系结构中进行集成。其目的是减少软件开发的时间和资金投入。基于组件

的软件开发方法可以减少软件维护的时间和精力,并且基于组件的软件开发可以使得软件应用程序的某些部分只需开发一次,此后可以反复使用。基于组件的软件开发体现了"买而不建"的理念,旨在通过改变体系结构和过程来实现软件的重用。基于组件的软件开发包含两项辅助工程活动:

1. 领域工程

2. 基于组件的开发

基于组件的软件开发方法不同于传统方法,因为传统方法中没有代码重用的思想。图11.3 描述了由不同的工程师使用不同的语言开发的商业现成组件,将这些组件集成为一个目标软件系统的过程。

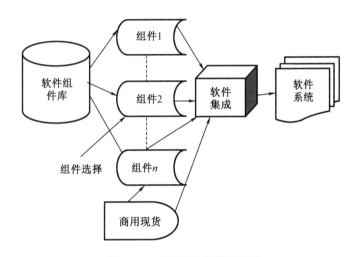

图 11.3　基于组件的软件开发

文献[11]总结基于组件的软件开发方法四个特征,分别为:

1. 软件的独立性:通过抽象的、概念性的组件行为接口规范,使组件的开发人员和用户脱离关系。

2. 可重用性:组件中某些已经开发的部分可以重用。

3. 软件质量保证的可扩展性:软件的质量保证方法必须从模块化进行扩展,扩展到系统。

4. 可维护性:系统软件必须易于理解和升级。

首先需要对软件组件的概念进行明确。文献[12]将一个组件定义为一个逻辑的软件包,该软件包可以作为一个独立的单元进行单独开发和交付,以及其他类似组件进行开发和关联,以构建成一个大的系统。文献[13]将软件组件定义为具有常规指定接口的配置单元,可以独立部署,并由第三方进行配置。文献[14]将组件定义为软件的一个元素,可以看作一个模型,无需根据相应标准进行修改就能单独使用和调用。文献[15]将组件定义为是满足以下规范的软件单元:

1. 客户端可以使用组件

2. 组件具有特定的使用说明

3.组件没有固定的客户端集

11.4.1　软件组件的特性[16]

- 组件可看作为一个隐藏基本信息的数据胶囊。
- 组件可以用任何语言管理,而不仅仅是一个对象或模块的。
- 组件模块可以通过文字或可视化方式进行描述。
- 组件框架架构形成了其即插即用软件技术。

基于组件的开发(CBD)的一个主要目标是使用现有组件构建和维护软件。基于组件的软件工程(CBSE)阐述了真正可重用组件的四个属性:

a.正式规定的接口

b.自主/独立部署

c.显式上下文依赖

d.第三方配置

11.4.2　组件的可靠性

一个系统是由不同的部分和组件组成的。如果一个组件出现故障,整个系统很容易出现故障。每个部件都与系统可靠性有关。通过两种方式获得部件故障模型:

- 通过基本故障率和系统运行条件
- 通过从寿命试验或客户故障报告中获得的部件故障数据

不可能确定所有不同运行条件下部件的故障率。根据可用数据,可以预测特定运行条件下的可靠性。

11.4.3　基于组件的软件可靠性

基于组件的软件工程已经成为开发软件系统的一种更广泛的方法。基于组件的软件开发方法的优点是成本低、质量高、工作量小,并且缩短了开发时间。这主要是因为使用了预定义的软件组件。为了有效地估计基于组件的软件系统的可靠性,人们提出了许多新的模型和方法。然而,即使使用商业预测试和可信的软件组件,也很难确保基于组件的软件系统的可靠性。因此,在当前的软件使用场景中,无论是在软件系统实施之前还是之后,基于组件的软件系统的可靠性评估都是至关重要的。

基于组件的开发方法具有形成、构造、实现和部署软件应用程序的独特方式。可通过多种不同的来源来收集和描述这些软件应用程序;在不同步骤中的组件可采用不同的语言[17,18]。基于组件的开发方法的主要概念是"重用"。软件产品重用可以提高软件生产率,因为重用的软件组件不需要从头开发。基于组件的软件可以加快上市时间,从而获得更大的市场份额。

通过软件重用,可以快速且以非常低的成本开发原型系统。因为现有组件可以重用,而不是从头开始开发规范、设计和代码。软件工程的当前趋势是基于组件的开发方法。基于组件的软件工程是提高软件生产率的一个很有前途的解决方案。它可以提高软件的质量和可靠性。通过调用不同的候选组件,可能有助于在早期阶段识别设计错误。然而,由于许多原因,软件重用在实践中并没有充分发挥其潜力。

软件领域在进行软件重用时面临许多问题,原因如下:

a. 软件领域提出了面向对象分析、计算机辅助软件工程工具、形式化方法、敏捷方法等多种,但没有明确定义软件重用的方法。

b. 没有模型和理论可以实现在不开发软件的情况下对软件进行评价或评估。

c. 技术的发展迅速,没有来得及对软件进行适当的评估。

d. 收集与上下文无关的知识或表示上下文是非常困难的。

e. 用于重用的软件开发,尤其是大型复杂系统的软件开发非常烦琐。

f. 缺乏经验和技术来帮助评估在不使用某一个组件的情况下可以更好地执行什么和不能执行什么。

软件重用中的主要问题是有效地设计和开发软件生命周期模型,可重用组件的软件测试执行过程,以及缺乏有效的基于组件的认证过程。大多数现有的基于组件的软件工程模型、测试技术和认证过程要么是针对特定领域的,要么难以应用。因此,需要进行进一步的研究,以提出更有效的可重用软件组件的基于组件的软件工程模型、测试技术和基于组件的软件工程的可靠性评估流程。

11.4.4　基于状态和路径的模型

黑盒模型和白盒模型是基于组件的软件系统可靠性建模的两种方法。白盒方法考虑系统的内部行为。基本上,白盒方法可以进一步分为两类:基于状态的建模方法[19]和基于路径的建模方法[20]。基于路径的建模方法通常假定组件在执行时不相互依赖。这些方法也称为悲观方法。

11.4.4.1　基于状态的模型

基于状态的模型以解析的方式估计软件可靠性。假设模块之间的控制转移具有马尔可夫特性,即用离散时间马尔可夫链(DTMC)、连续时间马尔可夫链(CTMC)或半马尔可夫过程(SMP)可对软件体系结构进行建模。下面将阐述一些关于基于状态的模型的主要文献。

Littewood 模型:这是估计软件可靠性的最早的方法之一。从操作可靠性的角度考虑软件可靠性。首先,建立一个基于不可简化的连续时间马尔可夫链的系统架构的可靠性模型[21]。文献[22]提出了另一种方法,该方法由模块化程序组成,其中模块之间的控制转移遵循半马尔可夫过程。该模型基于马尔可夫假设的动态行为来描述系统结构。该模型分析了组件和接口故障。Littlewood 模型是一个几乎通用的基于架构的模型。不可简化半马尔可夫过程用于对基于组件的软件(CBS)的体系结构进行建模。该模型假定基于组件的软件是由多个模块的集成,从一个模块转移到另一个模块控制转移概率为 p_{ij},其中[23]:

$$p_{ij} = \Pr\{\text{程序从第 } i \text{ 个模块转移到第 } j \text{ 个模块}\}$$

通用分布函数 F_{ij} 表示某一模块中消耗的时间,平均值为 m_{ij}[23]。该模型考虑了两种类型的失效行为:

- λ_i 表示组件执行期间的故障
- v_{ij} 表示两个部件之间控制转移期间的故障。

综合故障率为

$$\lambda_s = \sum_i a_i * \lambda_i + \sum_{i,j} b_{ij} * V_{ij} \tag{11.2}$$

其中

$$a_i = \frac{PI \sum_j p_{ij} * m_{ij}}{\sum_i PI * \sum_j p_{ij} * m_{ij}} \text{ and } b_{ij} = \frac{PI * p_{ij}}{\sum_i PI * \sum_j p_{ij} * m_{ij}}$$

Laprie 模型[24]:该模型是 Littlewood 模型的特例,该模型中只考虑组件故障。该模型中软件系统可表示连续时间马尔可夫链模型。Laprie 模型认为恒定故障率为 λ_i,在每个组件中执行的时间为 μ_i。λ_i 远小于 μ_i。根据 Laprie 模型,系统故障率可定义为

$$\lambda_s = \sum_{i=1}^{n} PI * \lambda_i \tag{11.3}$$

其中 n 表示组件数量,π_i 表示第 i 个组件中执行时间比率,λ_i 是部件 i 的故障率[23]。

Cheung 模型[19]:该模型采用的是离散时间马尔可夫链模型。软件系统提供的服务的可靠性通过面向用户的模型来衡量。Cheung 还将转移概率作为用户配置文件加以考虑。该模型中假设某个特定组件可能会无限期地执行,直到系统执行终止。

设 L 为程序存在的与不同输入值对应的过程 P_i 的集合。设 r_i 是一个随机变量,则

$$r_i = \begin{cases} 1 & \text{当过程 } P_i \text{ 得到正确输出时} \\ 0 & \text{当过程 } P_i \text{ 得到错误输出时} \end{cases}$$

假设 q_i 表示在用户环境中运行 P_i 的概率。因此,q_i 的值定义用户的运行场景文件。软件的可靠性 R 可通过以下公式计算:

$$R_i = \sum_{\forall P_i \in L} q_i r_i \tag{11.4}$$

Kubat 模型:文献[25]对 Cheung 模型进行了一些改进。该模型通过考虑组件的执行时间,将软件系统的体系结构建立为半马尔可夫过程模型。离散时间马尔可夫链模型建立的是组件之间的转换关系,用 $q = [q_i]$ 表示初始概率向量,$P = [p_i]$ 表示转换概率矩阵。该研究中假设在软件系统的执行过程中不会发生组件出现故障。

Gokhale 模型[26]:软件系统的体系结构由离散时间马尔可夫链模型描述。该模型采用层次化解决方案。根据 Gokhale 模型,组件的可靠性可描述如下:

$$R_i = e^{-\int_0^{V_i t_i} \lambda_i(t) \, dt} \tag{11.5}$$

其中，$\lambda_i(t)$ 表示随时间发生变化的失效率，$V_i t_i$ 表示每次应用程序运行过程中在组件中花费的累积预期时间。

Ledoux 模型[27]：Ledoux 模型试图解决 Littlewood 模型[22]中对模块化系统的一些限制。该模型可评估各种可信性指标，尤其是可用性指标。Ledoux 模型是专门为软件系统建立的通用模型。

11.4.4.2　基于路径的模型

基于路径的模型只考虑固定数量的组件执行路径。基于路径的模型通常对应于系统测试用例。以下是一些基于路径的模型：

Shooman 模型[28]：Shooman 模型是最早的基于路径的模型之一。Shooman 模型考虑各种路径的执行频率。该模型假设执行过程中的路径数是固定的。假设已知每条路径的出现频率及其失效概率。

Krishnamurthy and Mathur 模型[20]：该模型是一个非常简单的可靠性度量模型，该模型假设系统的整体可靠性是特定路径中所执行的组件的可靠性的乘积。该模型中假设组件是相互独立的。对于测试集 T，程序 P 的基于组件的可靠性估计如下所示：

$$R_c = \frac{\sum_{\forall t \in T} R_c^t}{|T|} \tag{11.6}$$

其中，所遍历路径的可靠性是程序 P 的执行路径；在测试用例 $t \in T$ 上执行 P 后，可得到组件的可靠性：

$$R_c^t = \prod_{\forall m \in M(P,t)} R_m \tag{11.7}$$

Yacoub、Cukic 和 Ammar 模型[29,30]：该模型提出了一种算法来计算路径的可靠性。该算法是基于树遍历的，该算法中通过图来表示系统架构，将图的所有分支进行展开来表示路径。基于宽度优先遍历转换为组件可靠性的总和，该总和由转移概率加权得到；基于深度优先遍历转换为组件可靠性的乘积。

Hamlet 模型[31]：该模型另一种基于路径的可靠性建模方法，考虑了组件执行时从输入到输出映射过程中的实际执行路径。该方法还考虑了组件使用情景不可知情况下的问题。根据 Hamlet 模型，组件的可靠性可以通过下式来衡量：

$$R = \sum_{i=1}^{n} h_i(1 - f_i) \tag{11.8}$$

11.4.5　基于组件的开发在传统制造业中的应用

基于组件的开发可以通过一个自行车制造的例子来进行阐述说明。自 19 世纪 70 年代以来，考文垂一直是自行车的生产地，在自行车生产过程中使用不同工业城镇的所生产的零部件。多年后，英国的汽车工业从该制造基地开始发展。因此，基于组件的软件开发技术的实现在该制造基地非常流行。

起初,这些自行车的制造是由当地的铁匠和机械师完成的,以满足少量需求。该产品的标准化对其产生了两种不同的影响:

揭示了小作坊的重要性。

它还增加了大规模生产。生活在小村庄的人们以合理的价格获得了这种"家常产品",这是因为他们的间接成本较低[32]。许多大公司制造了各种重要零件,这些零件供应给自行车工厂和当地车间。

基于组件的开发在软件开发和管理中非常重要。该方法表明虽然通过组件设计须满足的要求将减少,但是也必须考虑其他方法来满足自己的个性需求。传统开发是基于组件开发的重要组成部分,但它缺乏形成完整基于组件开发的技术。基于组件的开发过程,可通过不同的方式来开展:

1. 基于传统的开发方法;

2. 基于极端组件化方法[33,34]。

分布式计算是有缺点的。很少有人将分布式系统作为集中式系统的选择。但可以将所有系统看作为一个分布式系统。因此,集中式系统被视为只有一个位置的特例[35]。基于组件的软件开发工程进行软件系统开发具有许多优势,即:

灵活性:如果设计得当,运行时组件可以独立工作。因此,公平地说,基于组件的系统比传统设计和构建的系统更具适应性和可扩展性。无论是硬件系统还是系统软件,灵活性是非常重要的。无论是从一个操作系统到另一个操作系统还是从一个数据库到另一个数据库,基于组件的软件系统都是非常快速和高效的,这是因为基于组件的系统很容易进行修改和升级。灵活性也使得软件系统具有更多的功能性[36]。在功能层面上,基于组件的系统具有更强的适应性和可扩展性,因为组件不但可以重用还可以从已有的组件版本上进行派生。理想的功能性是只需一次实现,可多次复用[37,38]。

可重用性:在技术和业务两个方面,基于组件的开发都组件化的开发,然后组装成为系统。基于组件的开发技术可实现系统的健壮性、可维护性并提高生产效率。

可维护性:功能性使软件系统易于维护,从而进一步降低成本,延长系统寿命。越来越高的可维护性,使得系统在"维护"和"构造"两个方面的差异会越来越小。因此经过充分的发展后,如果说在一段时间后两者的差异完全消失,这也是合理的。

11.5 小　　结

在基于组件的软件开发可靠性评估中,组件和系统可靠性模型分别评估单个组件和整个基于组件的软件的可靠性。软件可靠性是描述软件系统运行或者失效的主要属性。在本章中,主要阐述了基于组件的开发过程中可靠性相关的基本知识。可靠性建模可分为黑盒方法和白盒方法两类。本章主要探讨了第二类方法,即白盒方法。基于状态的方法和基于路径的方法是白盒方法的两种建模方法。基于路径的方法的一个主要缺点是,模型只能评估应用程序在运行时的可靠性估计。系统架构中的路径也须用于估计系统的可靠性。

不过,要克服上述方法的缺陷,还需要对方法进行改进。

参 考 文 献

1. Kumar, D., Klefsjö, B., & Kumar, U. (1992). Reliability analysis of power transmission cables of electric mine loaders using the proportional hazards model. *Reliability Engineering & System Safety*, 37(3), 217–222.

2. Goel, H. D., Grievink, J., Herder, P. M., & Weijnen, M. P. (2002). Integrating reliability optimization into chemical process synthesis. *Reliability Engineering & System Safety*, 78(3), 247–258.

3. DTO, P. (2002). *Practical Reliability Engineering*, 4th ed., John Wiley & Sons Ltd.

4. EE, C. (2000). *Reliability and Maintainability Engineering*, 1st ed., Tata McGraw–Hill Publishing Company Ltd.

5. Srinath, L. S. (1991). *Reliability Engineering*, 3rd ed., Afliated East West Express, New Delhi.

6. Li, W., Wang, Y., & Huang, H. (2009, August). A new model for software reliability. In *Fifth International Joint Conference on INC, IMS and IDC*, 2009. *NCM'09*, pp. 757–760, IEEE.

7. Lyu, M. R. (2007). Software reliability engineering: A roadmap. In 29th *International Conference on Software Engineering*, *Future of Software Engineering*, IEEE, Minneapolis, pp. 153–170.

8. Musa, J. D., & Iannino, A. (1981). Software reliability modeling: Accounting for program size variation due to integration or design changes. *ACM SIGMETRICS Performance Evaluation Review*, 10(2), 16–25.

9. Zhou, Y., & Davis, J. (2005, May). Open source software reliability model: An empirical approach. In 5–*WOSSE Proceedings of the Fifth Workshop on Open Source Software Engineering*, ACM SIGSOFT *Software Engineering Notes*, Vol. 30, pp. 1–6, ACM, New York.

10. Syed–Mohamad, S. M., & McBride, T. (2008, December). A comparison of the reliability growth of open source and in–house software. In *Software Engineering Conference*, 2008. *APSEC'08. 15th Asia–Pacific*, pp. 229–236, IEEE.

11. Kaur, I., Sandhu, P. S., Singh, H., & Saini, V. (2009). Analytical study of component based software engineering. *World Academy of Science, Engineering and Technology*, 3(2), 304–309.

12. D'Souza, D. F. & Wills, A. C. (1998). *Objects, Components and Frameworks with UML: The Catalysis Approach*, Addison–Wesley Longman Publishing Co., Inc., Boston, MA.

13. Szyperski, C., Bosch, J., & Weck, W. (1999). Component–oriented programming.

In Moreira, A. (Ed.) *Object-Oriented Technology ECOOP'99 Workshop Reader. ECOOP* 1999. Lecture Notes in Computer Science, Vol. 1743, pp. 184–192, Springer, Berlin.

14. Council, W. T., & Heineman, G. T. (2001). *Component - Based Software Engineering Putting the Pieces Together*, Addison - Wesley Longman Publishing Co., Inc., Boston, MA.

15. Meyer, B. (2003). The grand challenge of trusted components. In *Proceedings of the 25th International Conference on Software Engineering*, Portland, Oregon.

16. Lau, K. K., Ornaghi, M., & Wang, Z. (2006, November). A software component model and its preliminary formalisation. In *International Symposium on Formal Methods for Components and Objects*, pp. 1–21, Springer, Berlin, Heidelberg.

17. Rahmani, C., Siy, H., & Azadmanesh, A. (2009). An experimental analysis of open source software reliability. Department of Defense/Air Force Office of Scientific Research.

18. Karg, L. M., Grottke, M., & Beckhaus, A. (2009, December). Conformance quality and failure costs in the software Industry: An empirical analysis of open source software. In *IEEE International Conference on Industrial Engineering and Engineering Management*, 2009. IEEM 2009, pp. 1386–1390, IEEE.

19. Cheung, R. C. (1980). A user-oriented software reliability model. *IEEE Transactions on Software Engineering*, 6(2), 118–125

20. Krishnamurthy, S., & Mathur, A. P. (1997, November). On the estimation of reliability of a software system using reliabilities of its components. In *Proceedings of the Eighth International Symposium on Software Reliability Engineering*, 1997, pp. 1–21, IEEE.

21. Littlewood, B. (1975). A reliability model for systems with Markov structure. *Applied Statistics*, 24(2), 172–177.

22. Littlewood, B. (1979). Software reliability model for modular program structure. *IEEE Transactions on Reliability*, 28(3), 241–246.

23. Goševa-Popstojanova, K., & Trivedi, K. S. (2001). Architecture-based approach to reliability assessment of software systems. *Performance Evaluation*, 45(2–3), 179–204.

24. Laprie, J. C. (1984). Dependability evaluation of software systems in operation. In *IEEE Transactions on Software Engineering*, Vol. SE-10, Issue 6, pp. 701–714, IEEE.

25. Kubat, P. (1989). Assessing reliability of modular software. *Operations Research Letters*, 8(1), 35–41.

26. Gokhale, S. S., Wong, W. E., Trivedi, K. S., & Horgan, J. R. (1998, September). An analytical approach to architecture - based software reliability prediction. In *IEEE International Computer Performance and Dependability Symposium*, IPDS'98, pp. 13–22, IEEE.

27. Ledoux, J. (1999). Availability modeling of modular software. *IEEE Transactions on Reliability*, 48(2), 159–168.

214

28. Shooman, M. L. (1976, October). Structural models for software reliability prediction. In *Proceedings of the 2nd International Conference on Software Engineering*, pp. 268–280, IEEE Computer Society Press.

29. Yacoub, S. M., Cukic, B., & Ammar, H. H. (1999). Scenario–based reliability analysis of component–based software. In *Proceedings 10th International Symposium on Software Reliability Engineering*, 1999, pp. 22–31, IEEE.

30. Yacoub, S., Cukic, B., & Ammar, H. H. (2004). A scenario–based reliability analysis approach for component–based software. *IEEE Transactions on Reliability*, 53(4), 465–480.

31. Hamlet, D., Mason, D., & Woit, D. (2001, July). Theory of software reliability based on components. *In Proceedings of the 23rd International Conference on Software Engineering*, pp. 361–370, IEEE Computer Society.

32. Kan, S. H. (2002). *Metrics and Models in Software Quality Engineering*, Addison–Wesley Longman Publishing Co., Inc.

33. Leblanc, S. P., & Roman, P. A. (2002). Reliability estimation of hierarchical software systems. In *Proceedings of Annual Reliability and Maintainability Symposium*, 2002, pp. 249–253, IEEE.

34. Musa, J. D., & Okumoto, K. (1984, March). A logarithmic Poisson execution time model for software reliability measurement. In *Proceedings of the 7th International Conference on SOFTWARE Engineering*, Orlando, FL, pp. 230–238, IEEE Press, Piscataway, NJ.

35. Pham, H. (2000) *Software Reliability*, Springer–Verlag, London.

36. Jelinski, Z., & Moranda, P. (1972). Software reliability research. In W. Freiberger, Ed., *Statistical Computer Performance Evaluation*, Academic Press, New York, pp. 465–484.

37. Littlewood, B., & Verrall, J. L. (1973). A Bayesian reliability growth model for computer software. *Applied Statistics*, 22(3), 332–346.

38. Goel, A. L., & Okumoto, K. (1979). A time–dependent error–detection rate model for software reliability and other performance measure. *IEEE Transactions on Reliability*, 28(3), 206–211.

12 多相牵引电动机的可靠性分析和容错建模

12.1 简 介

工业中,工程系统的复杂性越来越高。此类系统的主要功能是实现系统的可持续性运行并保证系统具有一定的安全性水平,使系统实现最大的效率和稳定性。系统具体需求的实现与系统可持续运行指标的评估密切相关。

船舶牵引系统是安全关键系统,其可持续性运行是强制性的要求。考虑到船舶的具体运行条件,其电力推进系统具有以下重要特征:船舶运行的高度自主性、结构和功能冗余的可用性、电力推进系统的高度可维护性、运行期间维修的可能性等。

如文献[2]所示,采用多相电机可以提高安全关键系统的容错能力,而且多相电机可以满足对推进系统的高性能要求。在本研究中,分析了一艘破冰船的推进系统,称为多电源牵引驱动系统(MPSTD),该系统配有四台柴油发电机[1]。这种牵引传动拓扑方案广泛用于运输破冰船和破冰船。

除了对牵引传动进行设计和提高容错性外,设计中还采用了部件的结构冗余和功能冗余。在大多数情况下,考虑到牵引驱动的重量和尺寸限制,例如在飞机上,结构冗余是不可能的;因此,使用了功能冗余选项。

牵引电力驱动中的一个主要部件的功能冗余的设计中一个很有希望的方案是采用多相电动机设计,本章将对此进行详细讨论。图 12.1 所示为容错多相永磁同步电动机的定子拓扑结构。电机相位之间没有电连接。每个相位都通过多电平逆变器从电源供电。在本章中,研究了具有三相、六相、九相和十二相拓扑结构的电动机。

许多工业系统,如多电源牵引驱动系统,都设计了不同的性能级别来执行其设计的不同任务:功能完备级别、容量降低级别和完全故障级别。这种系统可以称之为多状态系统(MSS)。通常,多状态系统本身是由多状态元件组成的。多状态系统可靠性理论的基本概念和最新发展可参考文献[8]和[9]。为此类系统的可靠性分析提出了不同的方法:用于稳态性能分布的直接偏逻辑导数[7]方法和通用生成函数(UGF)方法[11],以及用于多状态系统动态可靠性分析的 L_z 变换方法[6]。文献[3-6]和[11,12]介绍了 L_z 变换方法的技术应用。

本章将 L_z 变换方法应用于一个实际的多状态 MPSTD,并对其可用性和性能进行了分析。结果表明,与直接马尔可夫方法相比,L_z 变换方法大大简化了此类系统运行可持续性值的计算。

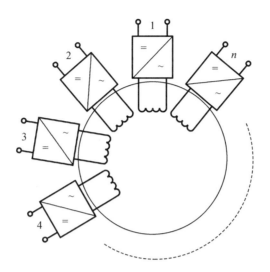

图 12.1　多相牵引电动机定子拓扑结构

12.2　L_z 方法简介

对于一个由 n 个多状态元件组成的多状态系统,任意 j 个元件具有 k_j 个不同状态,对于的有 g_{ij} 个性能级别,此时可表示为 $g_j = (g_{j1}, g_{j2}, \cdots, g_{jk_j})$,$j = \{1, 2, \cdots, n\}$,$i = \{1, 2, \cdots, k_j\}$。性能随机过程 $G_j(t) \in g_j$ 和系统结构函数 $G(t) = f(G_1(t), \cdots, G_n(t))$ 可表示整个多状态系统的输出性能相对应的随机过程,从而完全定义多状态系统模型。

多状态系统模型定义可分为以下步骤。对于每个多状态元件,将建立一个随机过程模型。每个元件 j 的马尔可夫性能随机过程可以用表达式 $G_j(t) = \{g_j, A_j, p_{j0}\}$ 表示,其中 g_j 表示元件可能的状态集,定义如下:$A_j = (a_{lm}^{(j)}(t))$,$l, m = 1, \cdots, k$;$j = 1, \cdots, n$-为转移强度矩阵和 $p_{j0} = [p_{j0}^{(j)} = \Pr\{G_j(0) = g_{10}\}, \cdots, p_{k0}^{(j)} = \Pr\{G_j(0) = g_{k0}\}]$-为初始状态概率分布。

对于每个元件 j,得到 Kolmogorov 前向微分方程组[6],用于确定初始条件 p_{j0} 的状态概率 $p_{ji}(t) = \Pr\{G_j(t) = g_{ji}\}$,$i = 1, \cdots, k_j$,$j = 1, \cdots, n$。对于每个元件 j,离散状态连续时间(DSCT)马尔可夫过程 $G_j(t)$ 的 L_Z 变换可以写成如下:

$$L_Z\{G_j(t)\} = \sum_{i=1}^{k_j} p_{ji}(t) z^{g_{ji}} \tag{12.1}$$

在下一步中,为了找到整个多状态系统的输出性能马尔可夫过程 $G(t)$ 的 L_Z 变换,Ushakov 通用生成算子[12]可以应用于所有 $t \geqslant 0$ 时刻的所有单个 L_Z 变换 $L_Z\{G_j(t)\}$:

$$L_Z\{G(t)\} = \Omega_f\{L_Z[G_1(t)], \cdots, L_Z[G_n(t)]\} = \sum_{i=1}^{K} p_i(t) z^{g_i} \tag{12.2}$$

Ushakov 算子应用技术为不同的结构函数计算建立了良好的基础[7]。

基于 L_z 变换得到的结果,多状态系统在恒定需求级别 w 下的平均瞬时可用性可以推导出为 L_z 变换中所有概率的总和,其中 z 的幂次不能是负值:

$$A(t) = \sum_{g_i \geqslant w} p_i(t) \tag{12.3}$$

多状态系统的平均瞬时性能可以计算为所有概率的总和乘以 L_z 变换中的性能级别,其中 z 的幂次为正:

$$E(t) = \sum_{g_i > 0} p_i(t) g_i \tag{12.4}$$

恒定需求 w 在任何时间 t 的瞬时性能效率 $D(t)$ 可计算如下:

$$D(t) = \sum_{g_i > 0} p_i(t) \cdot \max(w - g_i, 0) \tag{12.5}$$

12.3 MPSTD 的多状态模型

12.3.1 系统说明

本研究分析了一种基于直接电力推进系统的传统柴油电力驱动,并将其用于 Amguema 型北极货船。船舶柴油电力牵引驱动装置的结构如图 12.2 所示。该系统由柴油发电机子系统、主配电盘、电能转换器和电动机组成。

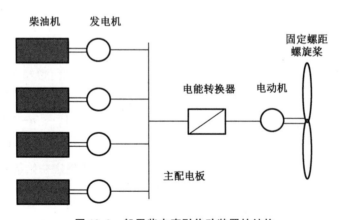

图 12.2 船用柴电牵引传动装置的结构

整个系统的功率为 5 500 kW。根据冰况、货物量和其他航行条件,船舶的推进系统使用不同数量的柴油发电机和电力推进电机来保持航行。该船舶推进系统的功率不但能满足系统的设计要求,而且在电力设备可能发生严重故障的情况下,船舶具有较高的生存能力。

每台柴油发电机的发电性能为 1 375 kW。因此,并联连接一台柴油发电机可以满足整个系统运行所需的额定发电性能。主配电盘装置、电能转换器和电动机具有标称性能。

在带有固定螺距螺旋桨的船舶柴油电力驱动装置中,必须准确计算电机的尺寸,以估算可用的充足推进功率,推进功率直接决定了运行功率的要求值,以及航行在恶劣天气或结冰条件下所需的额外功率。带有不同数量柴油发电机和主牵引电机的北极船舶推进系统的结构取决于北极船舶的运行条件以及冰况和温度条件。

北极货船的典型运行模式如下:

- 在厚冰中跟随破冰船航行和在固体冰中不跟随破冰船航行,此时需要 100% 的发电量。
- 在开阔水域航行取决于所需的速度,此时需要 75% 的发电量。

作为传统三相牵引电动机的替代方案,考虑采用六相、九相和十二相的多相牵引电动机,其详细描述和特点见文献[2]。全船牵引传动的可靠性框图如图 12.3 所示。

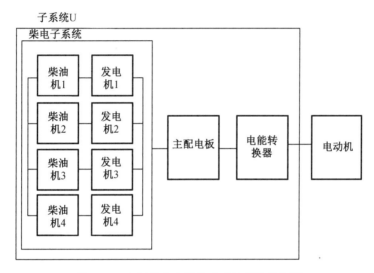

图 12.3　船用柴电牵引传动系统可靠性框图

12.3.2　系统元件模型

对于具有两种状态(完全工作和完全故障)的系统元件,为了计算每个状态的概率,可构建状态空间图(图 12.4)和以下微分方程组:

$$\begin{cases} \dfrac{\mathrm{d}p_{i1}(t)}{\mathrm{d}t} = -\lambda_i p_{i1}(t) + \mu_i p_{i2}(t) \\ \dfrac{\mathrm{d}p_{i2}(t)}{\mathrm{d}t} = \lambda_i p_{i1}(t) - \mu_i p_{i2}(t) \end{cases}$$

其中,$i = DE, G, MS, EEC$。

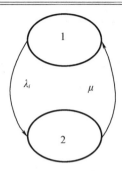

图 12.4 具有两种状态的元件的状态空间

初始状态为：$p_{i1}(0)=1$；$p_{i2}(0)=0$

使用 MATLAB® 对这些微分方程组进行数值求解，求得概率 $p_{i1}(t)$，$p_{i2}(t)$（$i=DE,G,MS,EEC$）。

系统元件的输出性能随机过程可以表示为：

$$\begin{cases} g_i=\{g_{i1},g_{i1}\}=\{1375,0\} \\ p_i(t)=\{p_{i1}(t),p_{i1}(t)\} \end{cases}$$

$g_i,p_i(t)$（$i=DE,G,MS,EEC$）中每个元件的 L_z 变换可以表示如下：

柴油机：

$$L_z\{g^{DE}(t)\}=p_1^{DE}(t)z^{g_1^{DE}}+p_2^{DE}(t)z^{g_2^{DE}}=p_1^{DE}(t)z^{1375}+p_2^{DE}(t)z^0 \tag{12.6}$$

发电机：

$$L_z\{g^G(t)\}=p_1^G(t)z^{g_1^G}+p_2^G(t)z^{g_2^G}=p_1^G(t)z^{1375}+p_2^G(t)z^0 \tag{12.7}$$

主配电盘：

$$L_z\{g^{MS}(t)\}=p_1^{MS}(t)z^{g_1^{MS}}+p_2^{MS}(t)z^{g_2^{MS}}=p_1^{MS}(t)z^{5500}+p_2^{MS}(t)z^0 \tag{12.8}$$

电能转换器：

$$L_z\{g^{EEC}(t)\}=p_1^{EEC}(t)z^{g_{i1}^{EEC}}+p_2^{EEC}(t)z^{g_{i2}^{EEC}}=p_1^{EEC}(t)z^{5500}+p_2^{EEC}(t)z^0 \tag{12.9}$$

该系统的元件三相电机有三种状态：输出功率为 5 500 千瓦的完全工作状态、输出功率为 3 667 kW 的部分故障状态和完全故障状态。状态空间图如图 12.5 所示。

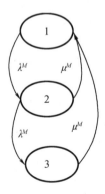

图 12.5 三相电机的状态空间

为了计算每个状态的概率,建立了以下微分方程组:

$$
\begin{cases}
\dfrac{\mathrm{d}p_1^{M_3}(t)}{\mathrm{d}t} = -\lambda_M p_1^{M_3}(t) + \mu_M \left(p_2^{M_3}(t) + p_3^{M_3}(t) \right) \\[3mm]
\dfrac{\mathrm{d}p_2^{M_3}(t)}{\mathrm{d}t} = \lambda M p_1^{M_3}(t) - (\lambda_M + \mu_M) p_2^{M_3}(t) \\[3mm]
\dfrac{\mathrm{d}p_3^{M_3}(t)}{\mathrm{d}t} = \lambda_M p_2^{M_3}(t) - \mu_M p_3^{M_3}(t)
\end{cases}
$$

初始条件如下:

$$
p_1^{M_3}(0) = 1; \; p_2^{M_3}(0) = 0; \; p_3^{M_3}(0) = 0
$$

使用 MATLAB® 对该微分方程组进行数值求解,以获得概率 $p_1^{M_3}(t)$、$p_2^{M_3}(t)$、$p_3^{M_3}(t)$ 值。因此,该元件的输出性能随机过程可以得到如下结果:

$$
\begin{cases}
\boldsymbol{g}^{M_3} = \{ g_1^{M_3}, g_2^{M_3}, g_3^{M_3} \} = \{ 5500, 3670, 0 \} \\[2mm]
\boldsymbol{p}^{M_3}(t) = \{ p_1^{M_3}(t), p_2^{M_3}(t), p_3^{M_3}(t) \}
\end{cases}
$$

$\boldsymbol{g}^{M_3}, \boldsymbol{p}^{M_3}(t)$ 三相电机的 L_z 变换,如下所示:

$$
\begin{aligned}
L_z \{ g^{M_3}(t) \} &= p_1^{M_3}(t) z^{g_1^{M_3}} + p_2^{M_3}(t) z^{g_2^{M_3}} + p_3^{M_3}(t) z^{g_3^{M_3}} \\
&= p_1^{M_3}(t) z^{5500} + p_2^{M_3}(t) z^{3670} + p_3^{M_3}(t) z^0
\end{aligned} \tag{12.10}
$$

该系统的元件六相电机有四种状态:输出功率为 5 500 kW 的完全工作状态、输出功率为 4 583 kW 和 3 670 kW 的部分故障状态以及完全故障状态。状态空间图如图 12.6 所示。为了计算每个状态的概率,建立如下微分方程组:

$$
\begin{cases}
\dfrac{\mathrm{d}p_1^{M_6}(t)}{\mathrm{d}t} = -\lambda_M p_1^{M_6}(t) + \mu_M \left(p_2^{M_6}(t) + p_3^{M_6}(t) + p_4^{M_6}(t) \right) \\[3mm]
\dfrac{\mathrm{d}p_2^{M_6}(t)}{\mathrm{d}t} = \lambda_M p_1^{M_6}(t) - (\lambda_M + \mu_M) p_2^{M_6}(t) \\[3mm]
\dfrac{\mathrm{d}p_3^{M_6}(t)}{\mathrm{d}t} = \lambda_M p_2^{M_6}(t) - (\lambda_M + \mu_M) p_3^{M_6}(t) \\[3mm]
\dfrac{\mathrm{d}p_4^{M_6}(t)}{\mathrm{d}t} = \lambda_M p_3^{M_6}(t) - \mu_M p_4^{M_6}(t)
\end{cases}
$$

初始条件如下:

$$
p_1^{M_6}(0) = 1; \; p_2^{M_6}(0) = 0; \; p_3^{M_6}(0) = 0; \; p_4^{M_6}(0) = 0
$$

使用 MATLAB® 对该微分方程组进行数值求解,以获得概率 $p_1^{M_6}(t)$、$p_2^{M_6}(t)$、$p_3^{M_6}(t)$、$p_4^{M_6}(t)$ 值。因此该元件的输出性能随机过程可以得到如下结果:

$$
\begin{cases}
\boldsymbol{g}^{M_6} = \{ g_1^{M_6}, g_2^{M_6}, g_3^{M_6}, g_4^{M_6} \} = \{ 5500, 4583, 3670, 0 \} \\[2mm]
\boldsymbol{p}^{M_6}(t) = \{ p_1^{M_6}(t), p_2^{M_6}(t), p_3^{M_6}(t), p_4^{M_6}(t) \}
\end{cases}
$$

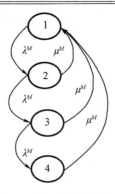

图 12.6 六相电机的状态空间

$g^{M_6}, p^{M_6}(t)$ 六相电机的 L_z 变换,如下所示:

$$L_z\{g^{M_6}(t)\} = p_1^{M_6}(t)z^{g_1^{M_6}} + p_2^{M_6}(t)z^{g_2^{M_6}} + p_3^{M_6}(t)z^{g_3^{M_6}} + p_4^{M_6}(t)z^{g_4^{M_6}}$$

$$= p_1^{M_6}(t)z^{5500} + p_2^{M_6}(t)z^{4583} + p_3^{M_6}(t)z^{3670} + p_4^{M_6}(t)z^0 \tag{12.11}$$

该系统的元件九相电机有五种状态:输出功率为 5 500 kW 的完全工作状态,输出功率为 4 889、4 278 和 3 670 kW 的部分故障状态和完全故障状态。状态空间图如图 12.7 所示。为了计算每个状态的概率,建立如下微分方程组:

$$\begin{cases} \dfrac{\mathrm{d}p_1^{M_9}(t)}{\mathrm{d}t} = -\lambda_M p_1^{M_9}(t) + \mu_M (p_2^{M_9}(t) + p_3^{M_9}(t) + p_4^{M_9}(t) + p_5^{M_9}(t)) \\[3mm] \dfrac{\mathrm{d}p_2^{M_9}(t)}{\mathrm{d}t} = \lambda_M p_1^{M_9}(t) - (\lambda_M + \mu_M) p_2^{M_9}(t) \\[3mm] \dfrac{\mathrm{d}p_3^{M_9}(t)}{\mathrm{d}t} = \lambda_M p_2^{M_9}(t) - (\lambda_M + \mu_M) p_3^{M_9}(t) \\[3mm] \dfrac{\mathrm{d}p_4^{M_9}(t)}{\mathrm{d}t} = \lambda_M p_3^{M_9}(t) - (\lambda_M + \mu_M) p_4^{M_9}(t) \\[3mm] \dfrac{\mathrm{d}p_5^{M_9}(t)}{\mathrm{d}t} = \lambda_M p_4^{M_9}(t) - \mu_M p_5^{M_9}(t) \end{cases}$$

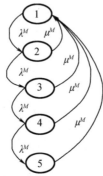

图 12.7 九相电机的状态空间

初始条件如下：

$$p_1^{M_9}(0)=1 ; p_2^{M_9}(0)=0 ; p_3^{M_9}(0)=0 ; p_4^{M_9}(0)=0 ; p_5^{M_9}(0)=0$$

使用 MATLAB® 对该微分方程组进行数值求解，以获得概率 $p_1^{M_9}(t)$、$p_2^{M_9}(t)$、$p_3^{M_9}(t)$、$p_4^{M_9}(t)$、$p_5^{M_9}(t)$ 值。因此该元件的输出性能随机过程可以得到如下结果：

$$\begin{cases} \boldsymbol{g}^{M_9}=\{g_1^{M_9},g_2^{M_9},g_3^{M_9},g_4^{M_9},g_5^{M_9}\}=\{5500,4889,4278,3670,0\} \\ \boldsymbol{p}^{M_9}(t)=\{p_1^{M_9}(t),p_2^{M_9}(t),p_3^{M_9}(t),p_4^{M_9}(t),p_5^{M_9}(t)\} \end{cases}$$

$\boldsymbol{g}^{M_9}$，$\boldsymbol{p}^{M_9}(t)$ 九相电机的 L_z 变换，如下所示：

$$\begin{aligned} L_z\{g^{M_9}(t)\} &= p_1^{M_9}(t)z^{g_1^{M_9}}(t)+p_2^{M_9}(t)z^{g_3^{M_9}}(t)z^{g_3^{M_9}}+p_4^{M_9}(t)z^{g_4^{M_9}}+p_5^{M_9}(t)z^{g_5^{M_9}} \\ &= p_1^{M_9}(t)z^{5500}+p_2^{M_9}(t)z^{4889}+p_3^{M_9}(t)z^{4278}+_4^{M_9}(t)z^{3670}+_5^{M_9}(t)z^0 \end{aligned} \tag{12.12}$$

该系统的元件十二相电机有六种状态：输出功率为 5 500 kW 的完全工作状态，输出功率为 5 042、4 583、4 125 和 3 670 kW 的部分故障状态，以及完全故障状态。状态空间图如图 12.8 所示。为了计算每个状态的概率，建立如下微分方程组：

$$\begin{cases} \dfrac{\mathrm{d}p_1^{M_{12}}(t)}{\mathrm{d}t}=-\lambda_M p_1^{M_{12}}(t)+\mu_M(p_2^{M_{12}}(t)+p_3^{M_{12}}(t)+p_4^{M_{12}}(t)+p_5^{M_{12}}(t)+p_6^{M_{12}}(t)) \\[2mm] \dfrac{\mathrm{d}p_1^{M_{12}}(t)}{\mathrm{d}t}=\lambda_M p_1^{M_{12}}(t)-(\lambda_M+\mu_M)p_2^{M_{12}}(t) \\[2mm] \dfrac{\mathrm{d}p_3^{M_{12}}(t)}{\mathrm{d}t}=\lambda_M p_2^{M_{12}}(t)-(\lambda_M+\mu_M)p_3^{M_{12}}(t) \\[2mm] \dfrac{\mathrm{d}p_4^{M_{12}}(t)}{\mathrm{d}t}=\lambda_M p_3^{M_{12}}(t)-(\lambda_M+\mu_M)p_4^{M_{12}}(t) \\[2mm] \dfrac{\mathrm{d}p_5^{M_{12}}(t)}{\mathrm{d}t}=\lambda_M p_4^{M_{12}}(t)-(\lambda_M+\mu_M)p_5^{M_{12}}(t) \\[2mm] \dfrac{\mathrm{d}p_6^{M_{12}}(t)}{\mathrm{d}t}=\lambda_M p_5^{M_{12}}(t)-\mu_M p_6^{M_{12}}(t) \end{cases}$$

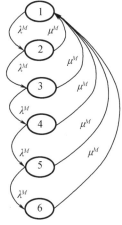

图 12.8　十二相电机的状态空间

初始条件如下：

$$p_1^{M_{12}}(0) = 1 ; p_2^{M_{12}}(0) = p_3^{M_{12}}(0) = p_4^{M_{12}}(0) = p_5^{M_{12}}(0) = p_6^{M_{12}}(0) = 0$$

使用 MATLAB® 对该微分方程组进行数值求解，以获得概率 $p_1^{M_{12}}(t)$、$p_2^{M_{12}}(t)$、$p_3^{M_{12}}(t)$、$p_4^{M_{12}}(t)$、$p_5^{M_{12}}(t)$、$p_6^{M_{12}}(t)$ 值。因此该元件的输出性能随机过程可以得到如下结果：

$$\begin{cases} \boldsymbol{g}_1^{M_{12}} = \{ g_1^{M_{12}}, g_2^{M_{12}}, g_3^{M_{12}}, g_4^{M_{12}}, g_5^{M_{12}}, g_6^{M_{12}} \} = \{5500, 5042, 4583, 4125, 3670, 0\} \\ \boldsymbol{p}^{M_{12}}(t) = \{ p_1^{M_{12}}(t), p_2^{M_{12}}(t), p_3^{M_{12}}(t), p_4^{M_{12}}(t), p_5^{M_{12}}(t), p_6^{M_{12}}(t) \} \end{cases}$$

$\boldsymbol{g}^{M_{12}}$，$\boldsymbol{p}^{M_{12}}(t)$ 十二相电机的 L_z 变换，如下所示：

$$\begin{aligned} L_z\{ g^{M_{12}}(t) \} &= p_1^{M_{12}}(t) z^{g_1^{M_{12}}} + p_2^{M_{12}}(t) z^{g_2^{M_{12}}} + p_3^{M_{12}}(t) z^{g_3^{M_{12}}} + p_4^{M_{12}}(t) z^{g_4^{M_{12}}} + p_5^{M_{12}}(t) z^{g_5^{M_{12}}} + p_6^{M_{12}}(t) z^{g_6^{M_{12}}} \\ &= p_1^{M_{12}}(t) z^{5500} + p_2^{M_{12}}(t) z^{5042} + p_3^{M_{12}}(t) z^{4583} + p_4^{M_{12}}(t) z^{4125} + p_5^{M_{12}}(t) z^{3670} + p_6^{M_{12}}(t) z^0 \end{aligned}$$

$$(12.13)$$

12.3.3　MPSTD 的多状态模型

如图 12.3 所示，多电源牵引驱动系统的多状态模型可表示为串联柴油发电机子系统、主配电盘、电能转换器和电动机。为了简化，将分步计算整个系统 L_z 变换：第一，柴油发电机子系统的 L_z 变换，第二，串联柴油发电机子系统、主配电盘、电能转换器（该子系统称为子系统 U）的 L_z 变换，第三，配有不同类型电机的整个系统的 L_z 变换。因此，整个系统的 L_z 变换如下：

$$\begin{aligned} L_z\{ G^{MPSTD}(t) \} &= \Omega_{fser}(L_z\{ G^{DGS}(t) \}, L_z\{ G^{MS}(t) \}, L_z\{ G^{EEC}(t) \}, L_z\{ G^M(t) \}) \\ &= \Omega_{fser}(\Omega_{fser}(L_z\{ G^{DGS}(t) \}, L_z\{ G^{MS}(t) \}, L_z\{ G^{EEC}(t) \}), L_z\{ G^M(t) \}) \\ &= \Omega_{fser}(L_z\{ G^U(t) \}, L_z\{ G^M(t) \}) \end{aligned}$$

$$(12.14)$$

12.3.3.1　柴油发电机子系统

柴油发电机子系统由四对相同的柴油机和发电机并联组成。每台柴油机和每台发电机都是两状态的设备：完全运行状态下的发电功率为 1 375 kW，完全故障对应的功率为 0。

使用复合算子 Ω_{fser}，可以得到每对串联的柴油机和发电机的 L_z 变换 $L_z\{ G^{DG}(t) \}$，其中 z 的幂函数是对应项的最小功率：

$$\begin{aligned} L_z\{ G^{DG}(t) \} &= \Omega_{fser}(g^{DE}(t), g^G(t)) \\ &= p_1^{DE}(t) p_1^G(t) z^{1375} + (p_1^{DE}(t) p_2^G(t) + p_2^{DE}(t)) z^0 \end{aligned}$$

$$(12.15)$$

使用以下符号：

$$p_1^{DG}(t) = p_1^{DE}(t) p_1^G(t)$$

$$p_2^{DG}(t) = p_1^{DE}(t) p_2^G(t) + p_2^{DE}(t)$$

可以得到柴油发电机子系统的 L_z 变换，其形式如下：

$$L_z\{ G^{DG}(t) \} = p_1^{DG}(t) z^{1375} + p_2^{DG}(t) z^0$$

$$(12.16)$$

对于并联的 4 台柴油发电机，使用复合算子 Ω_{fser}，可以得到整个柴油发电机子系统的 L_z

变换 $L_z\{G^{SysDG}(t)\}$，如下所示：

$$L_z\{G^{DGS}(t)\}=\Omega_{fpar}(L_z\{G^{DG}(t)\},L_z\{G^{DG}(t)\},L_z\{G^{DG}(t)\},L_z\{G^{DG}(t)\}) \quad (12.17)$$

使用以下符号：

$$P_1^{DGS}(t)=\{p_1^{DG}(t)\}^4$$

$$P_2^{DGS}(t)=4\cdot\{p_1^{DG}(t)\}^3 p_2^{DG}(t)$$

$$P_3^{DGS}(t)=6\cdot\{p_1^{DG}(t)\}^2\{p_2^{DG}(t)\}^2$$

$$P_4^{DGS}(t)=4\cdot p_1^{DG}(t)\{p_2^{DG}(t)\}^3$$

$$P_5^{DGS}(t)=\{p_2^{DG}(t)\}^4$$

可以得到整个柴油发电机子系统的 L_z 变换，其形式如下：

$$L_z\{G^{DGS}(t)\}=P_1^{DGS}(t)z^{5500}+P_2^{DGS}(t)z^{4125}+P_3^{DGS}(t)z^{2750}+P_4^{DGS}(t)z^{1375}+P_5^{DGS}(t)z^0 \quad (12.18)$$

12.3.3.2 系统 UL_z 变换子系统

使用串联柴油发电机子系统、主配电盘、电能转换器的复合算子 Ω_{fser}，可以得到了 L_z 变换 $L_z\{G^U(t)\}$，其中 z 的幂函数是对应项的最小功率：

$$L_z\{G^U(t)\}=\Omega_{fser}(L_z\{G^{DGS}(t)\},L_z\{G^{MS}(t)\},L_z\{G^{EEC}(t)\})$$

$$=\Omega_{fser}(P_1^{DGS}(t)z^{5500}+P_2^{DGS}(t)z^{4125}+P_3^{DGS}(t)z^{2750}+P_4^{DGS}(t)z^{1375}+P_5^{DGS}(t)z^0,p_1^{MS}(t)$$

$$z^{5500}+p_2^{MS}(t)z^0,p_1^{EEC}(t)z^{5500}+p_2^{EEC}(t)z^0) \quad (12.19)$$

利用 z 的幂函数的最小值的简单代数计算，整个系统的 L_z 变换表达式如下：

$$L_z\{G^U(t)\}=P_1^U(t)z^{5500}+P_2^U(t)z^{4125}+P_3^U(t)z^{2750}+P_4^U(t)z^{1375}+P_5^U(t)z^0 \quad (12.20)$$

其中，

$$P_1^U(t)=P_1^{DGS}(t)p_1^{MS}(t)p_1^{EEC}(t)$$

$$P_2^U(t)=P_2^{DGS}(t)p_1^{MS}(t)p_1^{EEC}(t)$$

$$P_3^U(t)=P_3^{DGS}(t)p_1^{MS}(t)p_1^{EEC}(t)$$

$$P_4^U(t)=P_4^{DGS}(t)p_1^{MS}(t)p_1^{EEC}(t)$$

$$P_5^U(t)=P_5^{DGS}(t)p_1^{MS}(t)p_1^{EEC}(t)+p_2^{MS}(t)p_1^{EEC}(t)+p_2^{EEC}(t)$$

12.3.3.3 三相电机 MPSTD 的多状态模型

柴油-电力驱动的状态转换图如图 12.9 所示。

使用串联子系统 U 和三相电机的复合算子 Ω_{fser}，可以得到 L_z 变换 $L_z\{G^{SysM_3}(t)\}$，其中 z 幂函数为相应项幂的最小值：

$$L_z\{G^{SysM_3}(t)\}=\Omega_{fser}(L_z\{G^U(t)\},L_z\{g^{M_3}(t)\})$$

$$=\Omega_{fser}(P_1^U(t)z^{5500}+P_2^U(t)z^{4125}+P_3^U(t)z^{2750}+P_4^U(t)z^{1375}+P_5^U(t)z^0,p_1^{M_3}(t)z^{5500}+$$

$$p_2^{M_3}(t)z^{3670}+p_3^{M_3}(t)z^0) \quad (12.21)$$

利用 z 的幂的简单代数计算，整个系统的 L_z 变换表达式如下：

$$L_z\{G^{SysM_3}(t)\}=\sum_{i=1}^{6}P_i^{SysM_3}(t)z^{g_i^{SysM_3}}$$

$$= P_1^{SysM_3}(t)z^{5500} + P_2^{SysM_3}(t)z^{4125} + P_3^{SysM_3}(t)z^{3670} + P_4^{SysM_3}(t)z^{2750} +$$

$$P_5^{SysM_3}(t)z^{1375} + P_6^{SysM_3}(t)z^0 \tag{12.22}$$

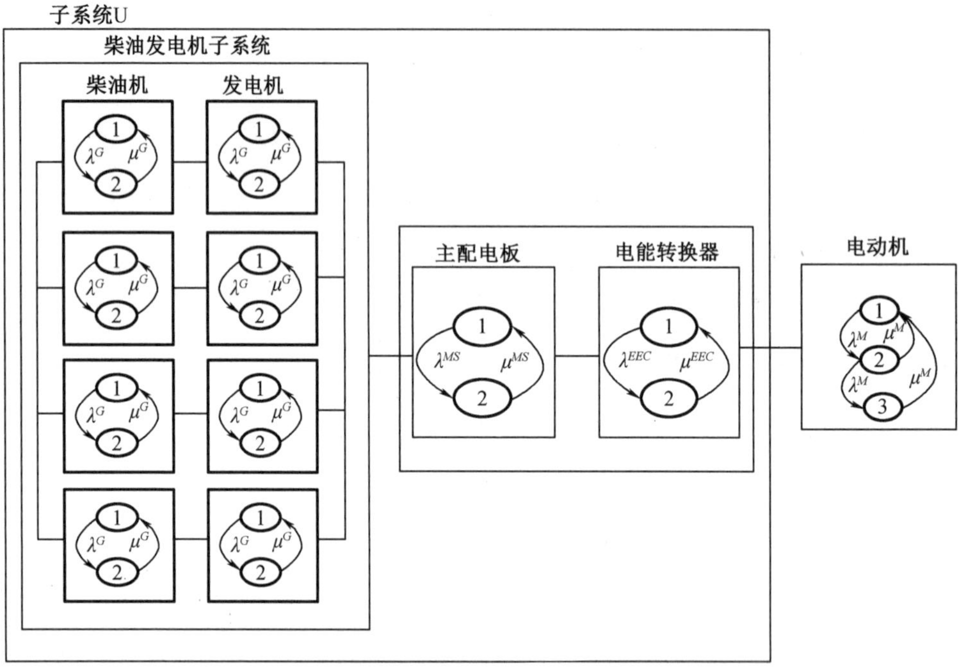

图 12.9　三相牵引电动机 MPSTD 的状态转换图

其中，

$$P_1^{SysM_3}(t) = P_1^U(t)p_1^{M_3}(t)$$

$$P_2^{SysM_3}(t) = P_2^U(t)p_1^{M_3}(t)$$

$$P_3^{SysM_3}(t) = (P_1^U(t) + P_2^U(t))p_2^{M_3}(t)$$

$$P_4^{SysM_3}(t) = P_3^U(t)(p_1^{M_3}(t) + p_2^{M_3}(t))$$

$$P_5^{SysM_3}(t) = P_4^U(t)(p_1^{M_3}(t) + p_2^{M_3}(t))$$

$$P_6^{SysM_3}(t) = P_3^{M_3}(t) + P_5^U(t)(p_1^{M_3}(t) + p_2^{M_3}(t))$$

12.3.3.4　六相电机 MPSTD 的多状态模型

多电源牵引系统的状态转换图如图 12.10 所示。

使用串联子系统 U 和六相电机的复合算子 Ω_{fser}，可以得到 L_z 变换 $L_z\{G^{SysM_6}(t)\}$，其中 z 幂函数为相应项幂的最小值：

$$L_z\{G^{SysM_6}(t)\} = \Omega_{fser}(L_z\{G^U(t)\}, L_z\{g^{M_6}(t)\})$$

$$= \Omega_{fser}(P_1^U(t)z^{5500} + P_2^U(t)z^{4125} + P_3^U(t)z^{2750} + P_4^U(t)z^{1375} + P_5^U(t)z^0, p_1^{M_6}(t)z^{5500} +$$

$$p_2^{M_6}(t)z^{4583} + p_3^{M_6}(t)z^{3670} + p_4^{M_6}(t)z^0) \tag{12.23}$$

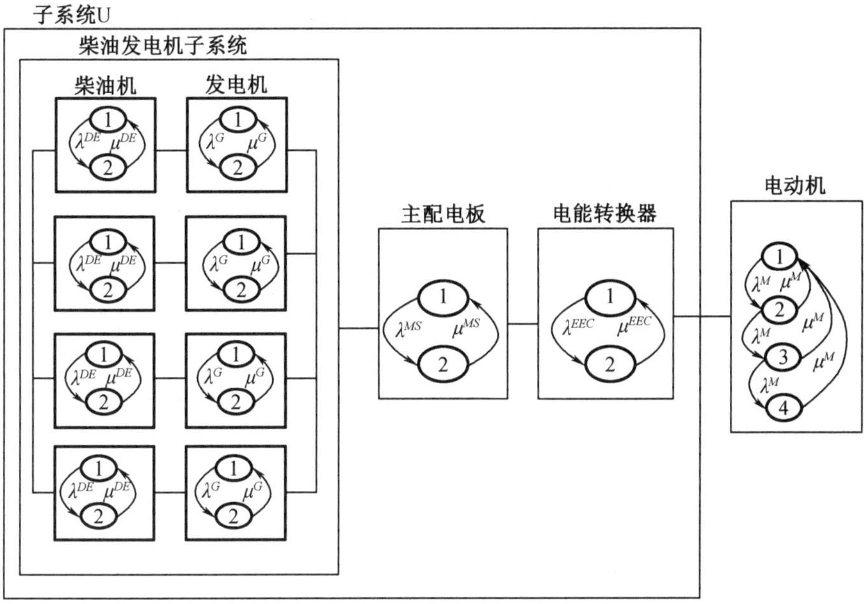

图 12.10 六相牵引电动机 MPSTD 的状态转换图

整个系统的 L_z 变换表达式如下：

$$L_z\{G^{SysM6}(t)\} = \sum_{i=1}^{7} P_1^{SysM6}(t) z^{g_i^{SysM6}}$$

$$= P_1^{SysM6}(t) z^{5500} + P_2^{SysM6}(t) z^{4583} + P_3^{SysM6}(t) z^{4125} + P_4^{SysM6}(t) z^{3670} +$$

$$P_5^{SysM6}(t) z^{2570} + P_6^{SysM6}(t) z^{1375} + P_7^{SysM6}(t) z^{0} \quad (12.24)$$

其中，

$$P_1^{SysM6}(t) = P_1^U(t) p_1^{M_6}(t)$$

$$P_2^{SysM6}(t) = P_1^U(t) p_2^{M_6}(t)$$

$$P_3^{SysM6}(t) = P_2^U(t) (p_1^{M_6}(t) + p_2^{M_6}(t))$$

$$P_4^{SysM6}(t) = (P_1^U(t) + P_2^U(t)) p_3^{M_6}(t)$$

$$P_5^{SysM6}(t) = P_3^U(t) (1 - p_4^{M_6}(t))$$

$$P_6^{SysM6}(t) = P_4^U(t) (1 - p_4^{M_6}(t))$$

$$P_7^{SysM6}(t) = p_4^{M_6}(t) + P_5^U(t) (1 - p_4^{M_6}(t))$$

12.3.3.5 九相电机 MPSTD 的多状态模型

多电源牵引系统的状态转换图如图 12.11 所示。

使用串联子系统 U 和九相电机的复合算子 Ω_{fser}，可以得到 L_z 变换 $L_z\{G^{SysM_9}(t)\}$，其中 z 幂函数为相应项幂的最小值：

$$L_z\{G^{SysM_9}(t)\} = \Omega_{fser}(L_z\{G^U(t)\}, L_z\{g^{M_9}(t)\})$$

$$= \Omega_{fser}(P_1^U(t) z^{5500} + P_{()}^U(t) z^{4125} + P_3^U(t) z^{2750} + P_4^U(t) z^{1375} + P_5^U(t) z^{0}, p_1^{M_9}(t) z^{5500} +$$

$$p_2^{M_9}(t)z^{4889}+p_3^{M_9}(t)z^{4278}+p_4^{M_9}(t)z^{3670}+p_5^{M_9}(t)z^0) \tag{12.25}$$

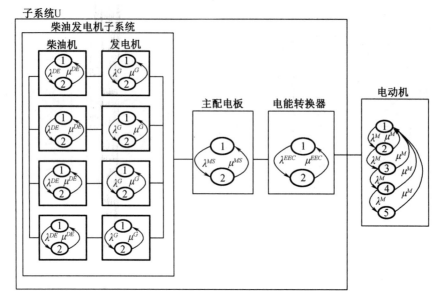

图 12.11　九相牵引电动机 MPSTD 的状态转换图

整个系统的 L_z 变换表达式如下：

$$L_z\{G^{SysM_9}(t)\} = \sum_{i=1}^{8} P_i^{SysM_9}(t)z^{g_i^{SysM_9}}$$

$$= P_1^{SysM_9}(t)z^{5500} + P_2^{SysM_9}(t)z^{4889} + P_3^{SysM_9}(t)z^{4278} + P_4^{SysM_9}(t)z^{4125} +$$

$$P_5^{SysM_9}(t)z^{3670} + P_6^{SysM_9}(t)z^{2750} + P_7^{SysM_9}(t)z^{1375} + P_8^{SysM_9}(t)z^0 \tag{12.26}$$

其中，

$$P_1^{SysM_9}(t) = P_1^U(t)p_1^{M_9}(t)$$

$$P_2^{SysM_9}(t) = P_1^U(t)p_2^{M_9}(t)$$

$$P_3^{SysM_9}(t) = P_1^U(t)P_3^{M_9}(t)$$

$$P_4^{SysM_9}(t) = P_2^U(t)(p_1^{M_9}(t)+p_2^{M_9}(t)+p_3^{M_9}(t))$$

$$P_5^{SysM_9}(t) = P_4^U(t)(p_1^{M_9}(t)+p_2^{M_9}(t))$$

$$P_6^{SysM_9}(t) = P_3^U(t)(1-p_5^{M_9}(t))$$

$$P_7^{SysM_9}(t) = P_4^U(t)(1-p_5^{M_9}(t))$$

$$P_8^{SysM_9}(t) = p_5^{M_9}(t)+P_5^U(t)(1-p_5^{M_9}(t))$$

12.3.3.6　九相电机 MPSTD 的多状态模型

多电源牵引系统的状态转换图如图 12.12 所示。

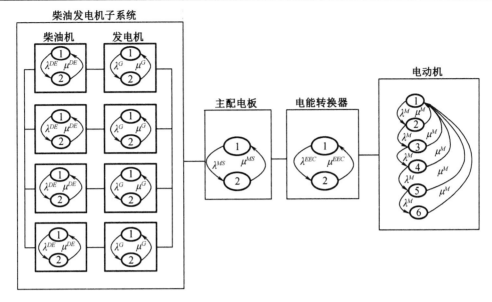

图 12.12 十二相牵引电动机 MPSTD 的状态转换图

使用串联子系统 U 和十二相电机的复合算子 Ω_{fser}，可以得到 L_z 变换 $L_z\{G^{SysM_{12}}(t)\}$，其中 z 幂函数为相应项幂的最小值：

$$L_z\{G^{SysM_{12}}(t)\} = \Omega_{fser}(L_z\{G^U(t)\}, L_z\{g^{12}(t)\})$$

$$= \Omega_{fser}(P_1^U(t)z^{5500} + P_2^U(t)z^{4125} + P_3^U(t)z^{2750} + P_4^U(t)z^{1375} + P_5^U(t)z^0, p_1^{M_{12}}(t)z^{5500} +$$

$$p_2^{M_{12}}(t)z^{5042} + p_3^{M_{12}}(t)z^{4583} + p_4^{M_{12}}(t)z^{4125} + p_5^{M_{12}}(t)z^{3670} + p_6^{M_{12}}(t)z^0) \qquad (12.27)$$

整个系统的 L_z 变换表达式如下：

$$L_z\{G^{SysM_{12}}(t)\} = \sum_{i=1}^{8} P_i^{SysM_{12}}(t)z^{g_i^{SysM_{12}}}$$

$$= P_1^{SysM_{12}}(t)z^{5500} + P_2^{SysM_{12}}(t)z^{5042} + P_3^{SysM_{12}}(t)z^{4583} + P_4^{SysM_{12}}(t)z^{4125} +$$

$$P_5^{SysM_{12}}(t)z^{3670} + P_6^{SysM_{12}}(t)z^{2750} + P_7^{SysM_{12}}(t)z^{1375} + P_8^{SysM_{12}}(t)z^0 \qquad (12.28)$$

其中，

$$P_1^{SysM_{12}}(t) = P_1^U(t)p_1^{M_{12}}(t)$$

$$P_2^{SysM_{12}}(t) = P_1^U(t)p_2^{M_{12}}(t)$$

$$P_3^{SysM_{12}}(t) = P_1^U(t)p_3^{M_{12}}(t)$$

$$P_4^{SysM_{12}}(t) = P_2^U(t)(p_1^{M_{12}}(t) + p_2^{M_{12}}(t) + p_3^{M_{12}}(t) + p_4^{M_{12}}(t)) + P_1^U(t)p_4^{M_{12}}(t)$$

$$P_5^{SysM_{12}}(t) = (P_1^U(t) + P_2^U(t))p_5^{M_{12}}(t)$$

$$P_6^{SysM_{12}}(t) = P_3^U(t)(1 - p_6^{M_{12}}(t))$$

$$P_7^{SysM_{12}}(t) = P_4^U(t)(1 - p_6^{M_{12}}(t))$$

$$P_8^{SysM_{12}}(t) = p_5^U(t) + P_6^{M_{12}}(t)(1 - p_5^U(t))$$

12.3.4　MPSTD 可靠性指标计算

使用表达式(12.3),MPSTD 在不同恒定功率水平 w 下的多状态系统瞬时可用性可表示为:

- 功率水平($w = 5\ 500\ \text{kW}$)

$$A_{w \geqslant 5\ 500\ \text{kW}}^{SysM_3}(t) = \sum_{g_i^{SysM_3} \geqslant 5500} P_i^{SysM_3}(t) = P_1^{SysM_3}(t)$$

$$A_{w \geqslant 5\ 500\ \text{kW}}^{SysM_6}(t) = \sum_{g_i^{SysM_6} \geqslant 5500} P_i^{SysM_3}(t) = P_1^{SysM_6}(t)$$

$$A_{w \geqslant 5\ 500\ \text{kW}}^{SysM_9}(t) = \sum_{g_i^{SysM_9} \geqslant 5500} P_i^{SysM_9}(t) = P_1^{SysM_3}(t)$$

$$A_{w \geqslant 5\ 500\ \text{kW}}^{SysM_{12}}(t) = \sum_{g_i^{SysM_{12}} \geqslant 5500} P_i^{SysM_3}(t) = P_1^{SysM_{12}}(t) \tag{12.29}$$

75% 的功率水平($w = 4\ 125\ \text{kW}$)

$$A_{w \geqslant 4125\ \text{kW}}^{SysM_3}(t) = \sum_{g_i^{SysM_3} \geqslant 4125} P_i^{SysM_3}(t) = \sum_{i=1}^{2} Pi^{SysM_3}(t)$$

$$A_{w \geqslant 4125\ \text{kW}}^{SysM_6}(t) = \sum_{g_i^{SysM_6} \geqslant 4125} P_i^{SysM_6}(t) = \sum_{i=1}^{2} Pi^{SysM_6}(t)$$

$$A_{w \geqslant 4125\ \text{kW}}^{SysM_9}(t) = \sum_{g_i^{SysM_9} \geqslant 4125} P_i^{SysM_9}(t) = \sum_{i=1}^{2} Pi^{SysM_9}(t)$$

$$A_{w \geqslant 4125\ \text{kW}}^{SysM_{12}}(t) = \sum_{g_i^{SysM_{12}} \geqslant 4125} P_i^{SysM_{12}}(t) = \sum_{i=1}^{2} Pi^{SysM_{12}}(t) \tag{12.30}$$

使用表达式(12.4),MPSTD 系统的瞬时功率性能可如下所示:

$$E^{SysM_3}(t) = \sum_{g_i^{SysM_3} > 0} g_i^{SysM_3} P_i^{SysM_3}(t) = \sum_{i=1}^{4} g_i^{SysM_3} P_i^{SysM_3}(t)$$

$$E^{SysM_6}(t) = \sum_{g_i^{SysM_6} > 0} g_i^{SysM_6} P_i^{SysM_6}(t) = \sum_{i=1}^{4} g_i^{SysM_6} P_i^{SysM_6}(t)$$

$$E^{SysM_9}(t) = \sum_{g_i^{SysM_9} > 0} g_i^{SysM_9} P_i^{SysM_9}(t) = \sum_{i=1}^{4} g_i^{SysM_9} P_i^{SysM_9}(t)$$

$$E^{SysM_{12}}(t) = \sum_{g_i^{SysM_{12}} > 0} g_i^{SysM_{12}} P_i^{SysM_{12}}(t) = \sum_{i=1}^{4} g_i^{SysM_{12}} P_i^{SysM_{12}}(t) \tag{12.31}$$

使用表达式(12.5),MPSTD 在不同恒定功率水平下的瞬时功率效率可以表示为:

$$D_{w \geqslant 5500\ \text{kW}}^{SysM_3}(t) = \sum_{i=1}^{6} P_i^{SysM_3}(t) \cdot \max(5500 - g_i, 0)$$

$$= 1375 \cdot P_2^{SysM_3}(t) + 1830 \cdot P_3^{SysM_3}(t) + 2750 \cdot P_4^{SysM_3}(t) + 4125 \cdot P_5^{SysM_3}(t) +$$

$$5500 \cdot P_6^{SysM_3}(t)$$

$$D_{w \geq 5500 \text{ kW}}^{SysM_6}(t) = P_i^{SysM_6}(t) \cdot \max(5500 - g_i, 0)$$
$$= 917 \cdot P_2^{SysM_6}(t) + 1375 \cdot P_3^{SysM_6}(t) + 1830 \cdot P_4^{SysM_6}(t) + 2750 \cdot P_5^{SysM_6}(t) +$$
$$4125 \cdot P_6^{SysM_6}(t) + 5500 \cdot P_7^{SysM_6}(t)$$

$$D_{w \geq 5500 \text{ kW}}^{SysM_9}(t) = P_i^{SysM_9}(t) \cdot \max(5500 - g_i, 0)$$
$$= 611 \cdot P_2^{SysM_9}(t) + 1222 \cdot P_3^{SysM_9}(t) + 1375 \cdot P_4^{SysM_9}(t) + 1830 \cdot P_5^{SysM_9}(t) +$$
$$2750 \cdot P_6^{SysM_9}(t) + 4125 \cdot P_7^{SysM_9}(t) + 5500 \cdot P_8^{SysM_9}(t)$$

$$D_{w \geq 5500 \text{ kW}}^{SysM_{12}}(t) = P_i^{SysM_{12}}(t) \cdot \max(5500 - g_i, 0)$$
$$= 458 \cdot P_2^{SysM_{12}}(t) + 917 \cdot P_3^{SysM_{12}}(t) + 1375 \cdot P_4^{SysM_{12}}(t) + 1830 \cdot P_5^{SysM_{12}}(t) +$$
$$2750 \cdot P_6^{SysM_{12}}(t) + 4125 \cdot P_7^{SysM_{12}}(t) + 5500 \cdot P_8^{SysM_{12}}(t) \tag{12.32}$$

$$D_{w \geq 4125 \text{ kW}}^{SysM_3}(t) = P_i^{SysM_3}(t) \cdot \max(4125 - g_i, 0)$$
$$= 455 \cdot P_3^{SysM_3}(t) + 1375 \cdot P_4^{SysM_3}(t) + 2750 \cdot P_5^{SysM_3}(t) + 4125 \cdot P_6^{SysM_3}(t)$$

$$D_{w \geq 4125 \text{ kW}}^{SysM_6}(t) = P_i^{SysM_6}(t) \cdot \max(4125 - g_i, 0)$$
$$= 455 \cdot P_4^{SysM_6}(t) + 1375 \cdot P_5^{SysM_6}(t) + 2750 \cdot P_6^{SysM_6}(t) + 4125 \cdot P_7^{SysM_6}(t)$$

$$D_{w \geq 4125 \text{ kW}}^{SysM_9}(t) = P_i^{SysM_9}(t) \cdot \max(5500 - g_i, 0)$$
$$= 455 \cdot P_5^{SysM_9}(t) + 1375 \cdot P_6^{SysM_9}(t) + 2750 \cdot P_7^{SysM_9}(t) + 4125 \cdot P_8^{SysM_9}(t)$$

$$D_{w \geq 4125 \text{ kW}}^{SysM_{12}}(t) = P_i^{SysM_{12}}(t) \cdot \max(5500 - g_i, 0)$$
$$= 455 \cdot P_5^{SysM_{12}}(t) + 1375 \cdot P_6^{SysM_{12}}(t) + 2750 \cdot P_7^{SysM_{12}}(t) + 4125 \cdot P_8^{SysM_{12}}(t) \tag{12.33}$$

表 12.1 列出了系统中每个元件的故障率和维修率(以年为单位)。

表 12.1 系统中每个元件的故障率和维修率(以年为单位)

	故障率(年$^{-1}$)	修复率(年$^{-1}$)
柴油机	4.99	48.6
发电机	0.2	175
主配电板	0.2	440
电能转换器	1.5	440
电动机	2.7	87.7

MPSTD 在不同功率需求水平下的瞬时可用性如图 12.13 至图 12.16 所示。从图 12.13 可以看出,每种牵引电机的 100% 功率水平的瞬时可用性是相同的,使用 36.5 天后,其为 65.2%。如图 12.14 所示,不同的牵引电机,75% 功率水平的瞬时可用性是不同的。使用 36.5 天后,三相牵引电动机的瞬时可用性为 0.9216,六相牵引电动机的瞬时可用性为 0.9491,九相和十二相牵引电动机的瞬时可用性为 0.95。

图 12.15–12.17 所示为不同牵引电机不同功率水平下的瞬时可用性比较。MPSTD 系统的瞬时功率性能如图 12.18 所示。图 12.19 至图 12.20 和表 12.2 给出了 MPSTD 系统的瞬时平均功率性能缺陷。

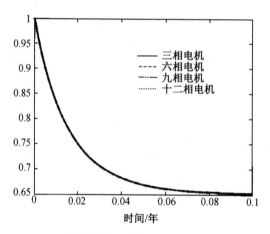

图 12.13　100%需求水平的多状态系统平均瞬时可用性

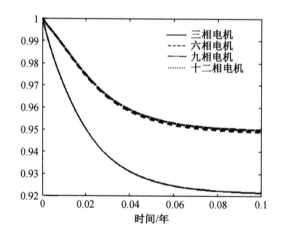

图 12.14　75%需求水平的多状态系统平均瞬时可用性

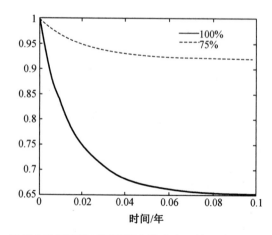

图 12.15　三相电动机牵引时不同恒定需求水平的系统平均瞬时可用性

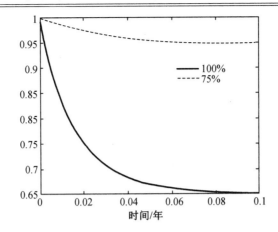

图 12.16 六相电机牵引时不同恒定需求水平的系统平均瞬时可用性

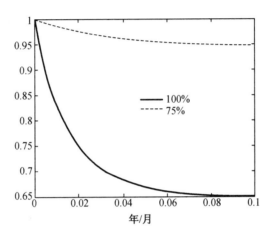

图 12.17 九相和十二相电机牵引时不同恒定需求水平的系统平均瞬时可用性

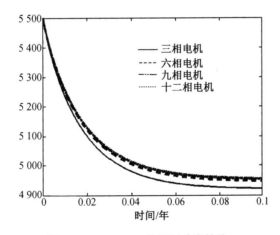

图 12.18 MPSTD 的瞬时功率性能

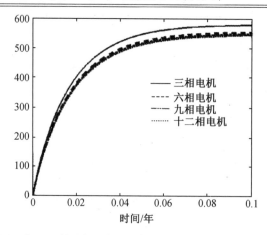

图 12.19 MPSTD 在不同类型电机牵引下 100% 需求水平瞬时平均功率性能不足

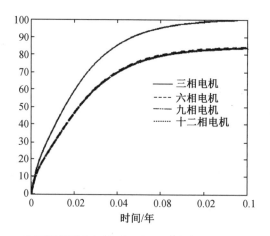

图 12.20 MPSTD 在不同类型电机牵引下 75% 需求水平瞬时平均功率性能不足

表 12.2 多状态系统瞬时平均功率性能不足(kW)

	100%(kW)	75%(kW)
三相电机	578.3	99.8
六相电机	553.8	84.1
九相电机	547.6	83.7
十二相电机	544.1	83.7

12.4 小 结

本章研究了将 L_z 变换法用于评估船舶牵引系统运行可持续性的三个重要参数,即多状态多电源牵引驱动系统采用不同类型电机时的可用性、性能和性能缺陷。

L_z 变换方法极大地简化了计算模型。采用直接的马尔可夫方法时,需要建立和求解多个模型,其中三相电机系统的状态为 1 072 个,六相电机系统的状态为 4 288 个,九相电机系统的状态为 5 375 个,十二相电机的系统有 6 400 个状态。

本章提出的方法可以优化牵引系统中驱动电源的数量、特性和连接方案,以提供最大的运行可持续性。计算结果可以得出牵引电机的相数对整个推进系统的可靠性和容错指标的影响。由于推进系统的电气部分比机械部分可靠得多,所以牵引电机相数的增加不会对推进系统的整体性能产生显著影响。因此,为了提高整个电力牵引的可靠性,建议使用更可靠的内燃机或其结构冗余。

参 考 文 献

1. I. Bolvashenkov, H. -G. Herzog, Use of stochastic models for operational efficiency analysis of multi power source traction drives, in: *Proceedings of the Second International Symposium on Stochastic Models in Reliability Engineering*, *Life Science and Operations Management*, (*SMRLO*16), I. Frenkel, A. Lisnianski (Eds), 15-18 February 2016, Beer Sheva, Israel, pp. 124-130.

2. I. Bolvashenkov, J. Kammermann, S. Willerich, H. -G. Herzog, Comparative study of reliability and fault tolerance of multi-phase permanent magnet synchronous motors for safety-critical drive trains, in: *Proceedings of the International Conference on Renewable Energies and Power Quality* (*ICREPQ*16), 4-6 May 2016, Madrid, Spain, pp. 1-6.

3. I. Frenkel, I. Bolvashenkov, H. -G. Herzog, L. Khvatskin, Performance availability assessment of combined multi power source traction drive considering real operational conditions, *Transport and Telecommunication*, 2016, 17(3), 179-191.

4. I. Frenkel, I. Bolvashenkov, H. -G. Herzog, L. Khvatskin, Operational sustainability assessment of multi power source traction drive, in: *Mathematics Applied to Engineering*, M. Ram, J. P. Davim (Eds), Elsevier, London, 2017, pp. 191-203.

5. I. Frenkel, I. Bolvashenkov, H. -G. Herzog, L. Khvatskin, Lz-transform approach for fault tolerance assessment of various traction drives topologies of hybridelectric helicopter, in: *Recent Advances in Multistate System Reliability*: *Theory and Applications*, In A. Lisnianski, I. Frenkel. A. Karagrigoriou (Eds.), Springer, London, 2017, pp. 321-362.

6. H. Jia, W. Jin, Y. Ding, Y. Song, D. Yu 2017, Multi-state time-varying reliability evaluation of smart grid with exible demand resources utilizing Lz transform, in: *Proceedings of the International Conference on Energy Engineering and Environmental Protection* (*EEEP*2016), IOP Conference Series: Earth and Environmental Science, Vol. 52, 012011, IOP Publishing, Bristol, UK.

7. M. Kvassay, E. Zaitseva, Topological Analysis of Multi-State Systems based on Direct Partial Logic Derivatives, in: *Recent Advances in Multistate System Reliability*: *Theory and*

Applications, A. Lisnianski, I. Frenkel, & A. Karagrigoriou (Eds), Springer, London, 2018, pp. 265-281.

8. A. Lisnianski, I. Frenkel, Y. Ding, *Multi - state System Reliability Analysis and Optimization for Engineers and Industrial Managers*, Springer, London, 2010.

9. B. Natvig, *Multistate Systems Reliability*, *Theory with Applications*, Wiley, New York, 2011.

10. K. Trivedi, *Probability and Statistics with Reliability*, *Queuing and Computer Science Applications*, Wiley, New York, 2002.

11. I. Ushakov, A universal generating function, *Soviet Journal of Computer and System Sciences*, 1986, 24, 37-49.

12. H. Yu, J. Yang, H. Mo, Reliability analysis of repairable multi - state system with common bus performance sharing, *Reliability Engineering and System Safety*, 2014, 132, 90-96.